高等学校土木建筑专业应用型本科系列规划教材

工程地质

主　编　周桂云
副主编　董金梅　程鹏环
参　编　（以拼音为序）
　　　　顾荣蓉　徐奋强　薛　涛

东南大学出版社
·南京·

内 容 提 要

本书为高等学校土木建筑专业应用型本科系列规划教材之一,是根据高等学校土木工程专业的工程地质课程基本要求编写的。全书共由7章内容组成,主要介绍工程地质的任务及在土木工程中的作用。主要内容包括造岩矿物和岩石,地质构造,地表水的地质作用,地下水的地质作用,不良地质现象的工程地质问题,岩体的工程地质性质与分类,工程地质勘察。本书根据最新的技术规范编写,结合工程地质学学科近年来的发展,系统地介绍了工程地质的基本原理和分析方法,注重基本理论、基本概念的阐述,强调基本原理的工程应用。全书各章附有思考题,以供测试参考。

本书可作为土木建筑等专业教学用书,也可供有关工程技术人员参考。

图书在版编目(CIP)数据

工程地质 / 周桂云主编. —南京:东南大学出版社,2012.7(2015.8 重印)
高等学校土木建筑专业应用型本科系列规划教材
ISBN 978-7-5641-3636-9

Ⅰ.①工… Ⅱ.①周… Ⅲ.①工程地质—高等学校—教材 Ⅳ.①P642

中国版本图书馆 CIP 数据核字(2012)第 153197 号

工程地质

出版发行:	东南大学出版社
社　　址:	南京市四牌楼 2 号　邮编:210096
出 版 人:	江建中
责任编辑:	史建农　戴坚敏
网　　址:	http://www.seupress.com
电子邮箱:	press@seupress.com
经　　销:	全国各地新华书店
印　　刷:	南京四彩印刷有限公司
开　　本:	787mm×1092mm　1/16
印　　张:	13.5
字　　数:	346 千字
版　　次:	2012 年 7 月第 1 版
印　　次:	2015 年 8 月第 3 次印刷
书　　号:	ISBN 978-7-5641-3636-9
印　　数:	5001~7500 册
定　　价:	32.00 元

本社图书若有印装质量问题,请直接与营销部联系。电话:025-83791830

高等学校土木建筑专业应用型本科系列规划教材编审委员会

名誉主任 吕志涛
主　　任 蓝宗建
副 主 任（以拼音为序）
　　　　　艾　军　　陈　蓓　　陈　斌　　方达宪
　　　　　汤　鸿　　夏军武　　肖　鹏　　宗　兰
　　　　　张三柱
秘 书 长 戴坚敏
委　　员（以拼音为序）
　　　　　戴望炎　　董良峰　　董　祥　　郭贯成
　　　　　胡伍生　　黄春霞　　贾仁甫　　李　果
　　　　　李幽铮　　刘　桐　　刘殿华　　刘子彤
　　　　　龙帮云　　吕恒林　　王照宇　　徐德良
　　　　　殷为民　　于习法　　余丽武　　喻　骁
　　　　　张　剑　　张靖静　　张敏莉　　张伟郁
　　　　　张志友　　赵　玲　　赵冰华　　赵才其
　　　　　赵庆华　　周　佶　　周桂云

总前言

国家颁布的《国家中长期教育改革和发展规划纲要(2010—2020年)》指出，要"适应国家和区域经济社会发展需要，不断优化高等教育结构，重点扩大应用型、复合型、技能型人才培养规模"；"学生适应社会和就业创业能力不强，创新型、实用型、复合型人才紧缺"。为了更好地适应我国高等教育的改革和发展，满足高等学校对应用型人才的培养模式、培养目标、教学内容和课程体系等的要求，东南大学出版社携手国内部分高等院校组建土木建筑专业应用型本科系列规划教材编审委员会。大家认为，目前适用于应用型人才培养的优秀教材还较少，大部分国家级教材对于培养应用型人才的院校来说起点偏高，难度偏大，内容偏多，且结合工程实践的内容往往偏少。因此，组织一批学术水平较高、实践能力较强、培养应用型人才的教学经验丰富的教师，编写出一套适用于应用型人才培养的教材是十分必要的，这将有力地促进应用型本科教学质量的提高。

经编审委员会商讨，对教材的编写达成如下共识：

一、体例要新颖活泼。学习和借鉴优秀教材特别是国外精品教材的写作思路、写作方法以及章节安排，摒弃传统工科教材知识点设置按部就班、理论讲解枯燥无味的弊端，以清新活泼的风格抓住学生的兴趣点，让教材为学生所用，使学生对教材不会产生畏难情绪。

二、人文知识与科技知识渗透。在教材编写中参考一些人文历史和科技知识，进行一些浅显易懂的类比，使教材更具可读性，改变工科教材艰深古板的面貌。

三、以学生为本。在教材编写过程中，"注重学思结合，注重知行统一，注重因材施教"，充分考虑大学生人才就业市场的发展变化，努力站在学生的角度思考问题，考虑学生对教材的感受，考虑学生的学习动力，力求做到教材贴合学生实际，受教师和学生欢迎。同时，考虑到学生考取相关资格证书的需要，教材中还结合各类职业资格考试编写了相关习题。

四、理论讲解要简明扼要,文例突出应用。在编写过程中,紧扣"应用"两字创特色,紧紧围绕着应用型人才培养的主题,避免一些高深的理论及公式的推导,大力提倡白话文教材,文字表述清晰明了、一目了然,便于学生理解、接受,能激起学生的学习兴趣,提高学习效率。

五、突出先进性、现实性、实用性、操作性。对于知识更新较快的学科,力求将最新最前沿的知识写进教材,并且对未来发展趋势用阅读材料的方式介绍给学生。同时,努力将教学改革最新成果体现在教材中,以学生就业所需的专业知识和操作技能为着眼点,在适度的基础知识与理论体系覆盖下,着重讲解应用型人才培养所需的知识点和关键点,突出实用性和可操作性。

六、强化案例式教学。在编写过程中,有机融入最新的实例资料以及操作性较强的案例素材,并对这些素材资料进行有效的案例分析,提高教材的可读性和实用性,为教师案例教学提供便利。

七、重视实践环节。编写中力求优化知识结构,丰富社会实践,强化能力培养,着力提高学生的学习能力、实践能力、创新能力,注重实践操作的训练,通过实际训练加深对理论知识的理解。在实用性和技巧性强的章节中,设计相关的实践操作案例和练习题。

在教材编写过程中,由于编写者的水平和知识局限,难免存在缺陷与不足,恳请各位读者给予批评斧正,以便教材编审委员会重新审定,再版时进一步提升教材的质量。本套教材以"应用型"定位为出发点,适用于高等院校土木建筑、工程管理等相关专业,高校独立学院、民办院校以及成人教育和网络教育均可使用,也可作为相关专业人士的参考资料。

高等学校土木建筑专业应用型
本科系列规划教材编审委员会
2010 年 8 月

前　言

本书为高等学校土木建筑专业应用型本科系列规划教材之一。

大地表面的岩石和土，与人类的工程和生活密切相关。土木工程涉及的工作范围是在地表或地下，对于从事土木工程专业的人员来说，工程地质是一门重要的专业基础课。本书为适应目前大土木工程专业发展的需要，在系统地介绍了工程地质的基本原理和分析方法的同时，注重基本理论、基本概念的阐述，强调基本原理的工程应用；着重介绍各类岩、土的工程性质，几种不良地质现象的工程地质问题及其不良后果在公路、桥梁、工业与民用建筑等工程中的防治措施。随着土木工程的日新月异，工程地质勘察在勘察技术以及仪器设备方面得到了飞速的发展，因此本书也无法全面介绍。本书简述了建筑工程、道路工程、桥梁工程、隧道工程中地质勘察的内容和方法。

全书由7章内容组成，第1章介绍了作为岩土材料地质构成的造岩矿物和岩石的形成及其基本工程性质；第2章重点阐述了地质构造的特征及其对工程活动的影响；第3章重点阐述了第四纪沉积物的特征及其工程特性；第4章讨论了地下水的类型、特点及其与工程的关系；第5章分析了几种主要不良地质作用的过程、产物及其不良后果的工程防治；第6章主要介绍了岩石的力学特性、岩体的结构特性、工程分类及岩体稳定性评价；第7章介绍了工程地质勘察的目的、任务、方法及其成果的整理。

本书由金陵科技学院周桂云主编并统稿。第1章由金陵科技学院薛涛编写，第2章由南京工业大学董金梅编写，第3、6章由盐城工学院程鹏环编写，第4章由金陵科技学院顾荣蓉编写，第5、7章由南京工程学院徐奋强编写。

由于编者水平有限，错误和不足之处在所难免，敬请批评指正，以便我们进一步补充和修正。

编　者
2012年6月

目　录

1 造岩矿物和岩石 ·· 1
　1.1 造岩矿物 ··· 1
　1.2 岩浆岩 ·· 7
　1.3 沉积岩 ·· 12
　1.4 变质岩 ·· 16
　1.5 岩石和土的工程地质评述 ·· 18

2 地质构造 ··· 23
　2.1 地质年代 ··· 23
　2.2 岩层产状与地层接触关系 ·· 27
　2.3 褶皱构造 ··· 34
　2.4 断层 ·· 39
　2.5 节理 ·· 53
　2.6 地质图 ·· 57

3 地表水的地质作用 ·· 64
　3.1 风化作用 ··· 64
　3.2 暂时性水流地质作用及其堆积物 ·· 67
　3.3 河流的地质作用及其堆积物 ·· 69
　3.4 与第四纪沉积物相关的其他地质作用 ··· 73
　3.5 第四纪地貌形态 ··· 76
　3.6 特殊土的工程地质性质 ··· 82

4 地下水的地质作用 ·· 86
　4.1 地下水概述 ·· 86
　4.2 地下水类型 ·· 87
　4.3 地下水对土木工程的影响 ·· 97

5 不良地质现象的工程地质问题 ··· 102
　5.1 滑坡 ·· 102
　5.2 崩塌 ·· 106

    5.3 泥石流 ··· 107
    5.4 岩溶及土洞 ··· 112
    5.5 地震 ··· 119
    5.6 不良地质现象对地基稳定性的影响 ····························· 127
    5.7 不良地质现象对地下工程选址的影响 ························· 136
    5.8 不良地质现象对道路选线的影响 ································ 142

6 岩体的工程地质性质与分类 ··· 146
    6.1 岩块的工程地质性质 ·· 146
    6.2 岩体的结构特性 ·· 155
    6.3 岩体力学性质与工程分类 ·· 167
    6.4 岩体稳定性分析 ·· 170

7 工程地质勘察 ··· 173
    7.1 工程地质勘察的任务和方法 ····································· 173
    7.2 工程地质勘察报告书和图件 ····································· 188
    7.3 工业与民用建筑的工程地质勘察 ······························ 190
    7.4 高层与超高层建筑的主要工程地质问题 ····················· 197
    7.5 高层与超高层建筑的工程地质勘察要点 ····················· 199
    7.6 道路工程的工程地质勘察 ·· 200
    7.7 桥梁工程的工程地质勘察 ·· 202

参考文献 ··· 206

1 造岩矿物和岩石

矿物是在各种地质作用中所形成的天然单质或化合物。具有一定的化学成分和内部结构，从而有一定的形态、物理性质和化学性质。它们在一定的地质和物理化学条件下稳定，是构成岩石的基本单位。也就是说，矿物的集合体即为岩石。但由于地质作用的性质和所处环境不同，不同岩石的矿物组合关系也不同，从而使岩石具有一定的结构和构造。其中岩石的结构是指岩石中矿物的结晶程度、颗粒大小、形状及颗粒间的相互关系；岩石的构造是指岩石中矿物集合体之间或矿物集合体与岩石的其他组成部分之间的排列方式及充填方式。另外，岩石根据其不同成因可分为岩浆岩、沉积岩和变质岩。这三类岩石之间相互联系、相互演变，加之在成因上还逐渐过渡，难以区分，因此构成了地壳复杂的物质基础。

1.1 造岩矿物

目前，地壳中已发现的矿物有3 000多种。除个别以气态（如碳酸气、硫化氢气等）或液态（如水、自然汞等）出现外，绝大多数均呈固态。固态物质按其质点（原子、离子、分子）的有无规则排列，可分为晶质体和非晶质体。在晶质体中，习惯上还根据肉眼能否分辨晶粒而分为显晶质和隐晶质两类。大多数矿物是晶质的，但非晶质矿物，特别是其中的胶体矿物，也有一定的数量。

1.1.1 矿物的形态

矿物的形态是指矿物的单体及同种矿物集合体的外貌特征。在自然界，矿物多数呈集合体出现，但是也出现具有规则几何多面体形态的单晶体，所以矿物单体形态就是指矿物单晶体的形态。

矿物的单晶体形态可分为两种，一种是由单一形状的晶面所组成的晶体，称为单形。如黄铁矿的立方体晶形，就是由6个同样的正方形晶面所组成的（图1-1(a)）；磁铁矿的八面体晶形，则是由8个同样的等边三角形晶面所组成的。另一种是由数种单形聚合而成的晶体，称为聚形。如石英的晶体通常是由六方双锥和六方柱这两种单形聚合而成的（图1-1(b)）。

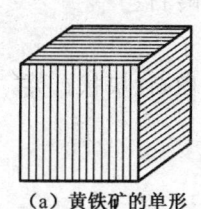

(a) 黄铁矿的单形　　　　　(b) 石英的聚形

图1-1 单形和聚形

应该指出的是，我们这里所说的晶体形态是理想晶体形态。所谓理想晶体，它的内部结构应严格地服从空间格子规律，外形应为规则的几何多面体，面平、棱直，同一单形的晶面同形等大。但是，实际上晶体在生长过程中，真正理想的晶体生长条件是不存在的，总会不同程度地受到复杂的外界条件的影响，而不能严格地按照理想发育。此外，晶体在形成之后，还可能受到溶蚀和破坏。因此，实际晶体与理想晶体相比较，就会有一定的差异。

还应注意的是，同一种矿物因其形成时物理化学条件的不同，可以出现几种不同的晶形。例如磁铁矿的晶体除有八面体的单形外，还有菱形十二面体的单形以及八面体和菱形十二面体的聚形。而不同的矿物又可以有相似的晶形，如岩盐、萤石、黄铁矿等都可以呈现立方体的晶形。这在鉴定矿物时是必须注意的。

1.1.2 矿物的集合体形态

在自然界中，晶质矿物很少以单体出现，而非晶质矿物则根本没有规则的单体形态，所以常按集合体的形态来识别矿物。矿物集合体形态往往反映了矿物的生成环境。常见矿物集合体形态有：

（1）晶簇

一种或多种矿物的晶体，其一端固定在共同的基底之上，另一端则自由发育成比较完好的晶形，显示它是在岩石的空洞内生成的，这种集合体的形态，称为晶簇。如水晶簇、方解石晶簇等。

（2）粒状

是由大小相近，不按一定规律排列的矿物晶粒聚合在一起形成的粒状集合体。按粒度大小可分为粗粒状、中粒状和细粒状3种。

（3）纤维状

是由许多针状或柱状的同种单体矿物平行排列而成。如石棉、纤维石膏等。

（4）钟乳状

是钙质溶液或胶体因水分蒸发，从同一基地向外逐层生长而成的圆锥形或圆柱形矿物集合体。如由洞顶向下生长而形成下垂的石钟乳；由下向上逐渐生长的石笋；石钟乳和石笋相互连接时，就形成了石柱。

（5）鲕状

胶体物质围绕着某质点凝聚而成一个结核，一个个细小的结核聚合成集合体，形似鱼卵。如鲕状赤铁矿。

（6）土状

集合体疏松如土，是由岩石或矿石风化而成。如高岭石。

（7）块状

矿物细小紧密集合在一起，无一定排列形式。如蛋白石、块状石英。

1.1.3 矿物的物理性质

矿物的物理性质由矿物的化学成分和晶体构造所决定，主要包括颜色、条痕、光泽、透明度、硬度、解理、断口、密度和相对密度等。

1) 颜色

矿物的颜色主要取决于矿物的化学成分和内部结构,是矿物对可见光波的吸收作用所致。根据矿物颜色产生的原因,可将颜色分为自色、他色和假色。

(1) 自色

自色取决于矿物的内部性质,是矿物本身所固有的颜色。如黄铁矿呈现铜黄色,方解石为白色。自色比较固定,因而具有鉴定意义。

(2) 他色

他色是矿物混入了某些杂质所引起的,与矿物的本身性质无关。他色不固定,随杂质的不同而异。如石英是无色透明的,常因有色的杂质混入而呈现紫色、玫瑰色、烟灰色等。

(3) 假色

假色是由于矿物内部的裂隙或表面的氧化薄膜对光的折射、散射所引起的。如方解石解理面上常出现的虹彩。

2) 条痕

矿物粉末的颜色称为条痕,是指矿物在白色无釉瓷板上擦划时所留下的粉末痕迹。条痕可清除假色显示自色。例如赤铁矿有红色、钢灰色、铁黑色等多种颜色,而条痕总是樱红色。

3) 光泽

矿物表面反射光线的能力,称为光泽。根据矿物光泽的强弱分为以下3种:

(1) 金属光泽

反射性很强,类似于金属磨光面上的反射光,闪耀夺目。如方铅矿、黄铁矿、黄铜矿等。

(2) 半金属光泽

类似于一般金属光泽,但较为暗淡。如磁铁矿、铬铁矿等。

(3) 非金属光泽

按其反光强弱可细分为金刚光泽,如金刚石、闪锌矿;玻璃光泽,如水晶、萤石;油脂光泽,如石英断口上的光泽;丝绢光泽,如石棉、石膏;珍珠光泽,如白云母;蜡状光泽,如蛇纹石;土状光泽,如高岭石。

4) 透明度

矿物透过可见光的能力,称为透明度。透明度取决于矿物的化学性质与晶体构造,还明显和厚度及其他因素有关。因此,有些看来是不透明的矿物,当其磨成薄片时(0.03 mm),却是透明的。据此,透明度可分为以下3级:

(1) 透明

绝大部分光线可以透过矿物,因而隔着矿物的薄片可以清楚地看到对面的物体。如无色水晶、冰洲石(透明的方解石)等。

(2) 半透明

光线可以部分透过矿物,因而隔着矿物薄片可以模糊地看到对面的物体,如闪锌矿、辰砂等。

(3) 不透明

光线几乎不能透过矿物,如黄铁矿、磁铁矿、石墨等。

5) 硬度

矿物抵抗外力刻划、压入、研磨的能力,称为硬度。一般采用两种矿物对刻的方法来确定矿物的相对硬度,并以"摩氏硬度计"中所列举的10种矿物作为对比的标准,见表1-1。例如某矿物能被石英所刻动,但不能被长石所刻动,则矿物的硬度必介于6°～7°之间,可以确定为6.5°。但必须指出,摩氏硬度只是相对等级,并不是硬度的绝对数值,所以不能认为金刚石比滑石硬10倍。

表1-1 摩氏硬度计

硬度	矿物	硬度	矿物
1°	滑石	6°	长石
2°	石膏	7°	石英
3°	方解石	8°	黄玉
4°	萤石	9°	刚玉
5°	磷灰石	10°	金刚石

在野外现场,为了方便起见,常用指甲(2°～2.5°)、小刀(5°～5.5°)来粗略地测定矿物的硬度。

6) 解理

晶质矿物受打击后常沿一定方向裂开,这种特性称为解理。裂开的光滑平面称为解理面。矿物之所以产生解理,是由于内部质点规则排列的结果。

根据矿物解理面的完全程度,可将解理分为极完全解理、完全解理、中等解理、不完全解理。

(1) 极完全解理:解理面非常平滑光亮,极易裂开成薄片,如云母。

(2) 完全解理:解理面平滑,矿物易分裂成薄板状或小块,如方解石。

(3) 中等解理:解理面不甚平滑,如角闪石。

(4) 不完全解理:解理面很难出现,如磷灰石。

7) 断口

矿物受打击后,沿任意方向发生不规则的断裂,其凹凸不平的断裂称为断口。断口和解理是互为消长的,解理越完善,则断口越难出现。断口可分为贝壳状断口(如石英)、参差状断口(如黄铁矿)和锯齿状断口(如自然铜)。

8) 密度和相对密度

矿物的密度是指矿物单位体积的质量,度量单位通常为g/cm^3。矿物的相对密度则是矿物在空气中的重量与4℃时同体积水的重量比,与密度在数值上是相同的,但它更易于测定。通常情况下,大比重矿物手感很沉,如方铅矿、重晶石、黑钨矿等。

矿物的物理性质还表现在其他很多方面,例如磁性、压电性、发光性、弹性、挠性、脆性、延展性等。

1.1.4 常见造岩矿物及鉴定特征

在目前发现的3 000多种矿物中,主要有20多种构成岩石的主要成分,且明显影响岩石性质,对鉴定岩石类型起重要作用,这些矿物被称为造岩矿物。常见的造岩矿物及其鉴定特征见表1-2。

表 1-2 常见的造岩矿物及其鉴定特征、成因产状及用途

矿物名称	化学式	鉴定特征	成因与产状	用途
石英	SiO_2	晶体常为六方柱、六方双锥等所成之聚形,集合体多呈粒状、块状或晶簇状。常为白色,含杂质时可呈紫、玫瑰、黄、烟黑等各种颜色。相对密度2.65,硬度7°。晶面玻璃光泽,断口油脂光泽。无解理,贝壳状断口	形成于内生、外生及变质成因的各种岩石或矿床中。分布极为广泛。但大的晶体常形成于伟晶岩或热液充填矿床的晶洞中	一般石英可做玻璃、陶瓷、磨料等;优质晶体可做光学仪器、压电石英;色美者可做宝石
正长石	$K(ALSi_3O_8)$	晶体呈短柱状或厚板状,双晶常见。集合体为粒状或致密块状。多为肉红或黄褐色。相对密度2.57,硬度6°~6.5°。玻璃光泽,两组解理完全,其交角为90°	主要形成于岩浆期和伟晶岩期,多存在于酸性及部分中性岩浆岩中	用于陶瓷、玻璃和钾肥的原料
斜长石	$(100-n)Na(ALSi_3O_8) \cdot nCa(AL_2Si_3O_8)$	晶体呈板状或板柱状,双晶常见,通常为粒状、片状或致密块状集合体。常为白色或灰白色。相对密度2.61~2.76,硬度6°~6.5°。玻璃光泽,两组解理完全,其解理交角为86°24′~86°50′	内生、变质作用均可形成。广泛存在于岩浆岩和变质岩中。是主要造岩矿物之一	用于陶瓷工业;色彩美丽者可做装饰品
白云母	$KAL_2(ALSi_3O_{10})(OH)_2$	晶体呈板状或片状,集合体多呈致密片状块体。薄片一般无色透明,并具弹性。相对密度2.76~3.10,硬度2°~3°。解理面显珍珠光泽,一组极完全解理。绝缘性极好	内生和变质作用均可形成。常见于花岗岩、伟晶岩、云英岩和变质岩中,与黑云母共生	电气工业上用作绝缘材料。超细粉可作橡胶、塑料、油漆、化妆品、各种涂料的填料。云母粉还可以制成云母陶瓷等
黑云母	$K(Mg,Fe)_3(ALSi_3O_{10})(OH,F)_2$	晶体呈板状或短柱状,集合体呈片状。黑色或深褐色。相对密度3.02~3.12,硬度2°~3°。玻璃光泽,解理面上显珍珠晕彩。半透明,一组极完全解理,薄片具弹性	主要为岩浆和变质成因的矿物。是主要造岩矿物之一。大的晶体常见于花岗伟晶岩脉中	细片常用作建筑材料充填物,如云母沥青毡
普通角闪石	$Ca_2Na(Mg,Fe)_4(Al,Fe)[(Si,Al)_4O_{11}](OH)_2$	晶体呈柱状。深绿色至黑色,条痕微带浅绿的白色。相对密度3.1~3.3,硬度5.5°~6°。玻璃光泽,其横断面呈假六方形,两组解理交角为56°	为岩浆成因或变质成因矿物,常见于基性、中性岩浆岩和变质岩中	用作水泥优质充填材料
普通辉石	$Ca(Mg,Fe,Al)[(Si,Al)_2O_6]$	晶体常呈短柱状,横断面近等边的八边形,集合体呈致密粒状。颜色为黑绿色或褐黑色,条痕灰绿,相对密度3.2~5.6,硬度5°~6°。玻璃光泽,两组解理交角为87°	为岩浆成因的矿物。常见于基性岩中,与橄榄石、基性斜长石等矿物共生	暂无实用价值

续表 1-2

矿物名称	化学式	鉴定特征	成因与产状	用途
橄榄石	$(Mg,Fe)_2(SiO_4)$	晶体不常见，通常呈粒状集合体。颜色为橄榄绿、黄绿至黑绿。相对密度3.3～3.5，硬度6.5°～7.5°。玻璃光泽，半透明，贝壳状断口，性脆	为岩浆成因矿物，主要产于基性、超基性岩中，常与铬铁矿、辉石等共生	做镁质耐火材料；透明者可做宝石；铸造用砂
方解石	$CaCO_3$	晶形多样，常见的有菱面体、集合体，多呈粒状、钟乳状、致密块状、晶簇状等。多为白色，有时因含杂质染成各种色彩。相对密度2.6～2.8，硬度3°。玻璃光泽，透明或半透明。无色透明，晶形较大者叫冰洲石。完全的菱面体解理。遇HCL起泡	各种地质作用均可形成。可产于各种岩石中，是石灰岩的主要组成矿物	可做石灰、水泥原料，冶金熔剂等；冰洲石具有极强的双折射率和偏光性能，广泛应用于光学领域
白云石	$CaMg(CO_3)_2$	晶体常呈弯曲马鞍状的菱面体。集合体呈粒状、多孔状或肾状。主要为灰白色，有时微带浅黄、浅褐、浅绿等色。相对密度2.8～2.9，硬度3.5°～4°。玻璃光泽。三组解理完全，解理面常弯曲	主要为外生沉积成因，与石膏、硬石膏共生；也有热液成因的，多与硫化物、方解石等共生	用作耐火材料、冶金熔剂的原料
滑石	$Mg_3(Si_4O_{10})(OH)_2$	晶体呈板状，但少见，通常呈片状或致密块状集合体。白色，微带浅黄、浅褐或浅绿等色，有时染色很深。相对密度2.7～2.8，硬度1°。玻璃光泽或油脂光泽，解理面显珍珠光泽。一组解理极完全。薄片有挠性，且具滑感和绝缘性	富镁质的岩石受热液蚀变的产物。常与菱镁矿、赤铁矿等共生	为造纸、陶瓷、橡胶、香料、药品、耐火材料的重要原料
绿泥石	$(Mg,Fe)_5Al(AlSi_3O_{10})(OH)_8$	绿泥石为一族矿物的总称，其中包括叶绿泥石、斜绿泥石、绿泥石、鳞绿泥石等矿物。这些矿物极相似，肉眼难分辨。其共同特点是：通常呈片状、板状或鳞片状集合体。颜色浅绿至深绿。相对密度2.6～3.4，硬度2°～3°。玻璃光泽或珍珠光泽，一组极完全解理。薄片具有挠性，但无弹性，以此可与绿色云母相区别。还具滑感	主要由中、低温热液作用和浅变质作用所形成。产于变质岩及中、低温热液蚀变的围岩中。但绿泥石常产于沉积铁矿床中	鲕绿泥石大量聚积时，可作为铁矿石
硬石膏	$CaSO_4$	晶体呈板状或厚板状，集合体呈致密粒状或纤维状。多为白色，有时带浅蓝、浅灰或浅红等色调。相对密度2.8～3，硬度3°～3.5°。玻璃光泽。三组解理相互直交	沉积矿床中，偶尔也有内生成因的。常与石盐、石膏等共生	可做农肥、水泥、玻璃、建筑等原料

续表 1-2

矿物名称	化学式	鉴定特征	成因与产状	用途
石膏	$CaSO_4 \cdot 2H_2O$	晶体呈板状或柱状,通常呈纤维状、叶片状、粒状、致密块状等集合体。多为白色,也有灰、黄、红、褐等浅色。相对密度2.3,硬度1.5°。玻璃光泽,性脆。两组解理夹角为66°。较易溶于水,当温度为37~38℃时溶解度最大	成因不一,但主要为化学沉积作用的产物。常在干旱盐湖中与石盐、硬石膏等矿物共生	可做水泥、建筑、陶瓷、农肥等原料;还可用于造纸、医疗等方面
黄铁矿	FeS_2	晶体呈立方体或五角十二面体,相邻晶面常有互相垂直的晶面条纹,集合体呈致密块状、浸染状、结核状等。浅黄铜色,表面常有蓝紫、褐黄等色,条痕绿黑色。相对密度4.9~5.2,硬度6°~6.5°。金属光泽,性脆。一般无解理,参差状或贝壳状断口	分布极广,可形成于各种成因的矿床中,具开采价值者多为热液型。能与氧化物、硫化物、自然元素等各种矿物共生	主要用于制造硫酸或提制硫磺
赤铁矿	Fe_2O_3	晶体呈片状或板状,通常呈致密块状、鱼子状、肾状等集合体。常呈钢灰或红色,条痕樱红色。相对密度5~5.3,硬度5.5°~6°。半金属至土状光泽。性脆,无解理,火烧后具有弱磁性	形成于各种不同成因类型的矿床和岩石中,在氧化条件下形成。分布十分广泛	是组成铁矿石的重要矿物
高岭石	$AL_4(Si_4O_{10})(OH)_8$	常呈疏松鳞片状,结晶颗粒细小。多呈致密粒状、土状、疏松块状等集合体。主要为白色或灰白色,也有浅黄、浅绿、浅褐等色。相对密度2.58~2.60,硬度1°~2.5°。土状光泽。鳞片具挠性,干燥时具吸水性,遇水潮湿后具可塑性,有粗糙感	主要由富含铝硅酸盐矿物的火成岩及变质岩风化而成。有时也为低温热液对围岩蚀变的产物	用于陶瓷、造纸、橡胶工业等
蒙脱石	$Ex(H_2O)_4\{(AL_{2-x}, Mg_x)_2[(Si, AL)_4O_{10}](OH)_2\}$	常呈土状隐晶质块体,电镜下为细小鳞片状。白色,有时为浅灰、粉红、浅绿色。相对密度2~2.7,硬度2°~2.5°。有滑感,加水膨胀,体积能增加几倍,并变成糊状物。具有很强的吸附力及阳离子变换能力	主要由基性火成岩在碱性环境中风化而成。也有的是海底沉积的火山灰分解后的产物。蒙脱石为膨润土的主要成分	蒙脱石黏土用途广泛。用作铁矿球团、铸造型砂的黏结剂和钻井泥浆的分散剂以及吸附剂、脱色剂和添加剂等

1.2 岩浆岩

由岩浆冷凝固结后形成的岩石称为岩浆岩(或火成岩),占地壳总质量的95%。在三大岩类中,岩浆岩占有重要的地位。

岩浆岩的成分不同于岩浆,主要是含挥发成分的量极少或无。岩浆可以在不同的地质环境下冷凝固结成岩,通常将其分为侵入岩和喷出岩两大类。侵入岩是指岩浆在地下不同深度冷凝固结的岩石,根据其形成深度的不同,可进一步分为深成岩和浅成岩。喷出岩是指岩浆及其他岩石、晶屑等沿火山通道喷出地表形成的岩石。它又可分为两类岩石:一类是由岩浆沿火山通道喷溢地表冷凝固结而成,称为熔岩;另一类是由火山爆发出来的各种岩石碎块、晶屑、岩浆团块等各种火山碎屑物质堆积而成,称为火山碎屑岩。

1.2.1 岩浆岩的物质成分

1) 岩浆岩的矿物成分

组成岩浆岩的大多数矿物,根据其化学成分特征,常分为硅铝矿物和铁镁矿物。硅铝矿物中 SiO_2 和 Al_2O_3 的含量较高,不含铁、镁,包括石英与长石类矿物,它们的颜色通常较浅,又叫浅色矿物;铁镁矿物中含 FeO 和 MgO 较多,SiO_2 和 Al_2O_3 较少,包括橄榄石类、辉石类、角闪石类及黑云母类,矿物颜色较深,又叫深色或暗色矿物。

根据造岩矿物的含量及在岩浆岩分类和命名中所起的作用,可把岩浆岩的矿物分为主要矿物、次要矿物和副矿物3类。

主要矿物:是岩石中含量较多的矿物,一般都在10%以上。它们对划分岩石大类不起作用,但可作为确定岩石种属的依据,如石英闪长岩中的石英。

次要矿物:是岩石中含量不多的矿物,一般都在10%以上。它们是划分岩石大类的依据,如花岗岩中的钾长石和石英,没有它们就不能定名为花岗岩。

副矿物:是岩石中含量很少的矿物,通常不到1%,偶尔可达5%。如磷灰石、磁铁矿等。

2) 岩浆岩的化学成分

地壳中存在的元素在岩浆中几乎都有,O、Si、Al、Fe、Ca、Na、K、Mg、Ti 在岩浆岩中普遍存在。岩浆岩中的化学成分常用氧化物表示,根据 SiO_2 的含量,可以把岩浆岩分为4类:超基性岩($SiO_2 < 45\%$)、基性岩($SiO_2:45\% \sim 52\%$)、中性岩($SiO_2:52\% \sim 65\%$)、酸性岩($SiO_2 > 65\%$)。

岩浆岩中各种氧化物有一定的变化规律,当 SiO_2 含量增高时,Na_2O 和 K_2O 的含量增高,而 MgO 和 CaO 则相对减少;反之亦然。

1.2.2 岩浆岩的产状

岩浆岩的产状是指岩浆岩体的形态、大小、深度以及与围岩的关系。由于岩浆岩生成条件和所处的环境不同,其产状多种多样,主要产状见图1-2。

1) 岩基

岩基是一种规模巨大、形状不规则、下大上小的深成侵入岩体,其横截面积超过 $100 km^2$,常常可达数百至数千平方千米。岩基通常切割围岩,但有时局部也与围岩平行。岩基一般由粗大的等粒全晶质花岗岩构成。

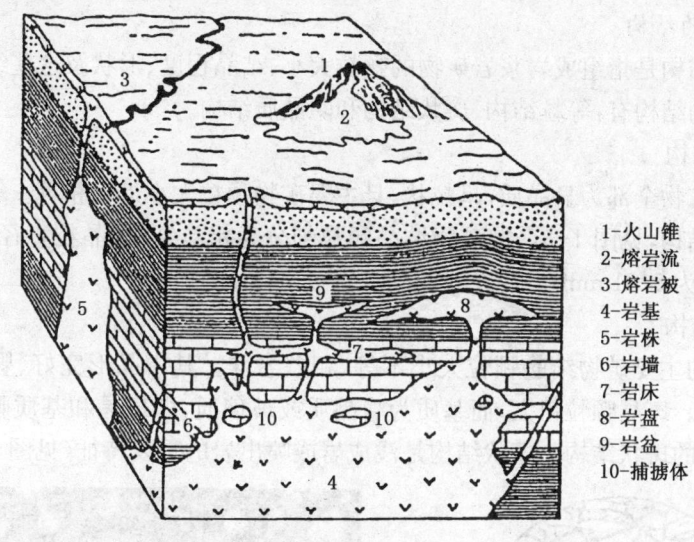

图1-2 岩浆岩的产状

1-火山锥
2-熔岩流
3-熔岩被
4-岩基
5-岩株
6-岩墙
7-岩床
8-岩盘
9-岩盆
10-捕掳体

2) 岩株

岩株是岩基边缘的分枝,在深部与岩基相连。岩株切穿围岩,其横截面积为几平方千米至几十平方千米,规模比岩基小得多。

3) 岩盘

岩盘和岩盆:岩浆顺裂隙上升,侵入岩层中,由压力将岩层沿层面撑开,岩浆在其中冷凝形成一个上凸下平的透镜状岩体,与围岩呈平整的接触关系。岩盆与岩盘一样,其不同点是顶部平整,而中央向下凹,形似面盆,故称岩盆。

4) 岩床

岩体顶、底都是平的,呈层状夹于沉积岩中,且与之呈整合接触关系。但上、下岩层皆受热力影响而发生变化,表示岩床系由岩浆侵入作用所造成。厚度为数米至数百米不等。

5) 岩墙

岩墙是指岩浆沿岩层中的裂隙侵入冷凝而形成的侵入体。它切穿围岩并与之成不谐和的接触关系。岩墙的规模大小不一,厚度从几厘米至数千米,延伸从几米到数十千米。形状不规则的岩墙或其分支,叫做岩脉。

6) 喷出岩的产状

常常由熔岩被或熔岩流形成层状及由火山碎屑物形成火山锥。

熔岩被是熔岩大量涌出地表时覆盖在广大地面上的岩体。熔岩流是熔岩大量涌出,自火山口向前流动的舌状岩体。

1.2.3 岩浆岩的结构和构造

岩浆岩的结构和构造是岩浆岩生成时所处外界环境条件的反映,也是岩浆岩分类和命名的重要依据之一。

1) 岩浆岩的结构

岩浆岩的结构是指组成岩浆岩矿物的颗粒大小、结晶程度、形状及这些组分之间的相互关系。最常见的结构有：等粒结构、斑状结构和隐晶质结构。

(1) 等粒结构

岩石中的矿物全部为显晶质，呈粒状，且主要矿物颗粒大小近于相等。等粒结构是深成岩浆岩特有的结构，见图1-3。按矿物结晶颗粒细分为粗粒结构（晶粒直径>5 mm）、中粒结构（晶粒直径为5～1 mm）、细粒结构（晶粒直径<1 mm）。

(2) 斑状结构

组成岩石的主要矿物结晶颗粒大小不等，相差悬殊。其中晶形完好、颗粒粗大的称斑晶，小的称基质。斑晶颗粒粗大，而基质为隐晶质或玻璃质，即斑晶和基质颗粒粗细反差很大，而形成明显的斑状结构。斑状结构是浅成岩或喷出岩的重要特征（见图1-4）。

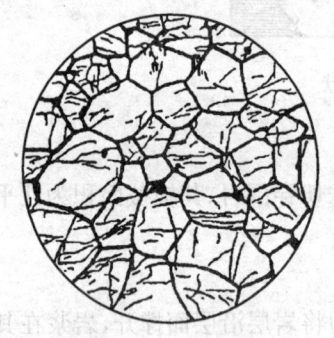
图1-3 等粒结构图

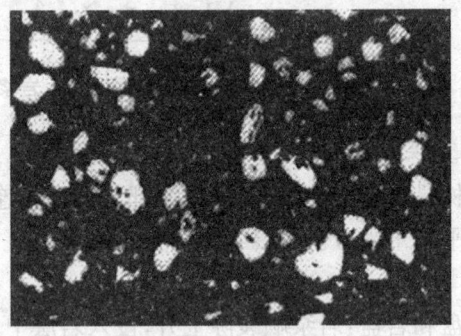
图1-4 斑状结构图

(3) 隐晶质结构

矿物晶粒微小，在肉眼和放大镜下看不见，只有在显微镜下才能观察到。从外表看，岩石断面是粗糙的，它是在岩浆很快冷却的情况下形成的，常为喷出岩所具有。

2) 岩浆岩的构造

指岩石外表的整体特征，它是由矿物集合体的排列方式和充填方式决定的。常见的构造有：

(1) 块状构造

块状构造是指组成岩石的各种矿物无一定的排列方向，而是均匀分布于岩石之中，是侵入岩，特别是深成岩所具有的构造。

(2) 流纹状构造

流纹状构造是黏度大的岩浆在流动过程中，形成不同颜色的条纹或拉长的气孔，长条状矿物沿一定方向排列，所表现出来的熔岩流的流动构造。它是流纹岩所具有的典型构造。

(3) 气孔状构造

岩石中有很多大小不一、互不连通的圆形或椭圆形空洞。这是岩浆喷出地表后，冷凝速度较快，所含气体占有一定空间位置，气体逸出，便造成空洞（即气孔），形成气孔构造。

(4) 杏仁状构造

当喷出岩中的气孔被外来矿物所充填，便形成杏仁状构造。其充填矿物多为硅质、钙质充填。

1.2.4 岩浆岩的分类及常见岩浆岩

1) 岩浆岩的分类

自然界的岩浆岩种类繁多,它们彼此间存在着物质成分、结构构造、产状及成因等方面的差异,同时又具有密切的联系和一定的过渡关系。一般是根据岩浆岩的化学成分、矿物成分、结构、构造和产状等对岩浆岩进行分类,见表1-3。

表1-3 岩浆岩的分类

	岩石类型	超基性岩	基性岩	中性岩	酸性岩
物质成分	SiO$_2$平均含量(%)	<45	45~52	52~65	>65
	主要矿物	橄榄石 辉石	斜长石 辉石	正长石 斜长石 角闪石	石英 正长石 斜长石
	次要矿物	角闪石 斜长石 黑云母	橄榄石 角闪石 黑云母	辉石 黑云母、正长石<5%,石英<5%	云母 角闪石
	岩石颜色		深色←——————加深——————浅色		
	岩石比重		大←——————加大——————小		
产状	喷出岩 / 结构: 玻璃隐晶斑状 / 构造: 气孔杏仁流纹	金伯利岩	黑耀岩、浮岩、珍珠岩、松脂岩		
			玄武岩	安山岩	粗面岩	流纹岩
			玄武玢岩	安山玢岩	钠长斑岩	石英斑岩
	浅成岩 / 结构: 伟晶细晶斑状 / 构造: 块状		煌斑岩	细晶岩	伟晶岩
			辉绿岩 辉长玢岩	闪长玢岩	正长斑岩	花岗斑岩
	深成岩 / 结构: 粒状 / 构造: 块状	橄榄岩 辉岩	辉长岩 斜长岩	闪长岩	正长岩	花岗岩

2) 常见的岩浆岩及其特征

(1) 花岗岩

花岗岩一般为灰白色、灰色、肉红色。矿物成分以石英和钾长石为主,其次为黑云母、角闪石、白云母等。全晶质等粒结构,块状构造。花岗岩分布广泛,质地均匀、坚固,颜色美观,是良好的建筑装饰材料。

(2) 花岗斑岩

斑状结构,斑晶为钾长石和石英,基质由细小的长石、石英及其他矿物组成。其他特征与花岗岩相似。

(3) 流纹岩

一般呈浅灰色、粉红色,也有呈灰黑色、绿色或紫色者。矿物成分与花岗岩类同,往往具斑状结构,斑晶为石英和钾长石,以流纹状构造为其特征,但也有气孔状构造。

(4) 闪长岩

浅灰色、灰色及灰绿色。矿物成分以角闪石、斜长石为主，其次为辉石、黑云母，有时含少量正长石和石英。全晶质等粒结构，块状构造。闪长岩致密块状，强度高，具有较高的韧性和抗风化能力，是良好的建筑材料。

（5）闪长玢岩

灰色、灰绿色。斑状结构，斑晶主要为斜长石或角闪石，基质呈细粒或致密状。

（6）安山岩

灰色、紫色、浅玫瑰色、浅黄色、红褐色。浅色矿物为斜长石，暗色矿物有辉石、角闪石、黑云母等。斑状结构，斑晶为斜长石。杏仁状构造特别明显，气孔中常为方解石所充填。

（7）正长岩

浅灰色、灰色或肉红色。与闪长岩不同的是，正长石大量出现，也含少量斜长石。暗色矿物有角闪石和黑云母。具等粒结构，有时具斑状结构、块状构造。其物理力学性质与花岗岩相似，但不如花岗岩坚硬，抗风化能力差。

（8）正长斑岩

其特点与正长岩相似，区别在于具明显的斑状结构。

（9）粗面岩

浅灰色、浅黄色或粉红色。矿物成分主要为碱性长石，其次为黑云母，此外尚有少量斜长石和角闪石。常具粗面结构（系长条状的碱性长石微晶近于平行的流状排列）及斑状结构，斑晶为碱性长石，基质为隐晶质。一般为块状构造，有时可见流纹构造及多孔状构造。

（10）辉长岩

灰色、灰黑色或暗绿色。主要矿物有辉石、斜长石，次要矿物有角闪石、橄榄石。全晶质等粒结构，块状构造。辉长岩强度高，抗风化能力较强。

（11）辉绿岩

灰绿色、深灰色。矿物成分与辉长岩相似，具有特殊的辉绿结构（辉石充填在斜长石晶体格架的空隙中）。常含有方解石、绿泥石等次生矿物。

（12）玄武岩

深灰色、灰黑色或黑色。矿物成分同辉长岩。隐晶结构，气孔或杏仁状构造。原生柱状节理特别发育。玄武岩因其岩浆黏度小，易于流动，通常以大面积的熔岩流产出。岩石致密坚硬、性脆，强度很高。

（13）橄榄岩

暗绿色或黑色粒状岩石。主要矿物为橄榄石，其次为辉石或角闪石，不含长石和石英。岩石中若辉石数量特别多时则过渡为辉岩。辉岩往往形成粗大晶体，橄榄石则很小，散嵌在辉石晶体内，颜色多呈绿褐色。

1.3 沉积岩

由沉积物经过压固、脱水、胶结及重结晶作用变成的坚硬岩石，称为沉积岩。沉积岩占地壳总量的5%，但就地表分布而言，面积占75%。因此，沉积岩在地壳表层呈层状广泛分布,是区别于其他类型岩石的重要标志之一。

1.3.1 沉积岩的物质组成

组成沉积岩的矿物有两类:一类是原来岩石经过风化、剥蚀、搬运来的矿物,主要有石英、正长石和白云母;另一类是在沉积作用中形成的新矿物,主要有方解石、白云石、岩盐、石膏、高岭石、菱铁矿、褐铁矿等。如果将沉积岩与岩浆岩中的矿物成分相比较,则可看出两者有显著的区别。如橄榄石、辉石、角闪石、黑云母等在岩浆岩中大量存在的矿物,在沉积岩中极为罕见。而在岩浆岩中很少有的矿物,如黏土矿物、岩盐、石膏及碳酸盐矿物等,在沉积岩中却占有显著的地位。

此外,在沉积物颗粒之间还有胶结物(就是把松散沉积物联结起来的物质)。胶结物对于沉积岩的颜色、坚硬程度有很大影响。按其成分可以分为以下几种:

(1) 泥质胶结物

胶结物为泥土或黏土,多呈黄褐色,其胶结成的岩石硬度小,易碎,易湿软,断面呈土状。

(2) 钙质胶结物

胶结物成分为钙质,所胶结的岩石硬度比泥质胶结的岩石大,具可溶性,呈灰白色。

(3) 硅质胶结物

胶结物成分为二氧化硅,所胶结的岩石强度高,呈灰色。

(4) 铁质胶结物

胶结物成分为氢氧化铁或三氧化二铁,所胶结的岩石硬度仅次于硅质胶结,常呈黄褐色或砖红色。

1.3.2 沉积岩的结构和构造

1) 沉积岩的结构

沉积岩的结构是由其组成物质的形态、性质、颗粒大小及所含数量决定的。常见的沉积岩结构有 4 种:

(1) 碎屑结构

由碎屑物质被胶结而形成,是碎屑沉积岩所特有的结构。按碎屑粒径的大小又分为:

① 砾状结构:碎屑粒径>2 mm,磨圆度较好而无棱角。若磨圆度较差,棱角明显,则称为角砾状结构。

② 砂状结构:碎屑粒径为 0.05~2 mm,其中,0.5~2 mm 的为粗砂结构,0.25~0.5 mm 的为中粒结构,0.05~0.25 mm 的为细粒结构;碎屑粒径 0.005~0.05 mm 的为粉砂质结构。

(2) 泥状结构

由粒径<0.005 mm 的黏土矿物颗粒组成。为泥岩、页岩等黏土岩所具有的结构。

(3) 结晶结构

为化学岩所具有的结构。是物质从真溶液或胶体溶液中沉淀时的结晶作用以及非晶质、隐晶质的重结晶作用和交代作用所产生的。如石灰岩、白云岩是由许多细小的方解石、白云石晶体集合而成的。

(4) 生物结构

由生物遗体或碎片所组成，如生物贝壳结构、珊瑚结构等。

2) 沉积岩的构造

沉积岩的构造是指其组成部分的空间分布及其相互间的排列关系。沉积岩最主要的构造是层理构造。

层理构造是由于季节性的气候变化及先后沉积下来的物质颗粒的大小、形状、成分及颜色发生变化而显示出来的成层现象。根据层理的成因和形态，层理可分为水平层理、波状层理、斜层理和交错层理。根据层理的形态可以推断沉积物的沉积环境和介质搬运特征。

1.3.3 沉积岩的分类及常见的沉积岩

1) 沉积岩的分类

根据沉积岩的成因、物质成分及结构构造等，可将沉积岩分为 3 类：碎屑岩类、黏土岩类、化学及生物化学岩类，见表 1-4。

表 1-4 沉积岩分类简表

类别	岩石名称	分类依据		
		物质来源	结构	沉积作用
碎屑岩	火山碎屑岩	集块岩、火山角砾岩、凝灰岩	火山喷发的碎屑产物	火山碎屑结构	以机械沉积作用为主
	正常碎屑岩	砾岩、砂岩、粉砂岩	母岩机械破坏的碎屑产物	沉积碎屑结构	
黏土岩	泥岩、页岩	母岩化学分解过程中形成的新生矿物及少量碎屑	泥质结构	机械沉积和胶体沉积作用
化学及生物化学岩	铝质岩、铁质岩、锰质岩、硅质岩、磷质岩、碳酸盐岩、盐岩、可燃有机岩	母岩化学分解过程中产生的溶液和生物生命活动的产物	胶体结构、结晶结构和生物碎屑结构	化学、胶体化学及生物化学沉积作用

2) 常见的沉积岩

(1) 火山角砾岩

火山碎屑物质占 90% 以上，碎屑直径一般为 2~10 mm，多数为大小不等的熔岩角砾，亦有少数其他岩石的角砾。火山角砾多呈棱角状，分选性差，常为火山灰所胶结。颜色多种，常呈暗灰、蓝灰、褐灰、绿及紫色等。这类岩石多具孔隙并以此为其特征。

(2) 凝灰岩

组成岩石的碎屑一般小于 2 mm，外表颇似砂岩或粉砂岩，但比砂岩表面粗糙。其成分多属火山玻璃、矿物晶屑和岩屑,此外,尚有一些沉积物质。火山碎屑物亦成棱角状。岩石颜色多呈灰色、灰白色,亦有黄色和黑红色等。凝灰岩是很好的建筑材料,有时也可用作水泥原料。

(3) 砾岩

经过较长距离的搬运或受到海浪反复冲击的破碎的岩块,形成圆形或椭圆形的砾石(或称卵石)后,再经胶结的岩石称为砾岩。具砾状结构、层状构造,但层理一般都不发育。若这类岩石中砾石未被磨圆而具明显棱角者,则称为角砾岩。

(4) 砂岩

砂岩是指由各种成分的砂粒被胶结而成的岩石,具砂状结构,层状构造,层理明显。按砂粒的矿物成分可分为石英砂岩、长石砂岩和长石石英砂岩等;按砂粒粒径大小可分为粗砂岩、中粒砂岩和细砂岩;根据胶结物的成分,可分为硅质砂岩、铁质砂岩、钙质砂岩和泥质砂岩等。

(5) 黏土岩

一般呈较松散的土状岩石。主要矿物成分为高岭石、蒙脱石及水云母,并含有少量极细小的石英、长石、云母、碳酸盐矿物等。黏土颗粒含量占50%以上,具有典型的泥质结构,质地均一,有细腻感,可塑性和吸水性很强,岩石吸水后易膨胀。颜色多呈黑色、褐红、绿色等,但也有呈浅灰色、灰白色和白色。

(6) 页岩

由松散黏土经硬结成岩作用而成。页岩是黏土岩的一种构造变种,具有能沿层理面分裂成薄片或页片的性质,常可见显微层理,称为页理,页岩因此得名。页岩成分复杂,除各种黏土矿物外,尚有少量石英、绢云母、绿泥石、长石等混入物。依混入物成分不同,又可分为钙质页岩、硅质页岩、铁质页岩、碳质页岩和油页岩等。除硅质页岩强度稍高外,其余页岩岩性软弱,强度低,易风化,与水作用易于软化。

(7) 泥岩

泥岩的成分与页岩相似,但层理不发育,呈块状构造。

(8) 石灰岩

石灰岩由结晶细小的方解石组成,常有少量白云石、熟土、菱铁矿及石膏等混入物。纯石灰岩为灰色、浅灰色,当含有杂质时为浅黄色、浅红色、灰黑色及黑色等。以加冷稀盐酸强烈起泡为其显著特征。石灰岩分布相当广泛,岩性均一,易于开采加工,是用途很广泛的建筑石料,同时又是水泥工业的重要原料。

(9) 白云岩

白云岩主要由细小的白云石组成,含有少量方解石、石膏、菱镁矿及黏土等。其外表特征与石灰岩极为相似,但加冷稀盐酸不起泡或起泡微弱,具有粗糙断面,且风化表面多出现格状溶沟。白云岩的强度比石灰岩高,是一种良好的建筑材料。

(10) 硅质岩

硅质岩主要由蛋白石、石髓和石英组成,SiO_2含量在70%~90%,尚有少量的黏土、碳酸盐等。硅质岩包括燧石岩、碧玉铁质岩和硅藻土等,其中以燧石岩最为常见。燧石岩致密坚硬,常具隐晶质结构,带状构造。

1.4 变质岩

变质岩是由组成地壳的岩石(岩浆岩、沉积岩和变质岩)因地壳运动和岩浆活动而在固态下发生矿物成分、结构构造的改变而形成的新的岩石。因此,它不仅具有自身独特的性质,而且还保留着原来岩石的某些特征。引起岩石变质作用的主要因素有温度、压力及化学活动性流体。

1.4.1 变质岩的物质组成

组成变质岩的矿物可分成两部分:一部分是与岩浆岩和沉积岩共有的矿物,主要有石英、长石、云母、角闪石、辉石、方解石、白云石等;另一部分是变质岩所特有的变质矿物,主要有石榴子石、红柱石、蓝晶石、硅灰石、透辉石、透闪石、矽线石、绿泥石、蛇纹石、绢云母、石墨、滑石等。变质矿物是鉴别变质岩的重要标志。

1.4.2 变质岩的结构和构造

1) 变质岩的结构

变质岩几乎都具有结晶结构,但由变质作用的程度不同又可分为:

(1) 变余结构

在变质作用过程中,原岩的矿物成分和结构特征部分被保留下来,即构成变余结构。

(2) 变晶结构

变晶结构是变质岩最重要的结构,是原岩中各种矿物同时再结晶所形成的。如等粒变晶结构的石英岩、大理岩和斑状变晶结构的片岩、片麻岩。

(3) 压碎结构

压碎结构是由于动力变质作用,使岩石发生破碎而形成的,如碎裂岩等。

2) 变质岩的构造

变质岩的构造是识别各种变质岩的重要标志。

(1) 片理构造

片理构造不仅是识别各种变质岩,而且是区别于其他岩类的重要特征。片理构造的形成,是由于岩石中的片状、板状和柱状矿物(如云母、长石、角闪石等),在定向压力作用下重结晶,垂直压力方向呈平行排列而形成的。根据形态不同,片理构造又可分为以下几种:

① 片麻状构造

岩石中的深色矿物(黑云母、角闪石等)和浅色矿物(长石、石英等)相间呈条带状分布,构成一种黑白相间的断续条带状构造。具有这种构造的岩石沿片理面不易劈开,如片麻岩。

② 片状构造

由大量片状、针状或柱状矿物作平行排列而成。片理特别清楚,是片岩所具有的构造。

③ 千枚状构造

片理清晰,片理面上有许多细小的绢云母鳞片有规律地排列,呈明显的丝绢光泽,即称千枚状构造,是千枚岩所具有的构造。

④ 板状构造

泥质岩石受挤压后形成易劈成薄板的构造,劈开面上常有鳞片状绢云母分布,是板岩所具有的构造。

(2) 块状构造

矿物无定向排列,也不能定向裂开,其分布大致呈均一状,如大理岩、石英岩等。

1.4.3 变质岩的分类和常见的变质岩

1) 变质岩的分类

根据矿物成分、结构、构造和变质类型对变质岩进行分类,见表1-5。

表1-5 变质岩分类简表

岩类	岩石构造	主要矿物成分	结构	构造	变质类型
片状结构	板岩	黏土矿物、云母、绿泥岩、石英岩、长石等	变余结构部分变晶结构	板状	区域变质(由板岩至片麻岩变质程度递增)
	千枚岩	绢云母、石英、长石、绿泥石、方解石等	显微鳞片状变晶结构	千枚状	
	片岩	云母、角闪石、绿泥石、石墨、滑石、石榴子石等	显晶质鳞片状变晶结构	片状	
	片麻岩	石英、长石、云母、角闪石、辉石等	粒状变晶结构	片麻状	
块状构造	大理岩	方解石、白云石	粒状变晶结构	块状	接触变质或区域变质
	石英岩	石英	粒状变晶结构		
	硅卡岩	石榴子石、辉石、硅灰石	不等粒变晶结构		接触变质
	蛇纹岩	蛇纹岩	隐晶质结构		交代变质
	云英岩	白云母、石英	粒状变晶结构		
构造破碎岩类	断层角砾岩	岩石碎屑、矿物碎屑	角砾结构、碎裂结构		动力变质
	糜棱岩	长石、石英、绢云母、绿泥石	糜棱结构		

2) 常见的变质岩

(1) 板岩

板岩是一种结构均匀、致密且具有板状劈理的岩石,它是由泥质岩类经受轻微变质而成。因而,其结晶程度很差,尚保留较多的泥质成分,具变余泥质结构,板状构造。板岩可沿板理面裂开成平整的石板,故广泛用于建筑石材。

(2) 千枚岩

岩石的变质程度比板岩深,原泥质一般不保留。主要矿物除绢云母外,尚有绿泥石、石英等。具明显的丝绢光泽和千枚状构造。一般为绿色、黄绿色、黄色、灰色、红色和黑色等。这类岩石大多由黏土类岩石变质而成,少数可由隐晶质的酸性岩浆岩变质而成。

(3) 片岩

片岩是以片状构造为其特征的岩石。组成这类岩石的矿物成分主要是一些片状矿物,如云母、绿泥石、滑石等,此外尚含有石榴子石、蓝晶石、十字石等变质矿物。片岩与千枚岩、片麻岩极为相似,但其变质程度较千枚岩深。

(4) 片麻岩

以片麻状构造为其特征。变质程度较深,矿物大都重结晶,且结晶粒度较大,肉眼可以辨识。主要矿物为石英和长石,其次为云母、角闪石、辉石等。

(5) 大理岩

较纯的石灰岩和白云岩在区域变质作用下,由于重结晶而变为大理岩,也有部分大理岩是在热力接触变质作用下产生的。具等粒变晶结构,块状构造。滴冷稀盐酸强烈起泡。大理岩色彩多异,广泛用作建筑石料和雕刻原料。

(6) 石英岩

石英岩是由较纯的石英砂岩经区域变质作用和接触变质作用而形成,具等粒变晶结构,块状构造,硬度和结晶程度均较砂岩高。

(7) 蛇纹岩

蛇纹岩多数是由超基性岩(橄榄岩)在热液作用下使其中的橄榄石、辉石变成蛇纹石而形成。质软,略具滑感,片理及碎裂构造常见。蛇纹岩常含有由蛇纹石纤维状变种(石棉)所组成的细脉。因此,蛇纹岩常是石棉矿床的找矿标志。

(8) 构造角砾岩

构造角砾岩是断层错动带中的岩石在动力变质中被挤碾成角砾状高度角砾岩化的产物。碎块大小不一,形状各异,其成分取决于岩石的成分。破碎的角砾和碎块已离开原来的位置杂乱堆积,带棱角的碎块互不相连,被胶结物所隔开。胶结物以次生的铁质、硅质为主,亦见有泥质及一些被磨细的本身岩石的物质。

(9) 碎裂岩

在压应力作用下,岩石沿扭裂面破碎,方向不一的碎裂纹切割岩石,碎块间基本没有相对位移,这样的岩石称碎裂岩。

(10) 糜棱岩

糜棱岩是粒度比较小的强烈压碎岩,在压碎过程中,由于矿物发生高度变形移动或定向排列而成,岩性坚硬,具明显的带状、眼球纹理构造。

1.5 岩石和土的工程地质评述

岩石和土都是矿物的集合体,是自然界地质作用的产物,并在地质作用下相互转化。土在一定温度和压力下,经过压密、脱水、胶结及重结晶等成岩作用形成岩石;岩石经风化作用,又可变成土。岩石与土之间,既存在多方面的共性和密切联系,又有明显的不同。从其工程性质来看,大部分岩石的建筑条件比土体要优越得多,但也存在个别岩石与土很难区别,如黏土岩、泥灰岩等,表现出与土接近的工程性质。但总的来说,许多土体中出现的问题对岩石来说则显得十分微弱。

1.5.1 岩石的工程地质评述

岩石是矿物的集合体,是相对完整的岩块。其工程地质性质包括岩石的物理性质、水理性质和力学性质。其中,物理性质是岩石的基本性质,主要包括岩石的密度、重度、相对密度、孔隙率及孔隙比;水理性质是指岩石与水作用所表现的性质,主要包括岩石的吸水性、透水性、溶解性、软化性、膨胀性、崩解性及抗冻性;力学性质是指岩石受到外力作用后,岩石的强度和变形特性。主要的变形指标有弹性模量、变形模量及泊松比;主要的强度指标包括岩石的抗压、抗拉及抗剪强度。然而,从工程角度出发,作为建筑环境的那部分工程体是由各种岩石块体与结构面自然组合而成的"结构体",这就使得工程体的工程地质性质往往不在于岩石的强度如何,而在于岩体的工程地质特征。岩体的工程地质特征主要包括岩体的复杂性、岩体的强度特性及变形破坏特性。

1) 岩体的复杂性

岩体是复杂的地质体,主要表现在以下方面:

(1) 形成过程复杂。自然界中的矿物按照不同的成岩方式形成了地壳表层的岩石层,而岩石层在经历了多期构造运动及各种风化作用后,便形成了形态各异的复杂岩体。

(2) 岩体的组成复杂。组成岩体的岩石成因不同,矿物成分及结构构造不同,使得岩石具有不同的性质,而岩石风化状态的多样性又对原岩进行着由内到外的改造,形成了复杂的组分。

(3) 结构复杂。由于岩体存在大量各种成因的结构面,而结构面的空间分布、组合方式及填充情况等千变万化,使得岩体的结构形式复杂多样。

(4) 处于复杂的地质环境中。岩体中存在复杂的天然应力场、温度场和渗流场,使得岩体的赋存环境异常复杂。

2) 岩体的强度特性

岩体是岩块和结构面的组合体,这就使得岩体的强度既不同于岩块的强度,也不同于结构面的强度。但是由于结构面是岩体力学强度相对较弱的部位,它导致岩体力学性能的不连续性、不均一性和各向异性。因此,岩体的强度主要取决于结构面的强度。一般情况下,其强度介于岩块与结构面强度之间。

3) 岩体的变形破坏特性

岩体的变形包括岩块变形和结构变形。结构变形主要取决于结构面的闭合、充填物的压缩及结构面的张裂和剪切滑移。表现为两个特点:一是不同岩体结构的力学性质差别很大;二是岩体变形具有显著的各向异性,也就是说受结构面控制的岩体在岩体各个方向的变形有区别。岩体的破坏形式主要取决于结构面的组合形式。一般情况下,硬岩岩体主要为脆性破坏,软岩岩体主要为塑性破坏,硬岩岩体破坏强度大大高于软岩岩体。

事实上,在硬岩岩体中,结构面的力学强度大大低于岩块的力学强度,因此,硬岩岩体的变形破坏首先是沿结构面的变形破坏。而在软岩岩体中,因岩块的力学强度较低,有时与结构面相差无几,甚至低于结构面强度,所以,对于软岩岩体,其变形破坏往往取决于岩块的变形破坏。

1.5.2 土的工程地质评述

土是地壳中的岩石经风化、剥蚀后形成的大小悬殊的颗粒,在原地残留或以不同的方式搬运,并在各种自然环境下堆积形成的产物。按形成土体的地质应力和沉积条件,可将土分成残积土、坡积土、洪积土、冲积土、风积土、湖积土、海洋沉积土和冰川沉积土等。

由于不同类型土的形成年代、作用和环境不同,形成后经历的变化过程也不同,因此,不同类型土的物质组成和结构特征也不一样,从而也使得土体具有不同的工程地质特性。土体的工程地质特性主要表现为土的力学特性、土的固结特性及特殊土的工程地质特性。

1) 土的塑性特性

土的塑性主要是土中黏土矿物与水溶液发生一些相互的物理化学作用而表现出的工程性质,因此,土的塑性可以是区别黏性土和砂性土的重要特征,也可作为黏性土的分类依据。已有研究表明:土的塑性主要取决于土中黏土矿物的含量及含水率的多少。因此,对于黏性土,黏土矿物含量越高,含水率变化范围越大,其塑性越强;反之,其塑性越弱,土体越坚硬。

2) 土的力学特性

土的力学特性是指土在外力作用下所表现的性质,主要包括土的压缩性和抗剪性,亦即土的强度和变形特性。土的力学特性是土的工程地质性质中最重要的组成部分。

(1) 土的压缩性

土在压力作用下体积缩小的特性称为土的压缩性。试验研究表明,在一般工程压力(100~600 kPa)作用下,固体矿物颗粒和水的压缩量极其微小,一般不到土体总压缩量的1%,工程上可以忽略不计。因此,土体的压缩可以看作是土中孔隙体积的缩小,其实质是:在荷载作用下,土中的水和气体不断排出,土颗粒之间产生相对移动靠拢,土体孔隙逐渐减小所致。

(2) 土的抗剪强度

土的强度是指土体抵抗外力时保持自身不被破坏时所能承受的极限应力。对工程土体而言,土的强度也就是工程土体承受工程荷载的能力。在工程实践中,土的强度问题涉及地基、边坡和地下硐室的稳定性等问题,因而是土的力学特性中的关键问题。

大量的工程实践表明,土体在通常应力状态下的破坏多表现为剪切破坏。即土体在自重或外荷载作用下,其某个曲面上产生的剪应力值达到了土对剪切破坏的极限抗力(这个极限抗力称为土的抗剪强度),导致土体沿着滑裂面发生剪切破坏。因此,土体的强度问题实质是土的抗剪能力问题,即土的强度由抗剪强度决定。地基承载力、土坡稳定和挡土结构的土压力都与土的抗剪强度有直接的关系。

3) 土的固结特性

在荷载作用下,透水性大的饱和无黏性土,其压缩过程在短时间内就可完成。但黏性土的透水性很小,其中的水分只能慢慢排除,因此其压缩所需时间要比砂土长得多。这种土的压缩随时间而增长的过程称为土的固结。如饱和软黏性土,其固结变形往往需要几年甚至几十年的时间才能完成,因此必须考虑变形与时间的关系,以便控制施工加载速率,确定建筑物的使用安全措施。有时地基各点由于土质不同或荷载差异,还需考虑地基沉降过程中某一时间的沉降差异。所以,土的固结问题十分重要。

4) 特殊土的工程地质特性

(1) 黄土的工程性质

黄土是以粉粒为主,含碳酸盐,具大孔隙,质地均一,无明显层理而有显著垂直节理的黄色陆相沉积物。其颗粒成分中粉粒约占 60%～70%,砂粉和粘粒各占 1%～29% 和 8%～26%;黄土的密度为 $1.5\sim1.8\ g/cm^3$,干密度为 $1.3\sim1.6\ g/cm^3$,其中干密度反映了黄土的密实程度,且干密度小于 $1.5\ g/cm^3$ 的黄土具有湿陷性;黄土的天然含水率一般较低,且含水率与湿陷性有一定关系,含水率低,湿陷性强,含水量增加,湿陷性减弱,当含水量超过 25% 时就不再湿陷了;黄土多为中压缩性土,抗剪强度中等。此外,黄土地区常常有天然或人工洞穴,由于这些洞穴的存在和不断发展扩大,往往引起上覆建筑物突然塌陷,称为陷穴。

(2) 膨胀土的工程性质

膨胀土是一种富含亲水性的黏土矿物,并且随含水量增减,体积发生显著胀缩变形的高塑性黏土。其颗粒成分以粘粒为主,含量在 35%～50% 以上,粉粒次之,砂粒很少。粘粒的矿物成分多为蒙脱石和伊利石,这些黏土颗粒比表面积大,有较强的表面能,在水溶液中吸引极性水分子和水中离子,呈现强亲水性。天然状态下,膨胀土结构紧密,孔隙比小,干密度达 $1.6\sim1.8\ g/cm^3$,土体处于坚硬或硬塑状态,有时被误认为良好地基;膨胀土中裂隙发育,是不同于其他土的典型特征。同时,裂隙在水的淋滤作用下,裂面附近蒙脱石含量增高,呈白色,构成膨胀土中的软弱面,导致边坡失稳滑动;膨胀土在天然状态下抗剪强度和弹性模量比较高,但遇水后强度显著降低。另外,膨胀土具有超固结性。超固结性是指膨胀土在历史上曾受到过比现在的上覆自重压力更大的压力,因而孔隙比小,压缩性低,一旦被开挖外露,卸荷回弹,产生裂隙,遇水膨胀,强度降低,造成破坏。

(3) 软土的工程性质

软土是天然含水率大、压缩性高、承载力和抗剪强度很低的,呈软塑＋流塑状态的黏性土。其颗粒分散性高,连结弱,孔隙比大,含水率高,孔隙比一般大于 1,可高达 5.8;软土的透水性很差;荷载作用下排水不畅,固结慢,压缩性高,在建筑物荷载作用下容易发生沉降及不均匀沉降,而且沉降完成的时间较长;软土的强度低,无侧限抗压强度在 10～40 kPa;软土具有触变性,即软土受到振动,颗粒连结破坏,土体强度降低,呈流动状态的特性。触变可导致地基土大面积失效,引发建筑物破坏;软土具有流变性,即在长期荷载作用下,变形可延续很长时间,最终引起破坏。

(4) 冻土的工程性质

冻土是指温度在零摄氏度或以下,含有固态水(即冰)的各类土。冻土处在冻结状态时,往往具有较高的强度和较低的压缩性或无压缩性。但当其融化时,强度则明显下降,压缩性急剧增高。如果将冻土作为建筑环境,尤其作为建筑物地基,则不利于建筑环境或地基稳定。

冻土可分为季节冻土和多年冻土。季节冻土是随季节变化周期性冻结融化的土,而多年冻土则是冻结状态持续 3 年以上的土。对于季节性冻土而言,其冻胀和融沉与土的颗粒成分和含水量有关。由于受季节性控制和周期性冻结、融化的特点,这类土的结构形式及对工程问题的影响有很大区别。对于多年冻土而言,其强度和变形主要反映在抗压强度、抗剪强度和压缩系数等方面。由于多年冻土常存在于地表以下一定深度,其上部近地表部分受季节性影响,冬冻夏融,为季节性融冻层,这就使得多年冻土的力学性质随温度和加载时间而变化的敏感性大大增加,表现出更加复杂的工程特性。

思考题

1. 简述矿物、岩石的定义,并阐明三大类岩石的主要成因。
2. 岩石和岩体有何区别?
3. 岩体有哪些工程地质特征?
4. 简述土的压缩性及固结性的定义、区别及联系。
5. 特殊土有哪些?其工程地质问题是什么?

2 地质构造

地质构造是地质体(geologic body)或地壳中的岩块受到应力作用造成永久变形的产物。地质体泛指天然的岩石块体,不论其规模大小、形状、内部结构和成因。地质体在地面上直接露出部分称为露头(outcrop)。露头上往往赋存有地质构造的一些信息,因而成为地质工作者在野外调查研究的重要对象。

2.1 地质年代

地球形成至今已有46亿年。在整个地质历史时期,地球的发展演化及地质事件记述需要一套相应的时间概念即地质年代。地质年代是指地质体形成或地质事件发生的时代。地质学以相对年代和绝对年代两种方法计算时间。表示地质体形成或地质事件发生的先后顺序为相对年代,表示地质体形成或地质事件发生距今的年龄称为绝对年代(同位素年龄)。

2.1.1 相对年代的确定

1) 地层层序律

地层层序律是确定地层相对年代的基本方法。地层是指在一定地质时期内所形成的层状岩石(岩层)。未经构造运动改变的层状岩层大都是水平岩层。水平岩层的层序为先形成的位于下部,后形成的覆盖其上部,即下老上新的层序规律(图2-1(a))。

如果岩层因构造运动发生倾斜但未倒转时,倾斜面以上的岩层新,倾斜面以下的岩层老(图2-1(b))。

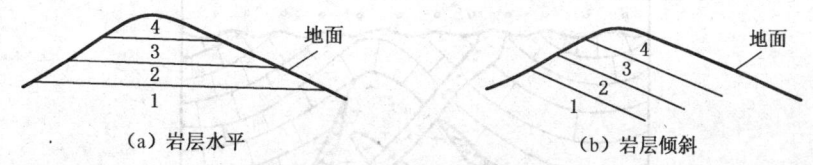

图 2-1 地层层序律(岩层层序正常时)
1、2、3、4 依次从老到新

当构造运动使岩层层序颠倒称地层倒转,则老岩层就会覆盖在新岩层之上(图2-2)。这时要仔细研究沉积岩的泥裂、波痕、递变层理、交错层理等原生构造来判别岩层的顶、底面,恢复其原始层序,以定其相对新老关系。

2) 生物层序律

沉积岩中保存的地质时期生物遗体和遗迹称为化石。化石的成分常常已变为矿物质,但原来的生物骨骼或介壳等硬件部分的形态和内部构造却在化石里保存下来。

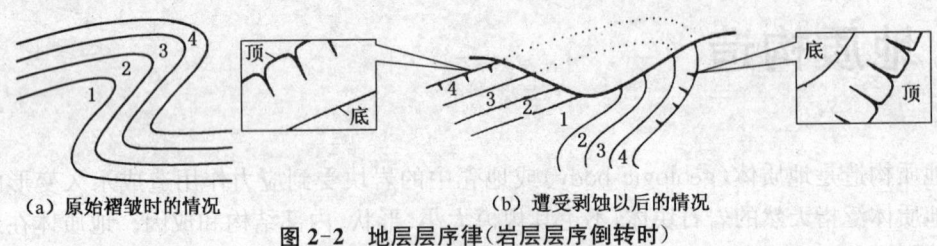

图 2-2　地层层序律（岩层层序倒转时）
1、2、3、4 依次从老到新

在漫长的地质历史时期，生物的演变是从简单到复杂、从低级到高级不断发展演化的。因此，一般来说，年代越老的地层中所含的生物越原始、越简单、越低级；年代越新的地层中所含生物越进步、越复杂、越高级。根据地层中所含生物化石的特征来推断地层相对年代或先后顺序，称为"生物层序律"。

不同地质时代的岩层中含有不同类型的化石及其组合。而在相同地质时期的相同地理环境下形成的地层，只要原先的海洋或陆地是相通的，则含有相同的化石及其组合。

应该指出，有些生物对环境变化的适应能力很强，虽经过漫长的地质历史，但它们的特征没有明显变化。如舌形贝 5 亿多年前即已在海洋中出现，至今仍然存在。因而这种化石对于确定地层年代意义不大。对于研究地质年代有决定意义的化石，应该具有在地质历史中演化快、延续时间短、特征显著、数量多、分布广等特点，这种化石称为标准化石。

3）切割律

地层层序律和生物层序律主要适用于沉积岩或具有层状岩石的新老关系，而对于呈块状产出的岩浆岩或变质岩则难以运用，因为它们不成层也不含化石。但是这些不同时代块状与层状岩石之间以及它们相互之间存在着穿插、切割关系。就侵入岩与围岩相比，侵入者年代新，被侵入者年代老，切割者年代新，被切割者年代老，包裹者年代新，被包裹者年代老，这就是切割律。这一原理还可以用来确定有交切关系或包裹关系的任何两地质体或地质界面的新老关系（见图 2-3）。

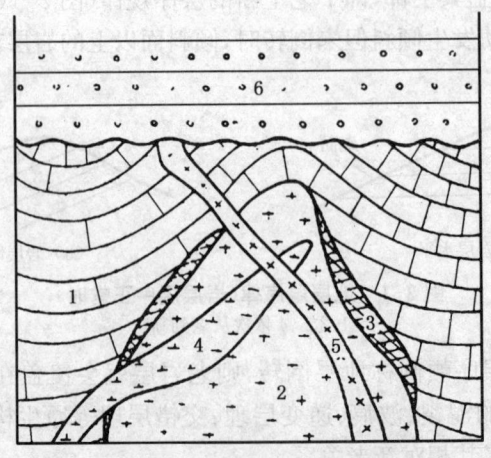

图 2-3　运用切割律确定岩石形成顺序
1—石灰岩，最早形成；2—花岗岩，形成晚于石灰岩；3—硅卡岩，形成时间同花岗岩；
4—闪长岩，晚于花岗岩形成；5—辉绿岩，形成晚于闪长岩；6—砾岩，最晚形成

2.1.2 同位素年龄(绝对年代)的测定

自 20 世纪 30 年代发现了元素的放射性后,同位素地质年代测定方法得到越来越广泛的应用。基本原理是基于放射性元素具有固定的衰变系数(衰变系数 λ 代表每年每克母体同位素能产生子体同位素的克数),而且矿物中放射性同位素蜕变后剩余的母体同位素含量(N)与蜕变而成的子体同位素含量(D)可以测出,根据下列公式:

$$t = \frac{1}{\lambda}\ln(1 + \frac{D}{N})$$

就可以计算出该矿物和该矿物同时形成的岩石从形成到现在的实际年龄,即代表岩石的绝对年代。

放射性同位素的种类很多,能够用来测定地质年代的必须具备以下条件:
(1) 具有较长的半衰期,几天或几年内就蜕变殆尽的同位素是不能使用的。
(2) 该同位素在岩石中有足够的含量,可以分离出来并加以测定。
(3) 其子体同位素易于富集并保存下来。

通常用来测定地质年代的放射性同位素有钾-氩(K-Ar)、铷-锶(Rb-Sr)、铀-铅(U-Pb)和碳-14 等。其中碳-14 的半衰期短,主要用于 500 万年以内的年龄测定,专用于测定最新地质事件和大部分考古资料的年代;钾-氩(K-Ar)有效范围大,适用于绝大部分地质年龄,而且钾是常见元素,应用范围很广;铷-锶(Rb-Sr)、铀-铅(U-Pb)主要用来测定较古老岩石的地质年龄。

2.1.3 地质年代表

通过对全球各个地区地层划分和对比及对各种岩石进行同位素年龄测定等,按年代先后顺序进行系统性的编年,便建立起目前国际上通用的地质年代表(见表 2-1)。它的内容包括各个地质年代单位、名称、代号和同位素年龄值等。

地质年代表使用不同级别的地质年代单位(时间单位)和地层年代单位(地层单位)。地质年代单位包括宙、代、纪、世,与其对应的地层年代单位分别是宇、界、系、统。

宙是地质年代的最大单位,根据生物演化,把距今 6 亿年以前仅有原始菌藻类出现的时代称为隐生宙,距今 6 亿年以后称为显生宙,是地球上生命大量发展和繁荣的时代。与宙相应的地层单位为宇。

代是地质年代的二级单位。隐生宙划分为 2 个代:太古代和元古代。显生宙进一步划分为 3 个代:古生代、中生代、新生代。与代相应的时段内形成的岩石地层相应单位为界。

纪是地质年代的三级单位。古生代分为 6 个纪,中生代分为 3 个纪,新生代分为 2 个纪。在纪的时段内形成的岩石地层其年代地层单位为系。

世是纪下面的次一级地质年代单位。一般一个纪分成 3 个或 2 个世,称为早世、中世、晚世或早世与晚世,并在纪的代号右下角分别标出 1、2、3 或 1、2 表示。比较特殊的是新生代分为 7 个世。与世相应的年代地层单位称为统,它们的相应地层为下统、中统和上统。

表 2-1 地质年代表（年代地层表）

相对地质年代				距今年龄(Ma)	生物演化	主要地壳运动
宙(宇)	代(界)	纪(系)	世(统)			
显生宙(宇)	新生代(界)Kz	第四纪(系)Q	全新世(统)Q_h	0.01	人类出现	喜马拉雅运动
			更新世(统)Q_p	2.0		
		第三纪(系)R	新近纪(系)N	上新世(统)N_2	24.6	古猿	
				中新世(统)N_1			
			古近纪(系)E	渐新世(统)E_3	65		燕山运动
				始新世(统)E_2			
				古新世(统)E_1			
	中生代(界)Mz	白垩纪(系)K	晚(上)白垩世(统)K_2	144	被子植物出现	
			早(下)白垩世(统)K_1			
		侏罗纪(系)J	晚(上)侏罗世(统)J_3	213	哺乳类动物出现	印支运动
			中(中)侏罗世(统)J_2			
			早(下)侏罗世(统)J_1			
		三叠纪(系)T	晚(上)三叠世(统)T_3	250		海西运动
			中(中)三叠世(统)T_2			
			早(下)三叠世(统)T_1			
	古生代(界)Pz	晚古生代(界)Pz_2	二叠纪(系)P	晚(上)二叠世(统)P_2	290		
				早(下)二叠世(统)P_1			
			石炭纪(系)C	早(上)石炭世(统)C_2	362	爬行动物出现	
				晚(下)石炭世(统)C_1			
			泥盆纪(系)D	晚(上)泥盆世(统)D_3	409	裸子植物、两栖类动物出现	加里东运动
				中(中)泥盆世(统)D_2			
				早(下)泥盆世(统)D_1			
		早古生代(界)Pz_1	志留纪(系)S	晚(上)志留世(统)S_3	439	蕨类植物、鱼类出现	
				中(中)志留世(统)S_2			
				早(下)志留世(统)S_1			
			奥陶纪(系)O	晚(上)奥陶世(统)O_3	510	无颌类出现	
				中(中)奥陶世(统)O_2			
				早(下)奥陶世(统)O_1			
			寒武纪(系)	晚(上)寒武世(统)	590		蓟县运动
				中(中)寒武世(统)			
				早(下)寒武世(统)			

续表 2-1

宙(宇)	相对地质年代			距今年龄(Ma)	生物演化	主要地壳运动
	代(界)	纪(系)	世(统)			
隐生宙	元古代(界)Pt	震旦纪(系)Z	晚(上)震旦世(统)Z_2	800	无脊椎动物出现	
			早(下)震旦世(统)Z_1			
	太古代(界)Ar			2 500	菌藻类植物出现	五台运动

各个代、纪延续时间不一,总趋势是年代越老延续时间越长,年代越新延续时间越短;年代越新者保留下来的地质事件的记录——地层越全、划分越细。此外,地质年代单位的划分也考虑到生物进化的阶段性,年代越新,生物进化的速度加快,反映出地质环境演化速度加快。

地质年代表中"地壳运动"一栏是表示世界和我国主要地壳运动的时间段名称,它们都是以最早发现并经过详细研究的典型地区的地名来命名的。

地质年代表中的符号是采用英文缩写来表示的。

2.1.4 地方性岩石地层单位

除了国际性地层单位外,还有按岩性特征划分地层的地方性岩石地层单位。

各地区在地质历史中所形成的地层事实上是不完全相同的。地方性岩石地层划分,首先是调查岩石性质、运用确定相对年代的方法研究它们的新老关系,对岩石地层进行系统划分。岩石地层单位,或称地方性地层单位,可分为群、组、段等不同级别。

群是岩石地层的最大单位,常常包含岩石性质复杂的一大套岩层,它可以代表一个统或跨两个统,如南京附近有象山群、黄马青群、青龙群等。

组是岩石地层划分的基本单位,岩石性质比较单一。组可以代表一个统或比统小的年代地层单位,如南京附近有栖霞组、龙潭组等。

段是组内次一级的岩石地层单位,代表组内具有明显特征的一段地层,如南京附近栖霞组分出臭灰岩段、下硅质岩段、本部灰岩段等。

群、组、段的前面常冠以该地层发育地区的地名。在岩石地层层序建立的基础上,通过古生物化石研究以及同位素绝对年龄测定,建立地方性地层表或地层柱状图。它与年代地层单位之间没有对应关系。

2.2 岩层产状与地层接触关系

2.2.1 构造运动与地质构造

地球自形成以来,地壳是不断运动、发展和变化的,一直处于运动状态。如喜马拉雅山地区,在约2 500万年以前还是一片汪洋大海,以后由于地壳上升,形成了今天的"世界屋脊"。这种由于地球内力地质作用引起地壳变化,使岩层或岩体发生变形和变位的运动,称为地壳运动。地壳运动也常称为构造运动。

构造运动是一种机械运动,涉及范围包括地壳及上地幔上部即岩石圈。按运动方向可分为水平运动和垂直运动两种基本形式。

水平方向的构造运动是指岩块相背分离裂开或相向聚集,发生挤压、弯曲或剪切、错开,甚至形成巨大的褶皱山系或裂谷。例如美国西部的圣安得列斯断层,从中新世以来水平位移距离达260 km。

垂直方向的构造运动是指地壳沿垂直地面方向进行的升降运动,表现为地壳大面积的上升或下降,形成大规模的隆起和坳陷。

构造运动至今仍在发展之中,一般把第四纪以来的构造运动称为新构造运动。其中又将人类历史时期到现在所发生的新构造运动称为现代构造运动。

地壳运动的结果,使地壳中的岩层发生变形、变位,形成了各种不同的构造形迹,如褶皱、断裂等,称为地质构造。地质构造的规模有大有小,大者分布可达几千千米,而小的在显微镜下才能观察到。褶皱构造和断裂构造是最主要的构造类型(见图2-4)。

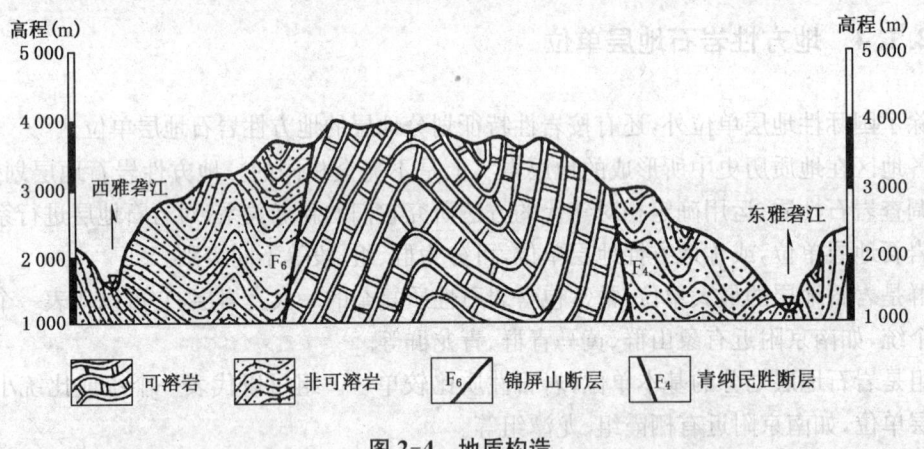

图2-4 地质构造

2.2.2 岩层的产状

岩层产状是岩层在空间产出的状态和方位的总称,它是研究地质构造的基础。岩层的产状是由岩层面在三度空间的延伸方位及其倾斜程度来确定的,即采用岩层面的走向、倾向和倾角3个要素的数值来表示。除水平岩层成水平状态产出外,一切倾斜岩层的产状均以其走向、倾向和倾角表示,称为岩层产状三要素。

1) 岩层产状的定义

走向:岩层面与水平面交线的延伸方向,层面上的水平线叫走向线(见图2-5中的AB线),走向线两端所指的方向即为岩层的走向。所以,岩层走向有两个方位角数值。可由两个相差180°的方位角来表示,如NE30°与SW210°。

倾向:垂直走向线、沿岩层面向下倾斜的直线叫倾斜线(又称真倾斜线),它在水平面上的投影线称为倾向线，如图 2-5(a)中的倾斜线 OD 在水平面上的投影线 OD′ 所指的方向，就是岩层的倾向（又称真倾向）。沿着岩层面但不垂直于走向线的向下倾斜的直线为视倾斜线，其在水平面上的投影线称为视倾向线，视倾向线所指的方向为视倾向。走向与倾向相差 90°。

倾角：真倾斜线与其在水平面上的投影线（倾向线）的夹角叫倾角（如图 2-5(b)中的 α 角），又称真倾角。视倾斜线与其在水平面上的投影线（视倾向线）的夹角叫视倾角。如图 2-5(b)所示，图中直角三角形 OGH 中 $\angle\alpha$ 为真倾角，直角三角形 OCH 中 $\angle\beta$ 为视倾角，$\angle\omega$ 是视倾向与真倾向的夹角。由几何关系可推出视倾角与真倾角的关系如下：

$$\tan\beta = \tan\alpha \cdot \cos\omega$$

野外测定岩层产状，通常是测量其真倾向和真倾角。但有时要用视倾角。例如，绘制地质剖面或作槽探、坑道编录时，如剖面方向或槽、坑的方向与岩层的走向不直交时，剖面图或素描图上岩层的倾角就要用作图方向的视倾角来表示。

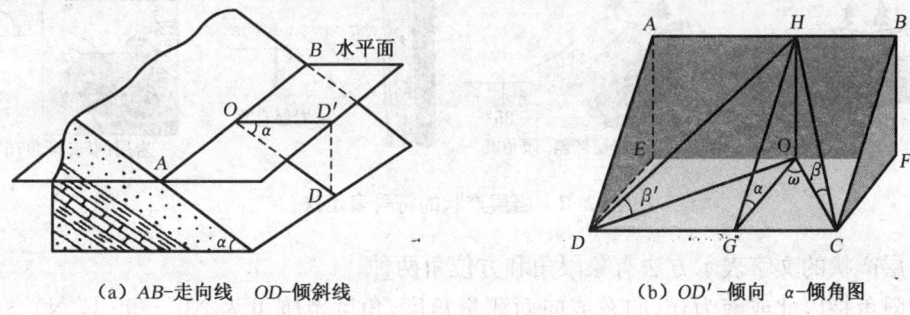

(a) AB-走向线　OD-倾斜线　　　　　　(b) OD′-倾向　α-倾角图

图 2-5　岩层的产状

2) 岩层产状要素的测定与表示方法

岩层的产状要素通常是用地质罗盘直接在岩层面上测量的（见图 2-6）。

图 2-6　岩层产状要素及其测量方法

(1) 岩层产状的具体量测方法

测量走向时,使罗盘的长边紧贴层面,将罗盘放平,当圆形水准器气泡居中时,读指北针或指南针所示的方位角,就是岩层的走向。

测量倾向时,将罗盘北端指向岩层向下倾斜的方向,以南端短棱靠着岩层层面,当圆形水准器气泡居中,读指北针所示的方位角,就是岩层的倾向。因为岩层的倾向只有一个,所以在测量岩层的倾向时,要注意将罗盘的北端朝向岩层的倾斜方向。

测量倾角时,需将罗盘横着竖起来,使罗盘长边紧靠层面,并用右手中指拨动底盘外之活动扳手,同时沿层面移动罗盘,当管状水准器气泡居中时,读测斜指针所指的最大度数,就是岩层的真倾角。

(2) 岩层产状要素的表示方法

岩层产状要素有文字和符号两种表示方法,其中符号表示法主要用于地质图,见图 2-7 所示。

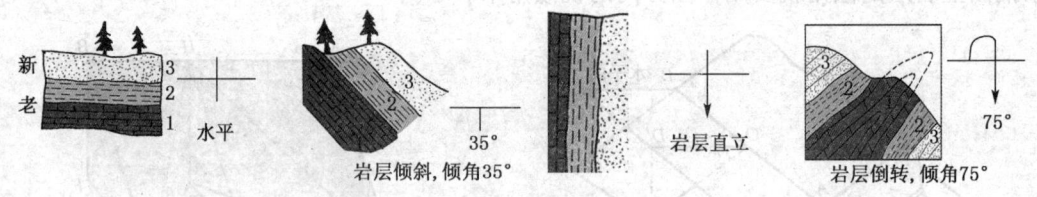

图 2-7 岩层产状的符号表示法

岩层产状的文字表示方法有象限角和方位角两种。

象限角是以北或南为 0°,向东或向西测量角度,角度范围可为 N0°～90°E、N0°～90°W 或 S0°～90°E 或 S0°～90°W。方位角是以北为 0°,顺时针转动测量角度,角度范围从 0°到 360°。象限角表示法:常用走向、倾向和倾角象限表示。如 N65°W/25°SW,即走向为北偏西 65°,倾角为 25°,向南西倾斜。

方位角表示法:常用倾向和倾角表示。如 205∠65,即倾向为南西 205°,倾角 65°,其走向则为 NW65°或 SE65°。走向可根据倾向加减 90°后得到。

2.2.3 岩层露头线特征

露头是一些暴露在地表的岩石。它们通常在山谷、河谷、陡崖以及山腰和山顶出现。未经过人工作用而自然暴露的露头称天然露头,经人为作用暴露在路边、采石场和开挖基坑中的露头称人工露头。露头观察发现岩层除水平状态和倾斜状态外,还有直立状态。

露头线是指岩层层面与地面的交线。它的形态取决于岩层的产状和地面起伏即地形状况。水平岩层、直立岩层和倾斜岩层露头线分布特征是不相同的。

水平岩层露头线与地形等高线平行重合,但不相交(见图 2-8)。直立岩层露头线呈直线延伸,不受地形影响,其延伸方向即为岩层走向。倾向岩层露头线呈"V"字形形态。但"V"字形的弧顶朝向,两侧张开或闭合程度皆受岩层倾向与地形坡向、倾角与坡脚的制约。倾斜岩层走向与山脊或沟谷延伸方向垂直时,露头线"V"字形有 3 种分布规律:

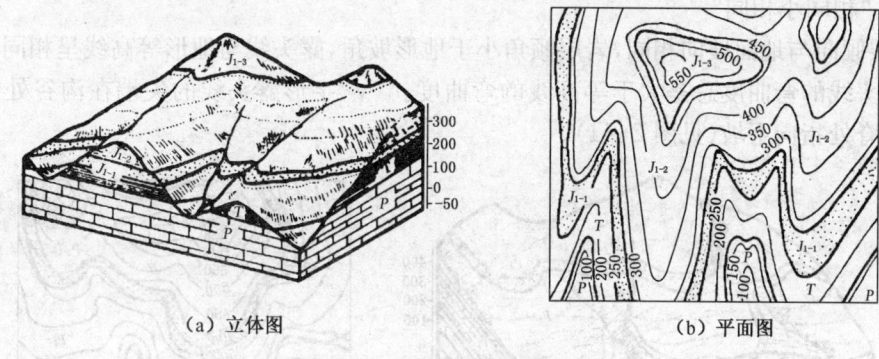

(a) 立体图　　　　　　　　　　(b) 平面图

图 2-8　水平岩层的出露特征

(1)"相反相同"

岩层倾向与地面坡向相反,露头线与地形等高线呈相同方向弯曲,但露头线的弯曲度总比等高线的弯曲度要小。"V"字形露头线的尖端在沟谷处指向上游,在山脊处指向下坡(见图 2-9)。

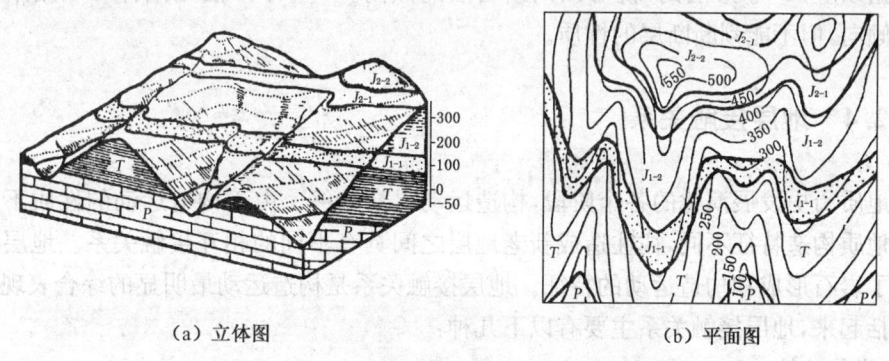

(a) 立体图　　　　　　　　　　(b) 平面图

图 2-9　与坡向相反的倾斜岩层的出露特征

(2)"相同相反"

岩层倾向与地面坡向相同,但岩层的倾角大于地形的坡角时,露头线与地形等高线呈相反方向弯曲。"V"字形露头线的尖端在沟谷处指向下游,在山脊处指向上坡(见图 2-10)。

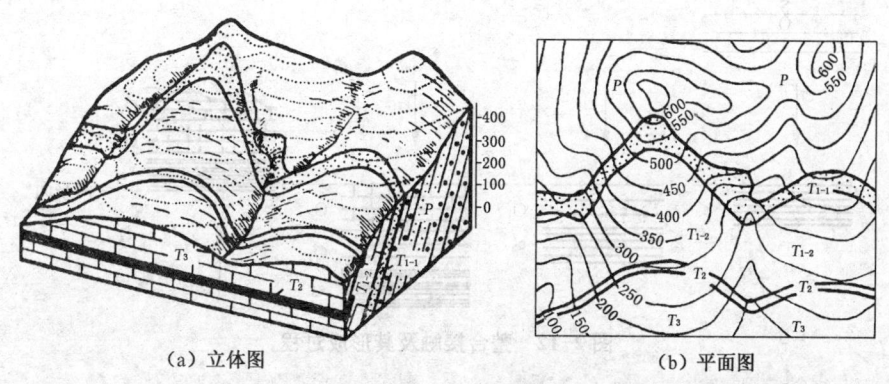

(a) 立体图　　　　　　　　　　(b) 平面图

图 2-10　与坡向相同的倾斜岩层的出露特征(岩层倾角＞地形坡角)

（3）"相同小相同"

岩层倾向与地面坡向相同，岩层倾角小于地形坡角，露头线与地形等高线呈相同方向弯曲，但露头线的弯曲度总是大于等高线的弯曲度。"V"字形露头线的尖端在沟谷处指向上游，在山脊处指向下坡（见图2-11）。

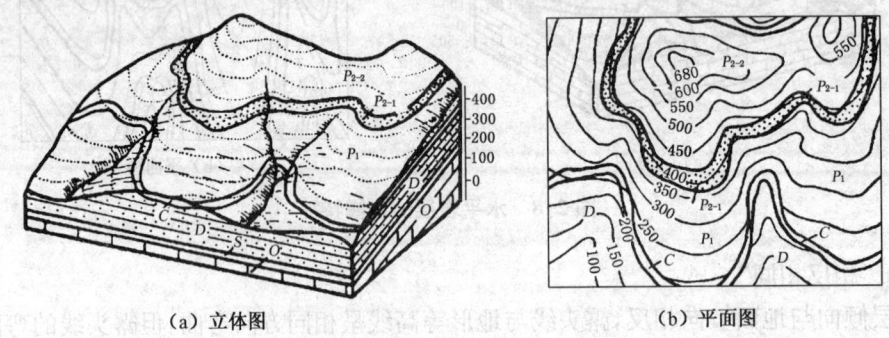

(a) 立体图　　　　　　　　　(b) 平面图

图 2-11　与坡向相同的倾斜岩层的出露特征（岩层倾角＜地形坡角）

根据以上"V"字形法则，就可以判断岩层的倾向。"V"字形法则同样可以用来判断断层面的倾向，但不能判断断层的性质。

2.2.4　地层接触关系

在地质历史发展演化的各个阶段，构造运动贯穿始终。由于构造运动的性质不同或所形成的地质构造特征不同，往往造成新老地层之间具有不同的相互接触关系。地层接触关系反映了岩石形成和构造运动的特征。地层接触关系是构造运动最明显的综合表现。

概括起来，地层接触关系主要有以下几种：

1）整合接触

相邻的新、老地层产状一致，时代连续，沉积作用没有间断。表明它是在构造运动处于持续下降或持续上升的背景下发生连续沉积而形成的（见图2-12）。

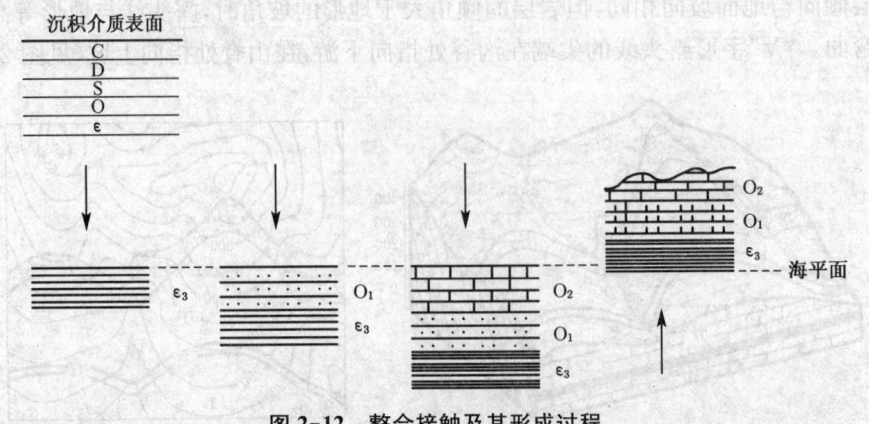

图 2-12　整合接触及其形成过程

2）假整合接触

假整合接触又称平行不整合接触。相邻的新、老地层产状平行一致，而地层时代不连续,它们的分界面是沉积作用的间断面,或称为剥蚀面,剥蚀面的产状与相邻的上下地层的产状平行。其间缺失了某些地层,标志着这期间地壳曾一度上升。上升时遭受风化剥蚀,形成具有一定程度起伏的剥蚀面。随后地壳均衡下降,在剥蚀面上重新接受沉积,并形成上覆地层(见图2-13)。

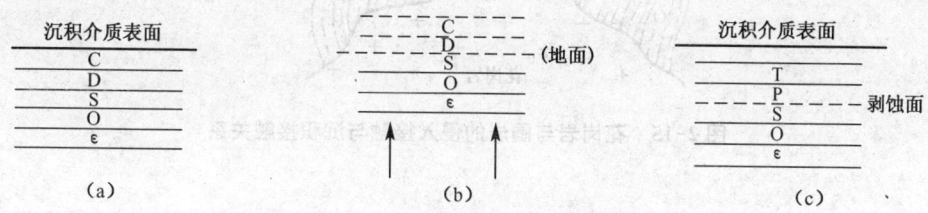

图 2-13　假整合接触及其形成过程

3) 不整合接触

不整合接触又称角度不整合接触,相邻新、老地层产状不一致,以角度相交,地层时代不连续,期间有剥蚀面相分隔,剥蚀面的产状与上覆地层的产状一致,与下覆地层的产状不一致。反映其间曾发生过剧烈的构造运动,致使老地层产生褶皱、断裂,地壳上升遭受风化剥蚀,形成剥蚀面。而后地壳下降,在剥蚀面上接受沉积,形成新地层(见图2-14)。

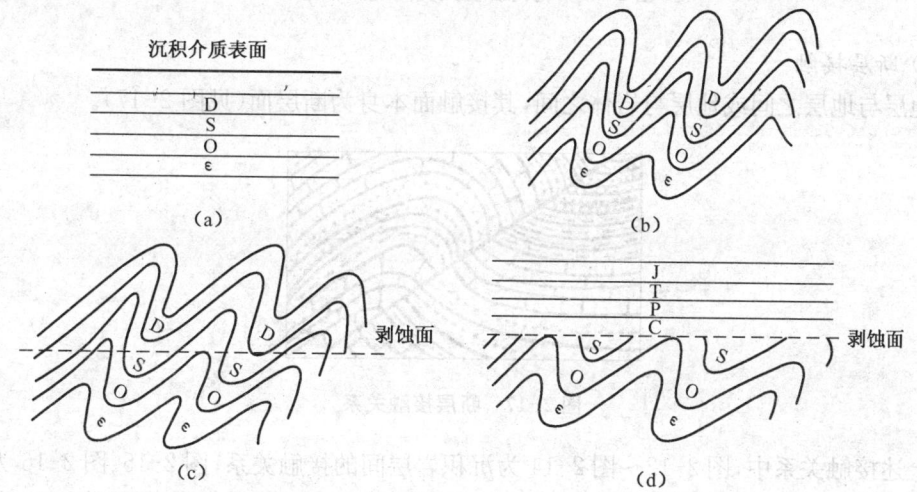

图 2-14　不整合接触及其形成过程

4) 侵入体的沉积接触

地层覆盖在侵入体之上,期间有剥蚀面分开,剥蚀面上堆积有由该侵入体被剥蚀所形成的碎屑物质。沉积接触表明,侵入体形成后,地壳上升并遭受剥蚀,侵入体上面的围岩以及侵入体上部的一部分被剥蚀,形成剥蚀面,然后地壳下降,在剥蚀面上接受沉积,形成新的地层。该侵入体的年代恒老于其上覆岩层的年代(见图2-15)。

5) 侵入接触

侵入接触是侵入体与被侵入围岩间的接触关系。侵入接触的主要标志是,侵入体边缘有捕虏体,侵入体与围岩接触带有接触变质现象,侵入体与其围岩的接触界线多呈不规则状等。侵入接触的存在说明该地区曾经有构造运动发生,因而引起了岩浆的侵入,形成了侵入体。侵入体的年代晚于被侵入围岩的年代(见图 2-16)。

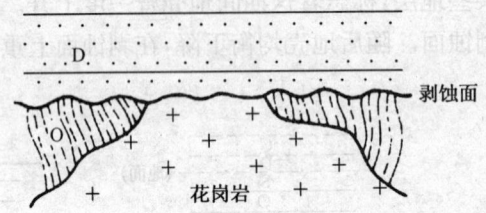

图 2-15　花岗岩与围岩的侵入接触与沉积接触关系

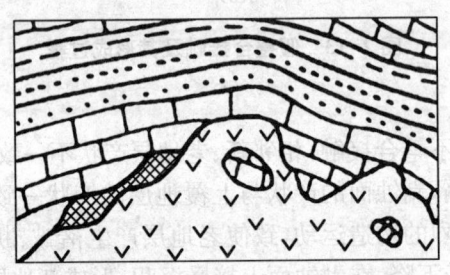

图 2-16　花岗岩侵入奥陶纪沉积地层

6) 断层接触

地层与地层之间或地层与岩体之间,其接触面本身为断层面(见图 2-17)。

图 2-17　断层接触关系

上述接触关系中,图 2-12～图 2-14 为沉积岩层间的接触关系,图 2-15、图 2-16 为岩浆岩与沉积岩层间的接触关系。由于整合接触中的不整合面是下伏古地貌的剥蚀面,常有较大的起伏,同时常有风化层或底砾存在,层间接合差,地下水发育,当不整合面与斜坡倾向一致时,常成为潜在的滑动面,如开挖路堑,经常沿此面产生斜坡滑动,对工程建筑不利。

2.3　褶皱构造

2.3.1　褶皱的概念

岩层受力而发生弯曲变形称为褶皱。岩层在构造运动作用下,或者说在地应力作用下,改变了岩层的原始产状,不仅使岩层发生倾斜,而且大多数形成各式各样的弯曲。褶皱是岩层塑性变形的结果,是地壳中广泛发育的地质构造的基本形态之一。褶皱的规模可以长达几十到上千米,也可以小到在手标本上出现。褶皱构造通常指一系列弯曲的岩层,而把其中一个弯曲称为褶曲。

2.3.2 褶皱要素

为了研究和描述褶皱形态及空间展布特征,首先要弄清楚褶皱的各个组成部分(褶皱要素)及其相互关系(见图 2-18)。褶皱要素是褶曲形态分类的重要依据。

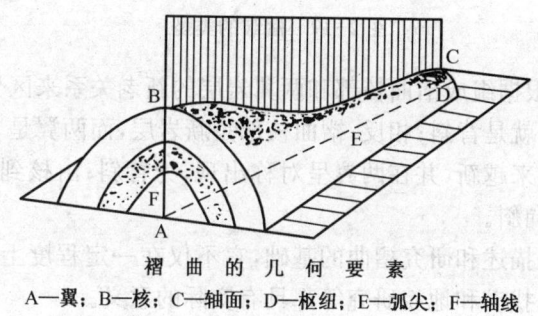

褶曲的几何要素
A—翼;B—核;C—轴面;D—枢纽;E—弧尖;F—轴线

图 2-18 褶皱要素示意图

1) 核
褶皱中心部位的地层,当剥蚀后,常把出露在地面的褶皱中心部分的地层称为核。
2) 翼
褶皱核部两侧的地层。
3) 轴面
褶皱内各相邻褶皱面上的枢纽连成的面称为轴面。轴面是一个假想的标志面,它可以是简单的平面,也可以是复杂的曲面;轴面与地面或其他任何面的交线称为轴迹。
4) 枢纽
同一褶皱层面与轴面相交的线,叫枢纽。枢纽可以是直线,也可以是曲线;可以是水平线,也可以是倾斜线。
5) 弧尖
在垂直于枢纽的切面上轴面与层面的交点称为弧尖,是层面弯曲最大的部位,同一层面上弧尖的连线就是枢纽。
6) 轴线
轴线是指轴面与地面或水平面的交线。

2.3.3 褶皱的类型

褶曲的形态是多种多样的,但基本形式只有背斜和向斜两种(见图 2-19)。
从外形上看,背斜是岩层向上突出的弯曲,两翼岩层从中心向外倾斜;向斜是岩层向下突出的弯曲,两翼岩层自两侧向中心倾斜。这种从形态上的划分,大多数情况下是对的,但在有些情况下则是无法判断的。例如,当褶曲是横卧时,或褶曲两翼平行而顶部被剥蚀掉时,或褶曲呈扇形弯曲而顶部亦被剥蚀,或褶曲呈翻卷状态时,都无法利用形态区分是背斜或向斜。

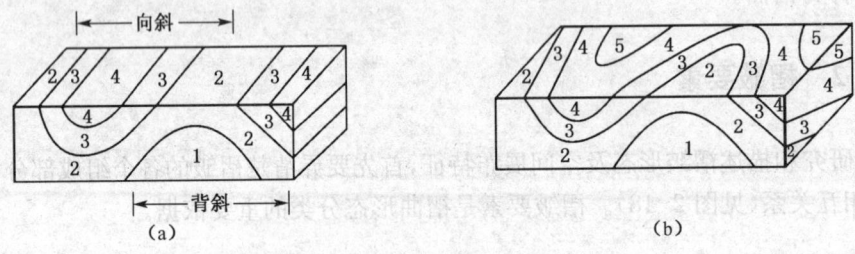

图 2-19 褶皱的类型

从本质上讲,应该根据组成褶曲核部和两翼岩层的新老关系来区分,即褶曲的核部是老岩层,而两翼是新岩层,就是背斜;相反,褶曲核部是新岩层,而两翼是老岩层,就是向斜。或者说,由核到翼,岩层越来越新,并在两翼呈对称出现,为背斜;由核到翼,岩层越来越老,并在两翼呈对称出现,为向斜。

褶曲的形态分类是描述和研究褶曲的基础,它不仅在一定程度上反映褶曲形成的力学背景,而且对地质测量、找矿和地貌研究等都具有实际的意义。

1) 根据轴面产状并结合两翼特点分类

(1) 直立褶皱:轴面直立,两翼岩层向不同方向倾斜,两翼倾角相等(图 2-20(a))。

(2) 倾斜褶皱:轴面倾斜,两翼岩层向不同方向倾斜,两翼倾角不等(图 2-20(b))。

(3) 倒转褶皱:轴面倾斜,两翼岩层向同一方向倾斜,倾角大小不等,其一翼岩层为正常层序,另一翼岩层发生倒转;如两翼岩层向同一方向倾斜,且倾角大小相等则称为同斜褶皱(图 2-20(c))。

(4) 平卧褶皱:也叫横卧褶皱,轴面水平或近于水平,两翼岩层的产状也近于水平重叠;一翼层位为正常层序,另一翼层位发生倒转(图 2-20(d))。

(5) 翻卷褶皱:轴面为一曲面(图 2-20(e))。

上述 5 种褶曲基本上反映了褶曲变形程度从轻微到强烈、从简单到复杂的过程以及水平挤压力的不同强度。但不能绝对化,有时与岩性和构造条件等有关。

(a) 直立褶皱　(b) 倾斜褶皱　(c) 倒转褶皱　(d) 平卧褶皱　(e) 翻卷褶皱

图 2-20 根据轴面和两翼产状的褶皱分类

2) 根据横剖面的形态分类

(1) 扇形褶皱:在横剖面上呈扇形展开,两翼岩层产状可能同时倒转(图 2-21(a))。

(2) 箱形褶皱:在横剖面上呈箱形,底部岩层平缓而两翼岩层产状近于直立。转折端平直而两翼陡峭,在两翼转折处呈膝状弯曲,形似箱状。大型箱形褶曲的一翼可称挠曲,即岩层成一面倾斜的台阶状或膝状褶曲(图 2-21(b))。

(3) 单斜:岩层向一个方向倾斜渐变为平缓(图 2-21(c))。

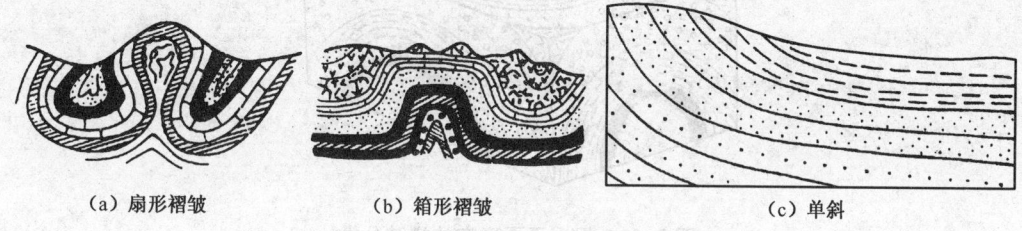

(a) 扇形褶皱　　　　　(b) 箱形褶皱　　　　　(c) 单斜

图 2-21　根据横剖面形态的褶皱分类

3) 根据枢纽的产状分类

(1) 水平褶皱:枢纽近于水平,两翼岩层走向平行一致(图 2-22(a))。

(2) 倾伏褶皱:枢纽倾伏,两翼岩层走向呈弧形相交。对背斜而言,弧形的尖端指向枢纽倾伏方向。而向斜则不同,弧形的开口方向指向枢纽的倾伏方向(图 2-22(b))。严格地说,自然界褶曲的枢纽很少是水平的,大多数都是倾伏的;大规模的褶曲,其枢纽往往是有起伏的。

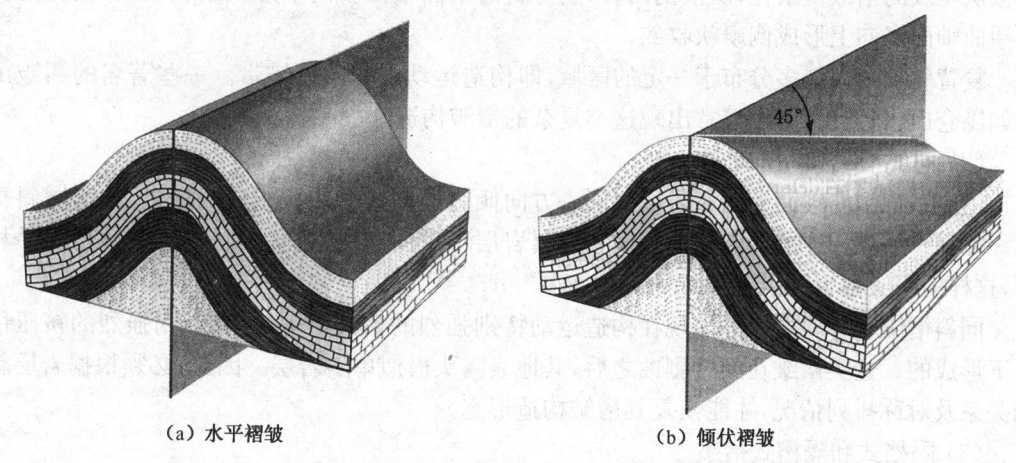

(a) 水平褶皱　　　　　　　　　(b) 倾伏褶皱

图 2-22　根据枢纽产状的褶皱分类

4) 根据褶曲的平面形态分类

(1) 线形褶曲:又称长褶曲,褶曲轴向一定方向延伸很远,从几十千米到数百千米或者更远。长与宽之比大于 10∶1。

(2) 长圆形褶曲:又称短轴褶曲,长与宽之比在 10∶1 到 3∶1 之间。若为背斜叫短背斜,若为向斜叫短向斜。它们在平面上的投影形态近似椭圆形。

(3) 浑圆形褶曲:长宽之比小于 3∶1,平面投影近似圆形。若为背斜叫穹窿,若为向斜叫构造盆地(图 2-23)。

上述短背斜、短向斜、穹窿、构造盆地等常常独立存在。其中短背斜、穹窿等是最理想的储油构造,是石油地质工作的重要勘探对象之一。

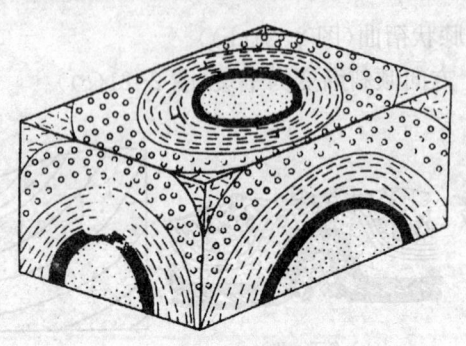

图 2-23 根据平面形态的褶皱分类

2.3.4 褶皱的组合类型

在一个地区,褶曲常是连续出现,形成各种褶皱组合特征,特别是在地壳活动强烈地区,往往形成很复杂的褶皱带。常见的褶皱组合类型如下:

(1) 复背斜和复向斜

不同大小级别的褶皱往往组合成巨大的复背斜和复向斜。即规模大的背斜、向斜的两翼被次一级的褶皱复杂化;从横剖面看,复背斜的褶曲轴面多向下形成扇状收敛,而复向斜的褶曲轴面多向上形成倒扇状收敛。

复背斜和复向斜多分布于一定的区域,即构造运动强烈的褶皱带。一些著名的褶皱山脉如昆仑山、祁连山、秦岭等常出现这类复杂的褶皱构造。

(2) 同斜褶皱和等斜褶皱

由一系列褶曲轴面和两翼岩层向同一方向倾斜的倒转褶曲所组成的褶皱,称为同斜褶皱。如果一系列相连的倒转褶曲轴面和两翼岩层不仅向同一方向倾斜,而且其倾角几乎相等,这样的褶皱称为等斜褶皱。

同斜褶皱和等斜褶皱都出现在构造运动特别强烈的褶皱山地,是在受到强烈的挤压情况下形成的。这类褶皱在经过剥蚀之后,其地表露头极似单斜岩层。因此,必须根据岩层新老关系及对称排列情况,才能恢复其褶皱构造形态。

(3) 隔档式和隔槽式褶皱

在四川东部、贵州北部以及北京西山等地,可以看到由一系列褶轴平行,但背斜向斜发育程度不等所组成的褶皱。有的是由宽阔平缓的向斜和狭窄紧闭的背斜交互组成的,称隔档式褶皱;有的是由宽阔平缓的背斜和狭窄紧闭的向斜组成的,称隔槽式褶皱。

2.3.5 褶皱的野外识别

野外观察褶皱时,经常采用地质方法结合地貌的方法,可按下列顺序进行识别:

(1) 判断有无褶皱存在

垂直岩层走向进行观察,当岩层重复出现对称分布时,即可判断有褶皱存在。如岩层虽有重复出现,但并不对称分布,则可能是断层形成的,不能误认为褶皱。

(2) 确定褶皱的基本类型

若新岩层在两边,老岩层在中间,即为背斜;若新岩层在中间,老岩层在两边,即为向斜。

(3) 确定褶皱的形态分类

根据褶皱的形态特征确定其形态分类。岩层形成褶皱后如未经风化剥蚀,则背斜成山,向斜成谷。但野外的背斜常遭受强烈风化剥蚀而夷为平地,向斜反而成为山脊,即形成背斜谷和向斜山。这种地形与构造不相吻合的现象称地形倒置。为什么会产生这种情况?在背斜顶部因受张应力作用,极易形成一组平行轴面的张裂隙,给外力侵蚀作用提供了条件,如果核部岩层较软,那就更相得益彰,最后侵蚀谷地。在向斜槽部,因受压应力作用,岩石往往挤压密实,难以破坏,如果核部岩层较硬,那就更难侵蚀风化,最后突起形成高山。

2.3.6 研究褶皱构造的意义

褶皱现象十分普遍,具有重要的研究意义。根据褶皱的对称性,如果在褶皱的一翼发现矿床,并且证明矿床先于褶皱形成,则可以预测另一翼也应当存在相应的矿床。背斜常常构成油气的封闭圈,成为油气勘探的重点部位;而地下水则常常储存于开阔的向斜中,既能提供优质的地下水源,也能给地下工程带来威胁和危害。

2.3.7 褶皱构造的工程地质评价

褶皱构造对工程的影响程度与工程类型及褶皱类型、褶皱部位密切相关。对于某一具体工程来说,所遇到的褶皱构造往往是其中的一部分,因此褶皱构造的工程地质评价应根据具体情况作具体的分析。

由于褶皱核部是岩层受构造应力最为强烈、最为集中的部位,因此在褶皱核部,无论是公路、隧道还是桥梁工程,容易遇到工程地质问题,主要是由于岩层破碎产生的岩体稳定问题和向斜核部地下水的问题。这些问题在隧道工程中往往显得更为突出,容易产生隧道塌顶和涌水现象。

对于褶皱的翼部主要是单斜构造中倾斜岩层引起的顺层滑坡问题。倾斜岩层作为建筑物地基时,一般无特殊不良的影响,但对于深路堑、高切坡及隧道工程等则有影响。对于深路堑、高切坡来说,当路线垂直岩层走向,或路线与岩层走向平行但岩层倾向与边坡倾向相反时(亦称为反向坡、逆向坡),就岩层产状与路线走向的关系而言,对边坡的稳定性是有利的;当路线与岩层走向平行且岩层倾向与边坡倾向一致时(亦称为顺向坡)稳定性较差,特别是当边坡倾角大于岩层倾角且有软弱岩层分布在其中时稳定性最差。对于隧道工程来说,从褶皱的翼部通过一般较为有利。如果中间有软弱岩层或软弱结构面时,则在顺倾向一侧的洞壁有时会出现明显的偏压现象,甚至会导致支护结构的破坏,发生局部坍塌。

2.4 断层

岩石受力后发生形变,当作用力超过岩石的强度时,岩石的连续完整性遭到破坏而发生破裂,形成断裂构造。断裂构造包括节理和断层。岩石破裂后,沿破裂面无明显位移的裂隙(缝)称为节理,而有明显位移滑动者称为断层。

断层是地壳中最重要的一种地质构造,分布广泛,形态和类型多样,它大小不一,规模不等,小的不足1 m,大到数百、数千千米。但都破坏了岩层的连续性和完整性。在断层带上往往岩石破碎,易被风化侵蚀。沿断层线常常发育为沟谷,有时出现泉或湖泊。

2.4.1 断层要素

断层的各个组成部分称断层要素。断层要素包括断层面、断层线、断层盘等(见图2-24)。

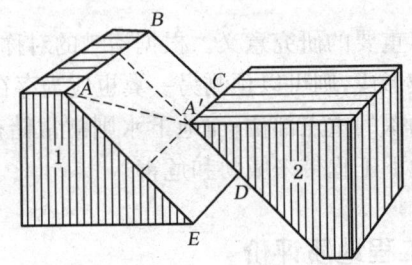

图2-24 断层的要素

ABCD—断层面;1、2—断层盘(1—下盘;2—上盘);AA'—滑距

1) 断层面

岩层或岩体断开后,两侧岩体沿着断裂面发生显著位移,这个断裂面称为断层面。它可以是平面,也可以是弯曲或波状起伏的面。它也可以是直立的,但大多是倾斜的。

断层面的产状和岩层一样,用走向、倾向、倾角来表示。同是一条断层,其产状在不同部位常有很大变化,甚至倾向完全相反。大规模断层不是沿着一个简单的面发生,而往往是沿着一系列密集的破裂面或破碎带发生位移,这称为断层带或断层破碎带。

2) 断层线

断层面与地面的交线称断层线,它表示断层的延伸方向。它可以是一条直线,也可以是一条曲线或波状弯曲的线。断层线的形状取决于断层面的产状和地形起伏条件。

3) 断层盘

断层面两侧发生相对位移的岩块,即称为断层盘(见图2-24)。

(1) 上盘和下盘

当断层面倾斜时,位于断层面以上的断盘叫上盘,位于断层面下部的断盘称为下盘。当断层面直立时,常用断块所在方位表示,如东盘、西盘等。

(2) 上升盘和下降盘

从运动角度看,很难确定断层面两侧岩盘究竟是怎样移动的,也许是一侧上升另一侧下降,也可能是两侧同向差异上升或两侧同向差异下降。因此,在实际工作中是根据相对位移的关系来判断上升和下降,相对上升的岩块叫上升盘,相对下降的岩块叫下降盘。应该指出,上升盘与上盘,下降盘与下盘,切勿混淆起来。上升盘可以是上盘,也可以是下盘;下降盘可以是下盘,也可以是上盘。

2.4.2 断层的类型

1) 按断层两盘相对运动方向分类

(1) 正断层

正断层是沿断层面倾斜线方向,上盘相对下降,下盘相对上升的断层(见图2-25)。一般是在水平方向因张力作用或重力作用下形成的。断层面倾角一般较陡,往往大于45°或在60°以上。正断层向深处变缓呈梨状,若干个高角度正断层在深处联合成一个规模巨大的低角度正断层。最后,由于断层滑动造成上部浅层次年轻地层以断层直接覆盖在深层次古老岩层之上。这种梨状正断层称剥离断层,是一种伸展构造。

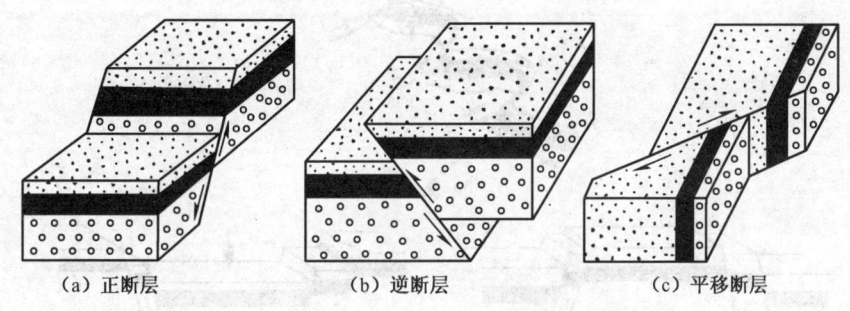

(a) 正断层　　　　(b) 逆断层　　　　(c) 平移断层

图2-25　断层形态分类

(2) 逆断层

逆断层是沿断层面倾斜方向,上盘相对上升,下盘相对下降的断层。逆断层一般是在两侧受到近于水平的挤压力作用下形成的。由于形成的力学条件与褶皱近似,所以多与褶皱伴生。断层面的角从陡到缓都有,按其倾角大小,逆断层分为:①断层面倾角大于45°的称为冲断层,或称高角度断层。②倾角介于25°~45°的称为逆冲断层或逆掩断层;规模巨大,同时上盘沿波状起伏的低角度断层面作远距离推移(数千米至数十千米)的逆掩断层,称为推覆构造。推覆构造多出现在地壳强烈活动的地区。例如欧洲阿尔卑斯山区的格拉鲁斯推覆构造,其上盘推覆距离达4 km。四川彭县地区、河南嵩山、西藏喜马拉雅山等地区都发育有推覆构造。③小于25°的称辗掩断层。

(3) 平移断层

平移断层是断层两盘沿断层走向方向发生位移的断层。其倾角通常很陡,近于直立。根据断层两盘相对位移方向,又可进一步分为右行(或右旋)和左行(或左旋)平移断层。

2) 断层的组合类型(见图2-26)

断层的形成和分布不是孤立的现象,常以一定的排列方式有规律地组合。常见的断层组合形式有以下几种:

(1) 阶梯状断层

阶梯状断层是由若干条产状大致相同的正断层平行排列而成。

(2) 地堑与地垒

地堑与地垒是由走向大致相同、倾向相反、性质相同的两条或数条断层组成。两条断层中间的岩块相对上升、两边岩块相对下降时,相对上升的岩块叫地垒,常常形成块状山地,如我国的庐山、泰山等。而两条断层中间的岩块相对下降、两侧岩块相对上升时,形成地堑,即狭长的凹陷地带。我国的汾河平原和渭河谷地都是地堑。

(3) 叠瓦式断层

叠瓦式断层是由一系列产状大致相同平行排列的逆断层组合形成。

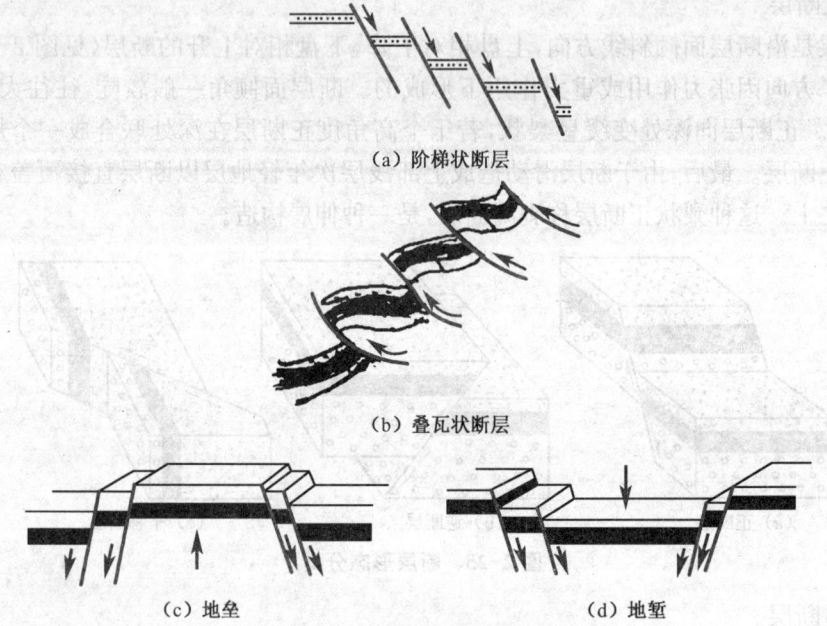

图 2-26 断层的组合类型

3) 根据断层走向与被断岩层走向的几何位置关系分类(见图 2-27)

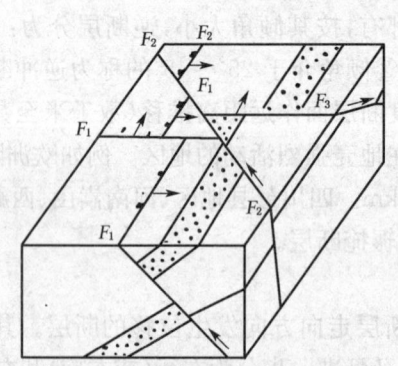

图 2-27 断层引起的构造不连续现象
F_1—走向断层;F_2—倾向断层;F_3—斜向断层

(1) 走向断层:断层走向与地层走向一致。
(2) 倾向断层:断层走向与地层倾向一致。
(3) 斜向断层:断层走向与地层走向斜交。
(4) 顺层断层:断层面与岩层层理基本一致。

4) 按断层活动发生的时代分类

(1) 老断层:是指侏罗纪至白垩纪(燕山期)及更老时代产生的而近期无明显活动的

断层。

(2) 新断层：新生代（喜山期）形成的，它是新构造运动的产物。

(3) 活断层：是指影响到全新世（Q4）的断层，又称为活动断裂。即指现在正在活动或在最近地质时期发生过活动的断层。活断层对工程建设地区稳定性影响大，因此它是区域稳定性评价的核心问题。

2.4.3 断层存在的标志

1) 地貌上的标志（见图 2-28）

(a) 断层三角面　　　　　　(b) 断层崖　　　　　　(c) 线状或串珠状湖泊

图 2-28 断层的地貌标志

(1) 断层崖和断层三角面

在断层两盘的相对运动中，当断层的断距较大时，上升盘的前缘在地貌上形成的陡崖称为断层崖。如峨眉山金顶舍身崖、昆明滇池西山龙门陡崖。当断层崖受到与崖面垂直方向的地表流水侵蚀切割，形成沿断层面分布的三角形陡壁，称为断层三角面。如河南偃师的五佛山。

(2) 断层湖、断层泉

沿断层带常形成一些串珠状分布的断陷盆地、洼地、湖泊、泉水等，可指示断层延伸方向。如我国云南东部顺南北向的小江断裂带分布了一串湖泊，自北向南有杨林海、阳宗海、滇池、抚仙湖、杞麓湖以及昆明盆地、宜良盆地、嵩明盆地、玉溪盆地等。

(3) 错断的山脊、急转的河流

任何线状或面状的地质体，如地层、岩脉、岩体、变质岩相带、不整合面、侵入体与围岩的接触界面、褶皱的枢纽及早期形成的断层等，在平面或剖面上的突然中断、错开等不连续现象是判断断层存在的一个重要标志（图 2-29）。正常延伸的山脊突然被错断，往往是断层两盘平移运动的结果；横切山脊走向的平原或盆

错断山脊

图 2-29 断层的地貌标志

地与山岭的接触带,往往是断层通过的地方,如太行山前断裂带,使太行山在华北平原西缘拔地而起,成为华北平原的西部屏障;正常流经的河流突然产生急转弯,或一些顺直深切的河谷,都能指示断层延伸的方向,如鲜水河的支流在断层通过的地方突然发生转向。

2) 断层的地质标志

地层的重复与缺失

走向断层能破坏地层的层序,造成地面上某些地层发生不对称的重复现象或是某些层位的缺失现象。图2-30是由正断层引起的地层重复与缺失。

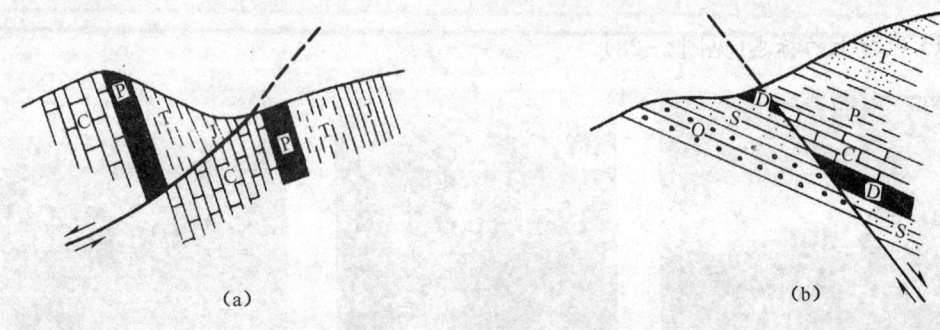

图2-30 正断层引起的地层重复和缺失的两种情况

3) 断层面(带)的构造特征

断层面(带)的构造特征是指由于断层面两侧岩块的相互滑动和摩擦,在断层面上及其附近留下的各种证据。如擦痕、阶步、牵引构造、伴生节理、构造透镜体、断层角砾岩和断层泥等。

(1) 镜面、擦痕与阶步

断层面表现为平滑而光亮的表面称为镜面,平行而密集的沟纹称为擦痕。它们都是断层两侧岩块相对滑动所留下的痕迹。断层面上还有与擦痕方向垂直的小陡坎,其陡坡与缓坡连续过渡者,称为阶步;如陡坡与缓坡不连续,其间有与缓坡方向大致平行的裂缝或有呈较大交角的裂缝隔开者,称为反阶步(见图2-31)。它们都是因断层活动受到某种阻力所形成的。此外,擦痕的方向平行于岩块的运动方向,阶步的陡坡倾斜方向指示对盘岩块的动向,反阶步的陡坡倾斜方向指示本盘岩块的动向。

(a) 倾滑擦痕

(b)

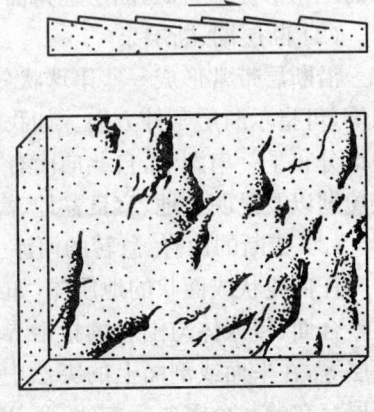
(c)

图2-31 擦痕、阶步与反阶步

(2) 牵引构造

断层两侧岩层受断层错动影响所发生的变薄或因受断层面摩擦力拖曳发生弧形弯曲的现象称为牵引构造。牵引构造弧形弯曲突出的方向一般指示本盘的相对运动方向（见图 2-32）。

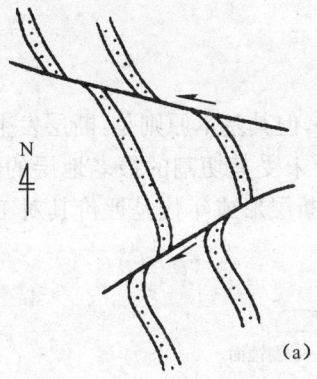 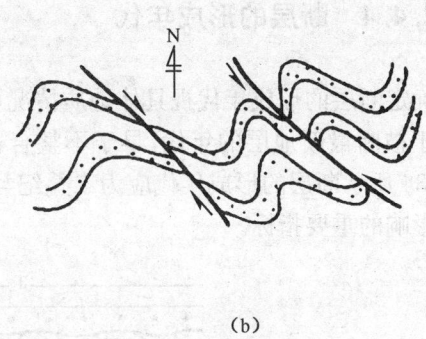

(a) （b）

图 2-32　牵引构造

(3) 断层岩

断层岩是断层带中因断层动力作用被破碎、研磨，有时甚至发生重结晶作用而形成的岩石，主要有断层角砾岩、碎裂岩及糜棱岩等（见图 2-33）。

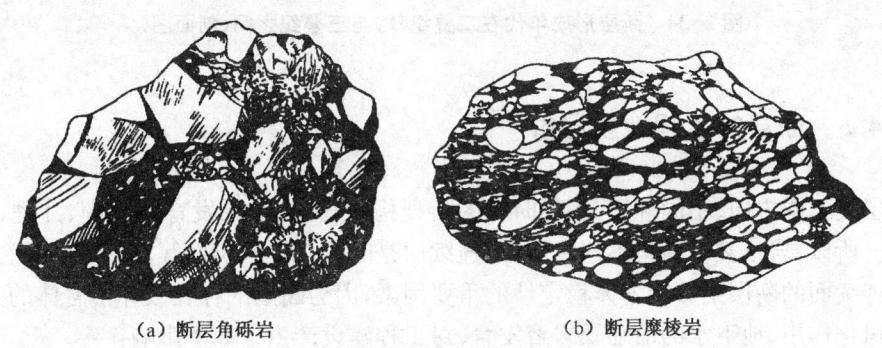

(a) 断层角砾岩　　　　　(b) 断层糜棱岩

图 2-33　断层角砾岩与断层糜棱岩

断层角砾岩由断层两盘岩石的碎块组成，由磨碎的岩屑、岩粉及地下水带来的钙质、硅质、铁质胶结。发育在正断层的断层带中时，角砾棱角分明、杂乱无章称为张性角砾岩。在较大的逆断层、平移断层和低角度正断层中，由于断层上覆压力大、位移量也较大，角砾经揉搓、碾滚而且有一定程度圆化，称压碎角砾岩或断层磨砾岩。

碎裂岩是比断层角砾岩破碎程度高、碎块更细小的构造岩，若其中残留有较大的碎块，则称为碎斑岩；若被研磨成泥状，其单颗粒不易分辨而又未固结者称断层泥。

糜棱岩是一种具层纹构造的细粒岩石，外观颇似硅质岩。它主要是在较高的温度、压力及低应变速率条件下，由矿物晶体发生塑性变形而形成的构造岩。它不出现在脆性破裂构造的断层中，是韧性剪切带（韧性断层）中的典型构造岩。

(4) 伴生节理

在断层剪切滑动作用下,发生在断层面两侧岩层中的节理,称为伴生节理,也是断层存在的标志之一。

以上是野外识别断层的主要标志,但不能孤立地根据一种标志进行分析,应综合多种证据,才能得到可靠的结论。

2.4.4 断层的形成年代

确定断层的形成年代视具体地质情况可采用不同方法,但其基本原则是:断层发生的年代晚于被断最新地层的年代,早于不整合覆盖在断层之上未受其切割的最老地层的年代。图 2-34 所示断层的形成年代应为二叠纪与三叠纪之间。断层形成年代是评价其对工程稳定性影响的重要指标。

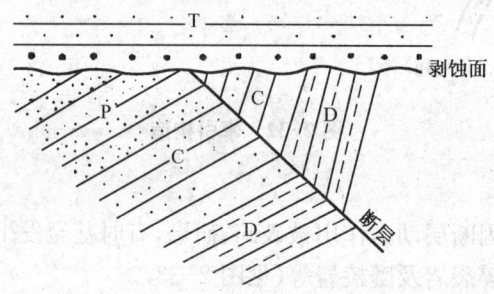

图 2-34　断层形成年代在二叠纪(P)与三叠纪之间(剖面图)

2.4.5 断层的工程地质评价

岩层被不同方向、不同性质、不同时代的断裂构造切割,如果发育有层理、片理,则情况更复杂。所以,岩体被认为是不连续体,不连续面是断层、节理、层面等,又称结构面。

不连续面的断层是影响岩体稳定性的重要因素,因为断层的存在破坏了岩体的完整性,加速了风化作用、地下水的活动及岩溶发育,对工程建设产生了如下影响:

(1)断层是软弱结构面(带),应力集中,裂隙发育,岩石破碎,整体性差,岩石强度和承载力显著降低,透水性增强。

(2)断层陡壁岩体不稳定,易崩塌,易滑动。

(3)断层上下两盘岩性有差异,坐落于两盘的建筑物易产生不均匀沉降。

(4)断层可能富水,施工中可能涌水,而且饱水的断层带稳定性差,但富水性强的断层带是良好的供水地。

(5)在新构造运动强烈地区,断层可能激活并诱发断层地震。

(6)断层对地下水、风化作用等外力地质作用往往起控制作用。

因此,断层带对工程建设不利,特别是道路工程建设中,选择线路、桥址和隧道位置时,应尽可能避开断层破碎带。断层发育地区修建隧洞最为不利。当隧道轴线与断层走向平行时,应尽量避开断层破碎带;当隧道轴线与断层走向垂直时,为避免和减少危害,应预先考虑支护和加固措施。由于开挖隧道代价较高,为缩短其长度,往往将隧道选择在山体比较狭窄的鞍部通过。从地质角度考虑，这种部位往往是断层破碎带或软弱岩层发育部位，岩土稳定性差，属地质条件不利地段。

沿河各地段进行公路选线时也要特别注意与断层构造的关系。一般来说，线路垂直通过断层比顺着断层方向通过受的危害小；断层面倾向线路且倾角大于10°的，工程地质条件差；当线路与断层走向平行或交角较小时，路基开挖易引起边坡发生滑塌，影响公路施工和使用。

选择桥址时要注意查明桥基部位有无断层存在。一般当临山侧边坡发育有倾向基坑的断层时易发生严重坍塌，甚至危及邻近工程基础的稳定性。

2.4.6 活断层

活断层一般是指目前还在活动的断层，或者近期（更新世以来）曾有过活动，不久的将来还可能重新活动的断层。由于它对工程建设地区稳定性影响大，所以是区域稳定性评价的核心问题。

1) 活断层的特性

(1) 活断层的活动方式

活断层的活动方式基本上有两种。一种是以地震方式产生间歇性的突然滑动，这种断层称为地震断层或粘滑型断层。粘滑型活断层的围岩强度高，断裂带锁固能力强，能不断地积累应变能。当应力达到一定强度极限后产生突然滑动，迅速而强烈地释放应变能，造成地震，沿这种断层往往有周期性的地震活动。另一种是沿断层面两侧岩层连续缓慢地滑动，这种断层称为蠕变断层或蠕滑型断层。蠕滑型活断层主要发育在围岩强度低，断裂带内含有软弱充填物，或孔隙水压、地温高异常带内，断裂的锁固能力弱，不能积累较大的应变能，在受力过程中易发生持续而缓慢地滑动。断层活动一般无地震发生，有时可伴有小震。

(2) 活断层的继承性与反复性

研究资料表明，活断层往往是继承老的断裂活动的历史而继续发展的，而且现今发生地面断裂破坏的地段过去曾多次反复地发生过同样的断层运动。

一些活动构造带的古地震震中总是沿活动性断裂有规律地分布，岩性和地貌错位反复发生，累积叠加，其中尤以走滑断层最为明显。例如，新疆喀依尔特—二台活断裂在地质时期内长期活动，其右旋走滑运动幅度的最大值为26 km；上更新世早期形成的水系被错移的最大值为2.5 km。根据大量古地震现象，不同期次断层错动不同层序沉积物的资料和碳-14年代测定等综合分析，初步可确定断裂带上有3~5次古地震事件，各次地震位移累积叠加。说明该断裂在相当长的地质历史时期内，在差不多同一构造应力条件下以同一机制沿着已经发生错动的断裂带继续活动，主要活动方式是粘滑。现今的富蕴地震断裂带是它继承性活动和发展的产物，它的展布范围与该活动断层完全一致。

(3) 活断层的长度与断距及重复活动周期

活断层的长度与断距，是在活断层区修建建筑物时地震预报和设防的重要资料。它是根据地震时地表错断的情况来确定的，通常用强震导致的地面破裂（地震断层或地表错断）的长度（L）和伴随地震产生的一次突然错断的最大位移值（D）表示。通过对地表错断的研究,可以了解地震破裂的方式和过程,判定地震断层动力学特征,又可了解地震时的地面效应,判定地震危险性和震害程度,为在活断层区修建建筑物的抗震设计提供参数。近年来,我国地震部门也对全国 40 余条地震地表错断进行了研究。同样震级的地震由于震源深度和锁固段岩体强度不同,其地表断裂的长度是不相同的。

研究表明,地震地表错断长度从小于 1 km 至数百千米,最大位移自几十厘米至十余米。一般说来地震震级愈大,震源深度愈浅,则地表错断就愈长。大于 7.5 级的浅源地震均伴有地表错断,而小于 5.5 级的地震则除个别特例外均无地表错断。同样震级的地震则由于震源深度不同或锁固段岩体强度不同而地表断裂的长度各不相同。一般认为,地面上产生的最长地震地表断裂,可以代表地震震源断层的长度。而地震震源断层长度与震级大小是正相关的。各国学者又开展了地震震级与地表破裂长度及地表断层位移的统计关系分析,力图建立它们之间的相关关系式,以便根据已知断裂估计可能的地震震级。

我国地震工作者统计了我国和邻近地区地震的地面断裂资料,于 1965 年提出了如下关系式:

$$\lg D = 0.48M - 1.57 \tag{2-1}$$

松田时彦统计了日本大陆上主要历史地震的震级 M 伴随的错移量 L 的关系,其相关方程式为:

$$\lg D = 0.6M - 4.0 \tag{2-2}$$

式中:M——地震震级;
D——地震时断层的位移量(mm)。

当某次地震已知其震级时,即可按上式估算震源断层的位移量。

(4) 活断层的错动速率和错动周期

活断层的错动速率和错动周期,也是近年来进行地震预报的重要资料之一。活断层的错动速率是反映活断层活动强弱、断层所在地区应变速率大小的重要数据。

活断层的错动速率是相当缓慢的,两盘相对位移平均超过 10 mm/a,已属相当强的活断层。世界上著名的活断层为美国的圣安德列斯断层,两盘间年平均最大相对位移也只有 5 cm。所以即使现今还在蠕动的断层,也不能用一般的观测方法取得它活动的标志,而需采用精密地形测量(包括精密水准和三角测量)和研究第四纪沉积物年代及其错位量获得。近年来还采用全球定位系统或超长基线(VIBI)测量法测得两盘相对位移。

通过第四纪沉积物年代和错位量的研究,可以测定活断层在最新地质时期内的平均错动速率。据统计,我国西部地区大部分活断层的垂直平均错动速率为 0.5~1.6 mm/a;水平平均错动速率:新疆地区 8~18 mm/a,青藏高原周围 2~9 mm/a,青藏高原内部 2.5~10 mm/a。东部地区大部分活断层的垂直平均错动速率:华北平原 0.2 mm/a,银川地堑、汾渭地堑分别为 2.3 mm/a、1.8 mm/a,华南地区每年百分之几至十分之几毫米;水平平均错动速率:华北平原 0.5~2.3 mm/a,鄂尔多斯周围 8~5 mm/a,华南地区 0.4~2 mm/a,台湾 6~12 mm/a。

需要指出的是,活断层的错动速率是不均匀的,一些地震断层在临震前往往加速,地震后又逐渐减缓。根据断层的错动速率,可以将活断层分为活动强烈程度不等的级别。日本分为如表 2-2 所示的 5 级,我国则分为如表 2-3 所示的 4 级。

表 2-2 日本活断层分级

级别	错动速率（mm/a）
AA	>10
A	1~10
B	0.1~1
C	0.01~0.1
D	<0.01

表 2-3 我国活断层分级

级别	A	B	C	D
速率 R(mm/a)	100>R>10	10>R>1	1>R>0.1	R<0.1
强烈程度	特别强烈	强烈	中等	弱
M_{max}	>8.0	7.0~7.9	6.0~6.9	<6.0

地震断层两次突然错动之间的时间间隔，就是活断层的错动周期。由于活断层发生大地震的重复周期往往长达数百年甚至数千年，已超出了地震记录的时间。因此，要正确制定一些活断层上强震的重复时间间隔，必须加强史前古地震的研究。即利用古地震时保存在近代沉积物中的地质证据以及地貌记录，来判定断层错动的次数和每次错动的时代。例如克拉克等人在加利福利亚博利戈山地震（1968 年，$M=6.4$）时产生的地表断层上开挖沟槽，发现地层年代越老错动就越大。利用碳-14 测定各地层的绝对年龄，判定该断层在过去 3 000 年间大约每隔 200 年错动一次。

地震断层的错动周期主要取决于断层周围地壳应变速率和锁固段断层面的强度。若应变速率小，则应力达到断层面强度的时间（错动周期）就变长；若断层面强度小的话，即使应变速率也小，它也能在较短时间内达到极限强度而发生地震。地壳应变速率用断层的平均错动（位移）速率 s 表示，断层面强度用一次地震的错移量 D 表示，则该断层的错动周期 $R=D/s$（图 2-35(a)）。若两次地震间断层有蠕滑运动时，则 $R=D/(s-c)$，c 为平均蠕滑速率（图 2-35(b)）。显然，平均错移速率低的断层错动周期要大得多。

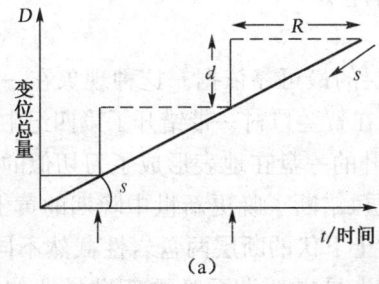 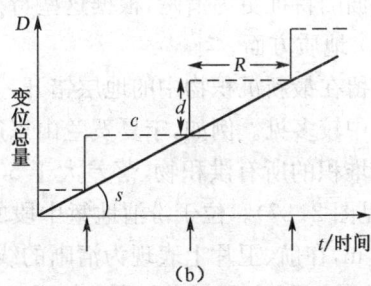

图 2-35 平均错动速率和一次地震错移量、地震再现期的关系

于是得到：

$$\lg R = 0.6M - (\lg s + 4.0) \tag{2-3}$$

式中 d、s 的单位各为 m 及 m/a。

根据上述关系式可绘制出图解(图 2-36)。可知，s 为 $1\sim10$ mm/a 的 A 级活断层，当发生 $M=7\sim8$ 的地震时，其发震周期约为 103 年，而 s 小于一个数量级的 B 级活断层，要发生这样大的地震，大约周期为 104 年。因此，可以这样认为：刚发生过大地震的断层，即使是 AA 级断层，该地带应该是安全的。

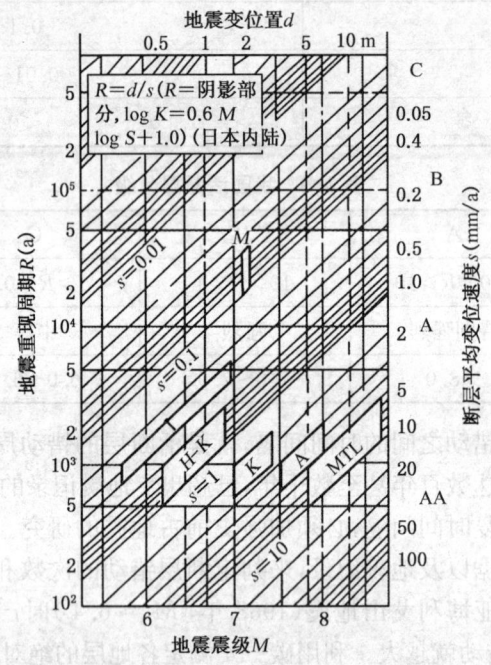

图 2-36 地震重现周期计算图解（据松田时彦，1978）

当地震断层伴有蠕动位移时，由它所发动地震的震级和周期均显著地缩小。需要指出的是，如果地震断层的一个断层面每次都以明显不同的震级和时间间隔发生位移的话，则根本不可能求出地震周期。

2) 活断层的判别标志

活断层是活动在最新地质时期内的断层，因而较之老断层来说，在地质、地貌和水文地质等方面的特征更为清楚，根据这些特征就可以鉴别它。

(1) 地质方面

保留在最新沉积物中的地层错开，是鉴别活断层的最可靠依据。这种现象在一些活动构造带中较多见。例如，宁夏贺兰山东麓的活断层，在贺兰口村一带错开了第四纪中更新世至全新堆积的所有洪积物，落差大于 50 m，相对上升的一盘在地表形成了刀切似的直线形断崖(见图 2-37)。位于汾渭地堑中段的平遥活断层，错断了晚更新世中晚期的黄土，断距 $40\sim50$ m，在航、卫片上表现为清晰的线性构造。黄土下伏的断层两盘岩性截然不同，东盘(上升盘)为早、中更新世红色土，而西盘(下降盘)为早更新世至晚更新世早期的湖相黏土和黏土质粉砂层(见图 2-38)。一般来说，只要见到第四纪中、晚期的沉积物被错断，无论是新断层还是老断层的复活，均可判定该断层的活动性。需注意与地表滑坡产生的地层错断的区别。

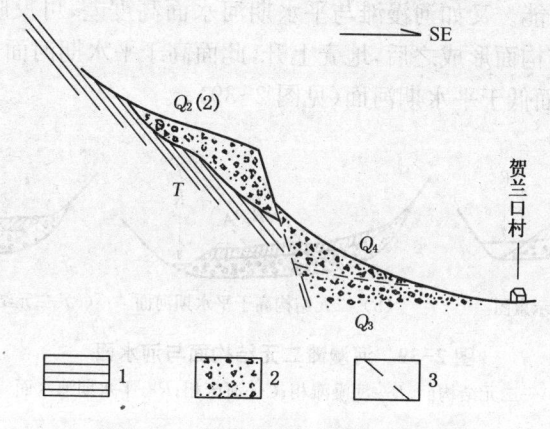

图 2-37 贺兰山东麓活断层剖面图
1—三叠纪页岩；2—第四纪沉积物；3—活断层

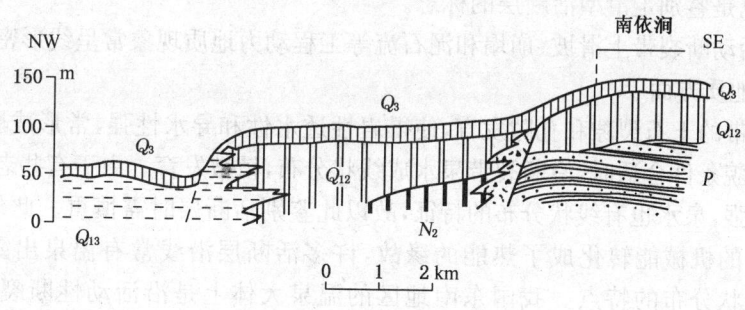

图 2-38 平遥活断层剖面图

活断层的断层带(面)一般都由松散的破碎物质所组成，而非复活老断层的破碎带均有不同程度的胶结，所以松散、未胶结的断层破碎带也可作为鉴别活断层的地质特征。

伴随有强烈地震发生的活断层，当强震过程中沿断裂带常出现地震断层陡坎和地裂缝，是鉴别活断层的重要依据。

(2) 地貌方面

一般来说，活断层的构造地貌格局清晰，许多方面的标志可作为鉴别依据。通过地貌标志研究活断层是一种比较成熟和易行的方法。

活断层分布地段往往是两种截然不同的地貌单元直线相接的部位，其一侧为断陷区，而另一侧为隆起区。由于在近期地质时期内断块的长期活动，高耸区和低洼的平原、盆地分化幅度很大。例如汾渭地堑的南段渭河断陷盆地，在其南侧的秦岭太白山上保留有早第三纪侵蚀平原的残迹，而盆地中却堆积了 6 000 多米厚新生代地层；可见秦岭北麓大断裂自第三纪至今断距达万米，而第四纪以来的差异升降幅度为 2 000 m 左右。该地堑北段差异升降运动最弱的雁同断陷盆地，新生代堆积物最大厚度也在 3 000 m 以上，其中第四纪堆积物达 460 m。据此可以推算出升降幅度值。地貌上的突然变化及沉积物厚度的显著差别是活动性断裂存在的重要标志。

河流地形方面，例如河流纵比降(测量点之间高差与测量点之间水平距离的比值)一般上游段增大，向下游段减小。如果出现违反常规的异常现象，河床坡降曲线突然变陡则指示有隐伏活断层存在的可能。又如河漫滩与平水期河水面高度差,可反映构造运动是上升还是下降。河漫滩二元结构面形成之后,地壳上升,此面高于平水期河面,上升速度快,则高差大;反之,地壳下降,此面低于平水期河面(见图2-39)。

(a) 二元结构面倾向河流示意图　　(b) 二元结构高于平水期河面　　(c) 二元结构低于平水期河面

图2-39　河漫滩二元结构面与河水面

A—二元结构面;B—河漫滩相;C—河床相;R—平水期河水面

走滑型的活断层,常使通过它的河流、沟谷方向发生明显的变化。当一系列的河谷向一个方向同步移错时,即可作为确定活断层位置和错动性质的佐证。山脊、山谷、阶地和洪积扇等的错开,也是鉴别走滑型活断层的标志。

此外,在活动断裂带上滑坡、崩塌和泥石流等工程动力地质现象常呈线形密集分布。

(3) 水文地质方面

活动断裂带的土石裂隙和孔隙发育,使得岩性透水性和导水性强,常形成脉状含水层,因而当地形地貌条件合适时,沿断裂带泉水成线状分布,植被发育。由于有些老断层的破碎带导水性也较强,泉水也有线状分布的特征,故以此鉴别活断层时需慎重。此外,由于当断层活动时产生的机械能转化成了热能的缘故,许多活断层沿线常有温泉出露,并表现为沿断裂带呈线状分布的特点。我国东南地区的温泉大体上是沿活动性断裂呈串珠状分布的。

(4) 地壳形变测量、地球物理和地球化学标志

地壳形变测量就是对比同一地区、同一路线相同点位在不同时期测量的结果。用这种方法可以确定断层两盘的相对位移。地震波法等地球物理方法也是研究活断层的有效手段。特别是地震波法广泛应用于松散层中的隐伏断裂研究。地球化学方法对了解地下断层带活动与否,具有较高的灵敏度和分辨率。常用的方法是测量土壤中汞、氢气或氦气。当断层有新的活动表现时,这些气体便从地壳内部大量释放,这时分析测定它们的含量,即可判别断层中气体的异常情况。例如氢气在活断层上可达 27 000～30 000 ppm,而正常背景含量仅 0.5 ppm。

3) 活断层的工程地质评价

(1) 断层的地面错动及其附近伴生的地面变形,往往会直接损害跨断层修建或建于其邻近的建筑物。如我国 1976 年唐山地震时长达 8 km 的地表错断,呈北 30°东方向由市区通过,最大水平错距 3 m,垂直断距 0.7～1 m,错开了道路、围墙、房屋、水泥地面等一切地面建筑物。宁夏石嘴山红果子沟一带的活断层,也将明代(约 400 年前)长城边墙水平错开 1.45 m(右旋),且西升东降垂直断距约 0.9 m。

(2) 活断层多伴有地震,而强烈的地震又会使建于活断层附近较大范围内的建筑物受到损害。

2.5 节理

节理就是岩石中的裂隙(缝),它较断层更为普遍。节理规模大小不一,细微的节理肉眼不能识别,一般常见的为几十厘米至几米,长的可延伸达几百米,甚至上千米。节理张开程度不一,有的是闭合的。节理面可以是平坦光滑的,也可以是十分粗糙的。节理的发育程度是工程岩体强度的重要影响因素。

岩石中节理的发育是不均匀的。影响节理发育的因素很多,主要取决于构造变形的强度、岩石形成时代、力学性质、岩层的厚度及所处的构造部位。例如,在岩石变形较强的部位,节理发育较为密集。同一个地区,形成时代较老的岩石中节理发育较好,而形成时代新的岩石中节理发育较差。岩石具有较大的脆性而厚度又较小时,节理易发育。在断层带附近以及褶皱轴部,往往节理较发育。

节理的空间位置依节理面的走向、倾向及倾角而定。节理常常有规律地成群出现,相同成因且相互平行的节理称为一个节理组,在成因上有联系的节理组构成节理系。

2.5.1 节理的类型

1) 按节理的成因分类

按节理的成因,节理包括原生节理和次生节理两大类。

原生节理是指在成岩过程中形成的节理。如沉积岩中的泥裂,火山熔岩冷凝收缩形成的柱状节理(见图 2-40),岩浆侵入过程中由于流动作用及冷凝收缩产生的各种原生节理等。

图 2-40 玄武岩的柱状节理

次生节理是指岩石成岩后形成的节理,包括非构造节理和构造节理。

非构造节理是指岩石由风化作用、崩塌、滑坡、冰川及人工爆破等外动力地质作用下所产生的裂隙。非构造节理常分布在地表浅部的岩土层中,延伸不长,形态不规则,多为张开的张节理。范围小,延伸不远,深度小,无方向性。

构造节理是地壳构造运动的产物,常与褶皱、断层相伴出现并在成因和产状上有一定的联系,是广泛存在的一种节理。特点:延伸范围大,空间分布具有一定的规律性,成群出现。

2) 按节理形成的力学性质分类

按节理形成的力学性质,可分为张节理和剪节理两类。

(1) 张节理

张节理是在张应力作用下形成的破裂面,多发育于褶皱轴部等张应力集中部位。张节理发育稀疏,节理间距大,沿走向延伸不远即消失,但在附近不远处又会断续出现,并有分支复合现象。节理多具有较大裂口,节理面较粗糙,一般很少有擦痕。发育在粗碎屑岩中的张节理往往绕砾石和粗砂粒而过,并不切穿颗粒。在褶皱构造中,主要发育于褶皱的轴部。

(2) 剪节理

剪节理是由剪应力作用形成的破裂面。在岩石中往往成对出现,形成"X"节理或共轭节理。节理面两侧岩块有微小位移,节理面上常可见擦痕。节理面平直光滑,常紧闭。砾岩和砂岩中的剪节理往往平整地切割砾石和粗砾粒。节理沿走向和倾向延伸较远,产状稳定,多是闭合的,一般发育密集,即节理间距小。剪节理主要发育于褶皱的翼部和断层附近。

3) 按节理与所在岩层产状要素的关系分类

按节理与所在岩层产状要素的关系,可分为以下几种(见图 2-41):

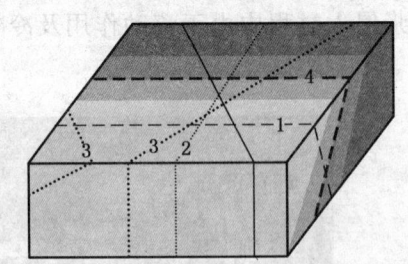

图 2-41 根据节理产状与岩层产状关系的节理分类
1—走向节理;2—倾向节理;3—斜向节理;4—顺层节理

(1) 走向节理

节理走向与所在岩层走向大致平行。

(2) 倾向节理

节理走向与所在岩层走向大致垂直。

(3) 斜向节理

节理走向与所在岩层走向斜交。

(4) 顺层节理

节理大致平行于岩层面。

4）根据节理与褶皱枢纽方向的关系分类

根据节理与褶皱枢纽方向的关系，可将节理分为以下几种（见图2-42）：

(1) 纵节理

节理走向与褶皱枢纽向平行。

(2) 横节理

节理走向与褶皱枢纽向垂直。

(3) 斜节理

节理走向与褶皱枢纽向斜交。

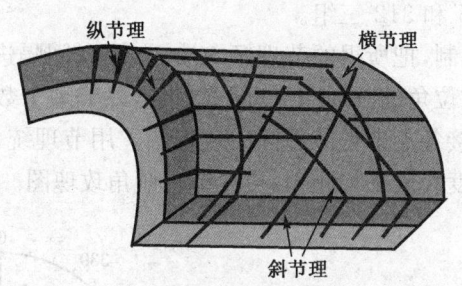

图2-42 根据节理产状与褶皱枢纽关系的节理分类

2.5.2 节理对工程的影响

节理是一种发育广泛的裂隙。节理将岩层切割成块体，对岩土强度和稳定性有很大影响。构造成因的节理分布范围广、埋藏深度大，并向断层过渡，对工程稳定性影响较大。节理受力为张应力时比剪应力的工程性能差。节理倾向和边坡一致时稳定性差。

1）当岩石中存在节理时，节理与工程的关系

(1) 节理破坏了岩石的完整性，给风化作用创造了有利条件，促进岩石风化速度。

(2) 节理降低了岩石强度、地基承载力、稳定性。当节理主要发育方向与路线走向平行，倾向与边坡一致时，无论岩体的走向如何，路堑边坡都容易发生崩塌等不稳定现象。

(3) 节理的存在有利于挖方采石，但影响爆破作业的效果。

(4) 节理是地下水良好的通道，加快可溶岩的溶蚀，对工程不利，会在施工中造成涌水。

(5) 节理发育的岩层是良好的供水水源点。

2）节理的工程地质评价

当岩层中存在节理，在工程上除了有利于开挖外，对岩体的强度和稳定性都有不利的影响。节理有可能成为影响工程设计施工的重要影响因素，所以应对节理进行深入的调查研究，评价其工程地质性质。

对节理的工程地质评价主要包括节理的发育方向、发育程度和节理的性质三方面内容。

(1) 主要节理发育方向的评价

节理多数情况下看起来是杂乱无章的，但经统计后有一定的规律性，可以找出节理发育

的主要方向。较为常用的节理统计图是节理玫瑰图，节理玫瑰图中可以用节理走向编制，也可以用节理倾向编制。

节理走向玫瑰图的作图程序如下：在一半圆上分画 0～90°和 0～270°的方位。把所测得的节理走向按每 5°或每 10°进行分组，算出每组节理的平均走向，然后作一个标注有方位的半圆，以径向线的方位表示节理的走向，径向线的长度表示节理数，把每组节理的平均走向及节理数用径向线方位及其长度表示并点绘于图中，最后用折线把径向线端点连接起来。图中的每一个"玫瑰花瓣"代表一组节理的走向，"花瓣"的长度代表这个方向上节理条数，"花瓣"越长表示沿这个方向分布的节理越多，花瓣的胖瘦表示分散程度。如图 2-43 所示，比较发育的节理有 15°、75°和 312°三组。

节理倾向玫瑰图的编制，把所得的节理倾向按 5°或 10°间隔进行分组，统计每组节理平均倾向和个数。在注有方位角的圆周图上（图 2-44），以节理个数为半径，按各组平均倾向定出各组的点，用折线连接各点即得节理倾向玫瑰图。用节理统计资料的各组平均倾向和平均倾角作图，圆半径长度代表平均倾角，可得节理倾角玫瑰图。

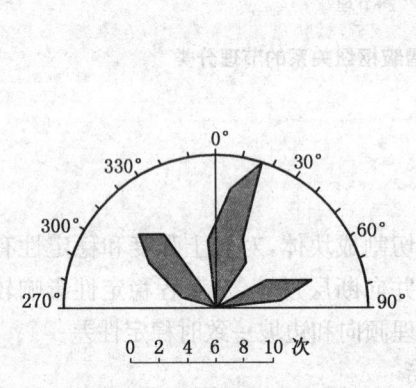
图 2-43 节理走向玫瑰图

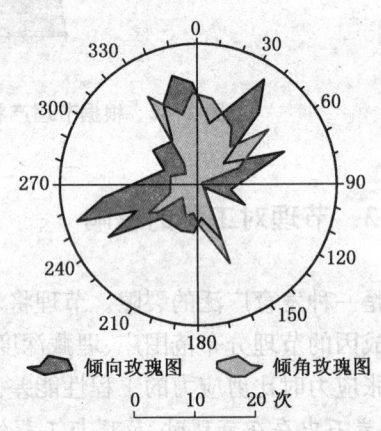
图 2-44 节理倾向、倾角玫瑰图

（2）节理发育程度的评价

评价裂隙发育程度的定量指标主要是节理间距、节理密度、节理率及完整系数等。节理间距越小，岩石破碎程度越高，岩体承载力将明显降低。节理密度（线密度）是指在垂直于节理走向方向 1 m 距离内节理的数目（条数/m），线密度的倒数即为节理的平均间距，两者都是评价岩体质量的重要指标。

（3）节理性质的评价

节理的性质是指裂隙的延伸长度、贯通情况、节理面的粗糙程度、力学性质、充填情况等，这些性质影响着节理的工程性质。节理持续性是指节理裂隙的延伸程度。一般来说，<1 m 及 1～3 m，差；3～10 m，中等；10～30 m 及>30 m，好及很好。持续性越好的节理对工程影响越大。节理粗糙度一般分为平直、波状、阶梯状 3 种形态，并进一步有光滑、平滑、粗糙 3 种分级。首先区别非构造与构造节理，然后区分其力学性质是张节理还是剪节理。节理的充填物一般有泥土、方解石脉、石英脉和长英质岩脉。除泥土外，其余充填物一般对节理裂隙起胶结作用，有利于它的稳定。泥土遇水软化起润滑作用，不利于稳定。

2.6 地质图

2.6.1 地质图的概念

地质图是反映一个地区各种地质条件的图件。它是将地壳中的各种地质体和地质现象（如各种岩层、岩体、地质构造、矿床等的时代、产状、分布和相互关系）用一定的符号、色谱和花纹按一定比例缩小并投影到平面图（地形图）上的一种图件，是工程实践中需要收集和研究的重要地质资料。

有时为了某种特殊的目的，着重表示某种地质现象的图件，称为专门的地质图，如北京西山地区水文地质图。

2.6.2 地质图的种类和基本内容

1) 地质图的种类

（1）普通地质图

以一定比例尺的地形图为底图，反映一个地区的地形、地层岩性、地质构造、地壳运动及地质发展历史的基本图件，称为普通地质图，简称地质图。在一张普通地质图上，除了地质平面图（主图）外，一般还有1个或2个地质剖面图和综合地层柱状图。普通地质图是编制其他专门性地质图的基本图件。

按工作的详细程度和工作阶段不同，地质图可分为大比例尺的（>1∶25 000）、中比例尺的（1∶5 000～1∶10万）、小比例尺的（1∶20万～1∶100万）。在工程建设中，一般是大比例尺的地质图。

（2）地貌及第四纪地质图

以一定比例尺的地形图为底图，主要反映一个地区的第四纪沉积层的成因类型、岩性及其形成时代、地貌单元的类型和形态特征的一种专门性地质图，称为地貌及第四纪地质图。

（3）水文地质图

以一定比例尺的地形图为底图，反映一个地区总的水文地质条件或某一个水文地质条件及地下水的形成、分布规律的地质图件，称为水文地质图。

（4）工程地质图

工程地质图是各种工程建筑物专用的地质图，如房屋建筑工程地质图、水库坝址工程地质图、铁路工程地质图等。工程地质图一般是以普通地质图为基础，只是增添了各种与工程有关的工程地质内容。如在地下洞室纵断面工程地质图上，要表示出围岩的类别、地下水量、影响地下洞室稳定性的各种地质因素等。

工程地质

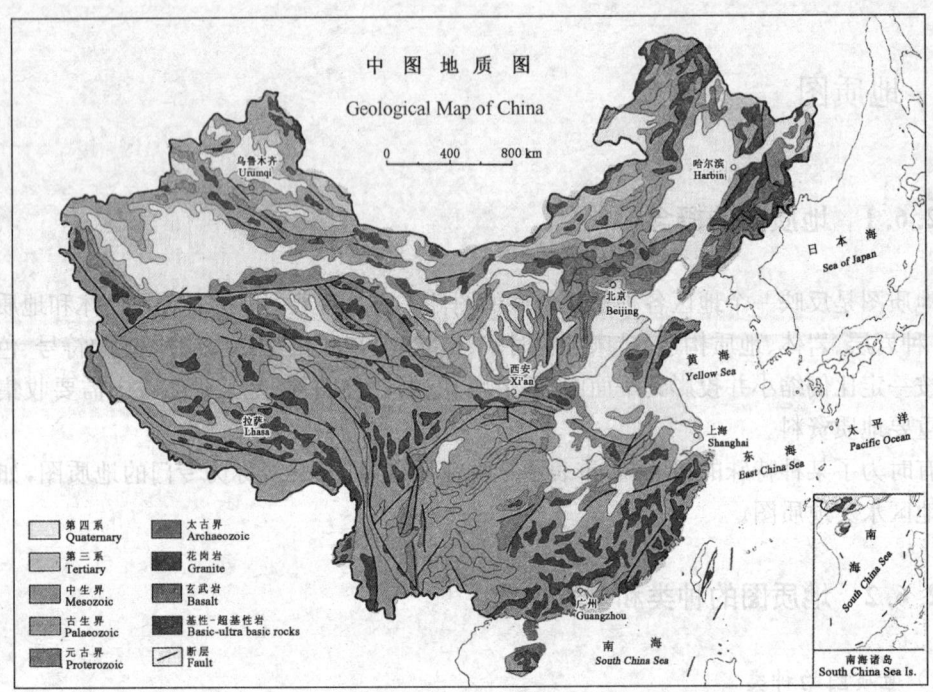

图 2-45 中国地质图

2) 地质图的基本内容
(1) 平面地质图

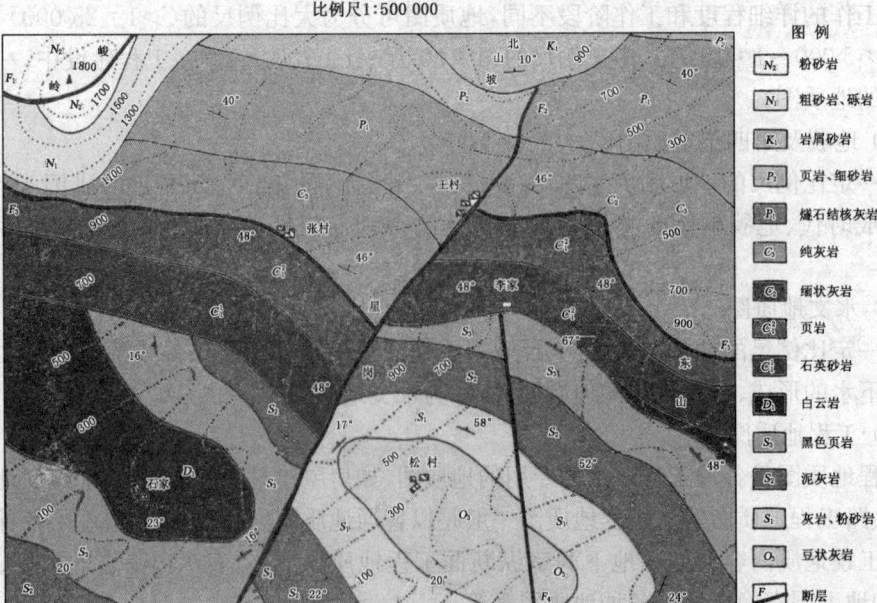

图 2-46 平面地质图

平面地质图又称为主图,是地质图的主体部分,主要包括:
① 地理概况:图区所在的地理位置(经纬度、坐标线)、主要居民点(城镇、乡村所在地)、地形、地貌特征等。
② 一般地质现象:地层、岩性、产状、断层等。
③ 特殊地质现象:崩塌、滑坡、泥石流、喀斯特、泉及主要蚀变现象。

(2) 剖面图

在平面图上,选择 1 条至数条有代表性的图切剖面,以表示岩性、褶皱、断层的空间展布形态及产状、地貌特征等。

(3) 柱状图

主要表示平面图区内的地层层序、厚度、岩性变化及接触关系等。

(4) 比例尺

说明比例尺的大小,用数字:1:×××
也可用尺标:

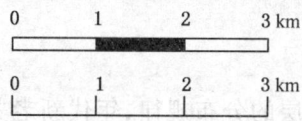

(5) 图例

说明地质图中所用线条符号和颜色的含义,按照沉积地层层序、岩浆岩、地质构造及其他地质现象的顺序排列。

(6) 责任栏(图签)

说明地质图的编制单位、图名、图号、比例尺、编审人员、成图日期等,便于查找。

3) 地质图的一般规格

一幅正规的地质图应该有统一的规格,除图幅本身外,还包括图名、比例尺、图例和责任表(包括编图单位或人员、编图日期及资料来源等),并附有综合地层柱状图和地质剖面图。

图名表明图幅所在地区和图的类型。一般采用图区内主要城镇、居民点或主要山岭、河流等命名。如果比例尺较大,图幅面积小,地名小,不为众人所知或同名多,则在地名上要写上所属的省(区)、市或县名。如《北京市门头沟区地质图》、《四川省江油县马角坝地质图》。图名用端正美观的字体书写于图幅上端正中或图内适当位置。

比例尺又称缩尺,用以表明图幅反映实际地质情况的详细程度。地质图的比例尺与地形图或地图的比例尺一样,有数字比例尺和线条比例尺。比例尺一般注于图框外上方图名之下或下方正中位置。

图例是一张地质图不可缺少的部分。不同类型的地质图各有所表示的地质现象的图例。普通地质图的图例用各种规定的颜色和符号来表明地层、岩体时代和性质。图例通常是放在图框外的右边或下边,也可放在图框内足够安排图例的空白处。图例要按一定顺序排列,一般按地层、岩石和构造的顺序排列,并写上"图例"二字。

地层图例的安排是从上到下,由新到老。如放在图的下方,一般是由左向右从新到老排列。图例都画成大小适当的长方形的格子排成整齐的行列。在长方格的左边注明地层时代,右边注明主要岩性,方格内着上和注明与地质图上同层位的相同颜色和符号。

构造符号的图例放在地层、岩石图例之后,一般排列顺序是地质界线、褶皱轴迹(构造图中才有)、断层,除断层线用红色线外,其余都用黑色线。

凡图幅内存在的和表示出的地层、岩石、构造及其他地质现象就应无遗漏的有图例,图内没有的就不能列上图例。地形图的图例一般不标注在地质图上。

图框外左上侧注明编图单位,右上侧写明编图日期,下方左侧注明编图单位、技术负责人及编图人,右侧注上引用的资料(如图件)单位、编制者及编制日期。或者将上述内容列绘成"责任表"放在图框外右下方。

4) 地质图的表示方法

(1) 地层岩性

通过地层分界线、年代符号或岩性代号和颜色,并配合图例说明来表示。第四纪松散沉积层形状不规则,但有一定的规律性,大多在河谷斜坡、盆地边缘、平原与山地交界处,大致沿山麓等高线延伸。岩浆侵入体的界线,形状最不规则,也无规律可循,需根据实地情况测绘。

(2) 地质构造

褶皱在地质图上主要通过地层的分布规律、年代新老关系和岩层产状综合表示出来。为了突出褶皱轴部的位置及褶皱的形态类型,在地质构造图上,常在褶皱核部地层的中央用下列符号加重表示:

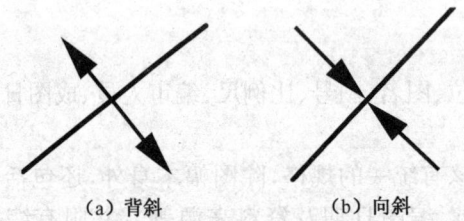

图 2-47 褶皱的表示符号

在断层出露位置,在彩色地质图上常用红线、在黑白地质图上用粗黑线符号表示:

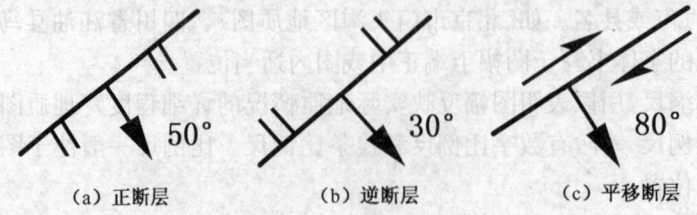

图 2-48 断层的表示符号

正断层,长线代表断层出露位置和断层线延伸方向,带箭头的短线代表断层面的倾向,度数为断层面倾角,不带箭头的双短线所在的一侧为断层的上升盘。逆断层,符号与同正断层。

平移断层,箭头代表本盘相对滑动的方向,短线代表断层面倾向,度数表示断层面的倾角。

2.6.3 地质剖面图

比例尺放大,应注明水平比例尺和垂直比例尺。

剖面图两端的同一高度上注明剖面方向(用方位角表示)。剖面所经过的山岭、河流、城镇等地名应注明在剖面的上面所在位置。为醒目美观,最好把方向、地名排在同一水平位置上。

剖面图的放置一般南端在右边,北端在左边,东右西左,南西和北西端在左边,北东和南东端在右边。

剖面图内一般不要留有空白。地下的地层分布、序、构造特征推断绘出。(见图2-49地质剖面图)

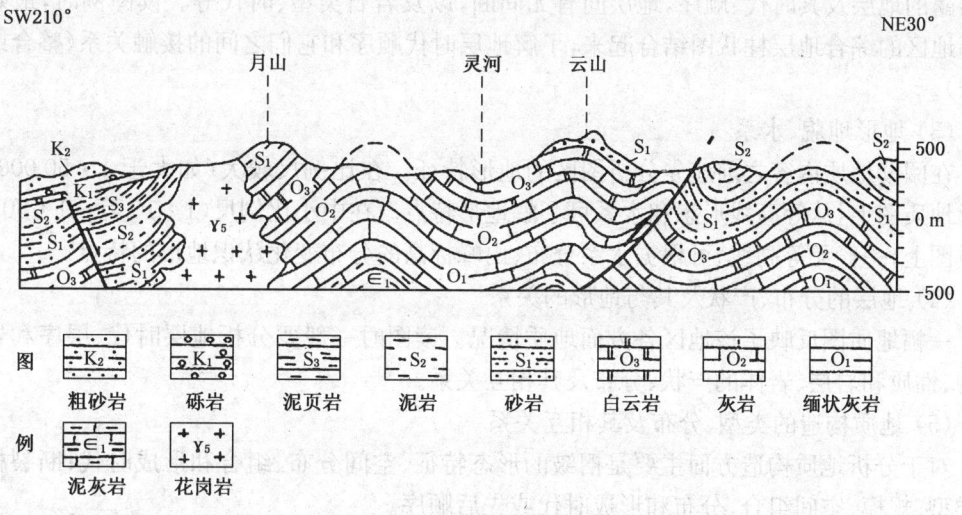

图2-49 某地的地质剖面图

2.6.4 地层柱状图

正式的地质图或地质报告中常附有工作区的地层综合柱状图。地层柱状图可以附在地质图的左边,也可以绘成单独一幅图。比例尺可根据反映地层详细程度的要求和地层总厚度而定。图名书写于图的上方,一般标为"××地区综合地层柱状图"。

综合地层柱状图是按工作区所有出露地层的新老叠置关系恢复成水平状态切出的一个具有代表性的柱子。在柱子中表示出各地层单位或层位的厚度、时代及地层系统和接触关系等。一般只绘地层(包括喷出岩),不绘侵入体。也有将侵入岩体按其时代与围岩接触关系绘在柱状图里。用岩石花纹表示的地层岩性柱子的宽度,可根据所绘柱状图的长度而定,使之宽窄适度、美观大方,一般以2~4 cm为宜。

2.6.5 阅读地质图的步骤和方法

1) 阅读步骤

(1) 图名、比例尺、方位：了解地理范围和精度

读地质图首先要看图式和各种规格，即先看图名、比例尺和图例。

从图名和图幅代号、经纬度，了解图幅的地理位置和图的类型，从比例尺可以了解图上线段长度、面积大小和地质体大小及反映详略程度，图幅编绘出版年月和资料来源，便于查明工作区研究史。

(2) 图例

熟悉图例是读图的基础。首先要熟悉图幅所使用的各种地质符号，从图例可以了解图区出露的地层及其时代、顺序，地层间有无间断，以及岩石类型、时代等。读图例时，最好与图幅地区的综合地层柱状图结合起来，了解地层时代顺序和它们之间的接触关系（整合或不整合）。

(3) 地形地貌、水系

在阅读地质内容之前应先分析图区的地形特征。在比例尺较大（如大于 $1:50\,000$）的地形地质图上，从等高线形态和水系可了解地形特点。在中小比例尺（1:10万～1:50万）地质图上，一般无等高线，可根据水系分布、山峰标高的分布变化认识地形的特点。

(4) 地层的分布、产状及其与地形的关系

一幅地质图反映了该地区各方面地质情况。读图时一般要分析地层时代、层序和岩石类型、性质和岩层、岩体的产状、分布及其相互关系。

(5) 地质构造的类型、分布及其相互关系

对于分析地质构造方面主要是褶皱的形态特征、空间分布、组合和形成时代；断裂构造的类型、规模、空间组合、分布和形成时代或先后顺序。

(6) 分析地史

综合分析本区构造运动性质及其在空间和时间上的发展规律、地质发展简史及各种矿产的生成与分布等，从而对该区的总体地质概况有较全面的认识。

(7) 分析评价工程地质条件

在上述阅读分析的基础上，对图幅范围内的区域地层岩性条件和地质构造特征，结合工程建设的要求，进行初步分析评价，并提出进一步勘察工作的意见。

思考题

1. 如何确定岩石的相对地质年代？
2. 地质年代单位有哪些？
3. 什么是岩层的产状？有哪些要素？野外如何确定岩层的产状？
4. 地质体之间的接触关系有哪些？其反映的地质内容是什么？
5. 简述地层露头线的判别方法。

6. 如何识别褶皱并判断其类型？
7. 按轴面的产状褶曲分哪几类，各有何特点？地形倒置现象是怎样形成的？
8. 褶皱区如何布设工程建筑？
9. 简述构造节理的特征。
10. 分析节理对工程建筑的影响。
11. 断层的类型及组合型式有哪些？
12. 野外怎样识别断层？
13. 什么是活断层？它对工程建筑有什么影响？
14. 地质平面图、剖面图及柱状图各自反映了哪些内容？
15. 如何阅读分析一幅地质图？

3 地表水的地质作用

第四纪沉积物是地壳岩石受到大气、水、生物及人类活动影响发生破坏后的产物,经水流、风、冰川、海洋、湖泊等作用形成的一种松散沉积物。因沉积环境变迁,第四纪沉积物结构、构造、发育厚度在横向和纵向均有较大的空间变异性。本章主要介绍与第四纪沉积物形成密切相关的风化作用、地表流水(包括暂时性和常年性流水)地质作用,以及海洋、湖泊和风的地质作用,并阐述第四纪地貌及特殊土的工程地质性质。

3.1 风化作用

3.1.1 风化作用与分类

风化作用是地表及地表附近的岩石受温度变化以及水、二氧化碳、氧气及生物等因素的影响,在原地发生机械破碎或化学分解的过程。风化作用一般在地表最为强烈,往地下逐渐减弱。风化后的岩石完整性被破坏,力学强度降低,对工程稳定性造成不利影响。

按照风化作用的性质和方式,可分为3种类型:物理风化作用、化学风化作用、生物风化作用。

1) 物理风化作用

物理风化作用是指由于气温频繁升降的反复变化,地表岩石内部产生裂隙,发生碎裂,形成岩矿碎屑的一种机械破坏作用。由于环境温度变化,使得岩石内外温差可达40~60℃,加之岩石中各种矿物膨胀系数的不同,就产生了膨胀收缩的差异,天长日久岩石就产生裂隙,小裂隙串成大裂隙乃至网裂隙,导致岩石表层的逐层剥离,这个过程称为剥离作用。

岩石孔隙和裂隙中的水,当温度下降到0℃以下时就会结冰使体积膨胀,对裂隙周围产生很大的挤压力。在-22℃时,每平方千米面积上可产生108 kg的压力,致使裂隙不断扩大,岩石破裂成碎块,称为冰劈作用。

物理风化的特征是岩矿碎屑的成分不发生变化,与母岩相同。

2) 化学风化作用

化学风化作用是指岩石在大气、水以及水中溶解物质的作用下发生化学变化,从而使岩石分解破坏,并产生新矿物的作用。化学风化作用有以下几种作用方式:

(1) 氧化作用。是岩石中的氧化亚铁、硫化物、碳酸盐类矿物在氧和水的联合作用下发生化学反应,形成新矿物的过程。如硫化物的氧化,即

$$FeS_2 + 14H_2O + 15O_2 = 2(Fe_2O_3 \cdot 3H_2O) + 8H_2SO_4 \tag{3-1}$$

还有磁铁矿氧化成赤铁矿,在地表常形成的铁帽是寻找原生矿的重要标志。

(2) 水解作用。是弱酸强碱盐或强酸弱碱盐遇水解离或带不同电荷的离子,这些离子与水中的 H^+ 和 OH^- 发生反应形成含 OH^- 的新矿物,岩石因此遭到破坏,如

$$4KAlSi_3O_8 + 6H_2O = Al_4Si_4O_{10}(OH)_4 + 8SiO_2 + 4KOH \qquad (3-2)$$
（锂长石）　　　　　　　　（高岭石）　　　　　　（石英）

(3) 水化作用。是有些矿物质能吸收一定量的水参加到矿物晶格中,形成含水分子的矿物,如

$$CaSO_4 + 2H_2O = CaSO_4 \cdot 2H_2O \qquad (3-3)$$
（硬石膏）　　　　　　（石膏）

同时体积扩大 60%,造成物理破坏作用。

(4) 溶解作用。自然界中的水总会有一定数量的 O_2、CO_2 和一些酸、碱物质,因此具有较强的溶解能力,能溶解大多数矿物,如含硫酸的水的作用:

$$CaCO_3 + H_2SO_4 = CaSO_4 + CO_2 + H_2O \qquad (3-4)$$

以及含碱质水的作用:

$$FeSO_4 + K_2CO_3 = FeCO_3 + K_2SO_4 \qquad (3-5)$$

石灰岩和白云岩与 CO_2 水的作用形成重碳酸钙等。

3) 生物风化作用

生物风化作用是指生物活动对岩石造成的物理或化学破坏作用,主要包括:

(1) 根劈作用。树根对岩石的劈裂作用。

(2) 穴居动物破坏作用。打洞对岩石造成的破坏作用。

(3) 生物的新陈代谢作用。生物生存要吸取养分同时分泌酸性物质,从而破坏矿物岩石。

(4) 生物遗体腐烂分解的产物引起岩石的离解,从而破坏岩石。

上述三类风化作用在大多数情况下都是相伴而生,相互影响和促进,共同破坏着岩石。

3.1.2 影响风化作用的因素

1) 气候

气候通过气温、降水量以及生物繁衍影响风化作用方式,寒冷干旱地区以物理风化为主,湿热地区以化学风化、生物风化为主。

2) 地形

高山区、背阳面以物理风化为主;低山丘陵以及平原区、朝阳面以化学风化为主。

3) 岩石特征

岩石抗风化能力的强弱与它所含矿物成分和数量有密切的关系,常见矿物的抗风化能力由小到大的次序为:①方解石—橄榄石—辉石—角闪石—长石—方石—黏土矿物—石英。②一般来说,岩石成分均一,较难风化,成分复杂,相对容易发生风化。致密程度、坚硬程度越高,岩层厚度越大越难风化(等粒结构、块状结构),疏松多孔容易风化。节理越发育越容易风化。

3.1.3 风化作用的产物

风化产物包括：①碎屑物质：主要是物理风化作用的产物，也有一部分是岩石在化学风化过程中完全分解的矿物碎屑。②溶解物质：是化学风化和生物风化作用的产物。③难溶物质：一些相对不活跃的 Fe、Al 等元素残留物在原地，形成褐铁矿、黏土矿和铝土矿。

1）风化壳

大陆地壳的表层由风化残积物组成的成层的不连续的薄壳称为风化壳。厚度一般为数厘米至数十米。被较新的岩石覆盖而保存下来的风化壳称为古风化壳。根据岩石风化后的颜色、结构、矿物成分及物理力学性质等方面的变化，将风化岩石划分为全风化、强风化、弱风化和微风化 4 个带，岩石风化壳分带及各带基本特征见表 3-1。

表 3-1 岩石风化壳分带及各带基本特征

风化分带	岩石颜色	矿物颜色	岩体破碎特点	物理力学性质	声速特性	其他特点
全风化带	原岩完全变色，常呈黄褐、棕红、红色	除石英外，其余矿物多已变异，形成绿泥石、绢云母、蛭石、滑石、石膏、盐类及黏土矿物等次生矿物	呈土状，或黏性土夹碎屑，结构已彻底改变，有时外观保持原岩状态	强度很低，浸水能崩解，压缩性能增大，手指可捏碎	纵波声速值低，声速曲线摆动小	锤击声哑，锹镐可挖动
强风化带	大部分变色，岩块中心部分尚较新鲜	除石英外大部分矿物均已变异，仅岩块中心变异较轻，次生矿物广泛出现	岩体强烈破碎，呈岩块、岩屑时夹黏性土	物理力学性质不大均一，强度较低，岩块单轴抗压强度小于原岩的 1/3，风化较深的岩块手可压碎	纵波声速值较低，声速曲线摆动大	锤击声哑，用锹镐开挖，偶须爆破
弱风化带	岩体表面及裂隙表面大部分变色，断口颜色仍较新鲜	沿裂隙面矿物变异明显，有次生矿物出现	岩体一般较好，原岩结构构造清晰，风化裂隙尚发育，时夹少量岩屑	力学性质较原岩低，单轴抗压强度为原岩的 1/3~2/3	纵波声速值较高，声速曲线摆动较大	锤击发声不够清脆，须爆破开挖
微风化带	仅沿裂隙表面略有改变	仅沿裂隙面有矿物轻微变异，并有铁质、钙质薄膜	岩体完整性较好，风化裂隙少见	与原岩相差无几	纵波声速值高，声速曲线摆动较小	锤击发声清脆，须爆破开挖

2）残积物

岩石风化后在原地残留的碎屑物质称为残积物。残积物主要分布在风化作用强烈的山区、丘陵和剥蚀平原。残积物一般由地表向深处颗粒由细变粗。残积物的成分主要为残留原地的碎屑物以及新形成的矿物，其中残留的碎屑物是鉴定残积物的主要依据。残积碎屑物质大小不均，棱角显著，结构松散，不具层理，表面较平坦，底界起伏不平，与基岩是过渡关系，具有垂直分带性。

由于地形起伏变化和岩石风化程度不一，残积物厚度变化很大，有时甚至相差十余米，因此在工程建设中要注意其分布的不均匀性。

3.2 暂时性水流地质作用及其堆积物

陆地流水主要来自大气降水,其次是融雪水,在地下水丰富的地区也可以泉水形式转为陆地流水。陆地流水分为暂时性流水(片流和洪流)和常年性流水(河流)。

由于重力作用形成流水的重力势能,并不断转化为动能 $E = \frac{1}{2}mv^2$,动能的大小与流水的流量(m)、流速(v)成正比,流量流速越大,流水的动能越大,对陆地的改造速度就越大,流水的地质作用也就越强。

现代地貌(高山峡谷、广阔平原)主要是由流水地质作用形成的,陆地流水是分布最广泛的地质外营力,陆地流水地质作用分为侵蚀作用、搬运作用和沉积作用。

3.2.1 片流(坡流)的地质作用

在降雨或融雪时,地表水一部分渗入地下,其余的沿坡面向下运动。这种暂时性的无固定流槽的陆地薄层状、网状细流称为片流。片流对坡面产生剥皮式的破坏作用,使高处被削低,称为洗刷作用。片流搬运的碎屑物质在坡麓堆积下来形成坡积物,如图3-1所示。

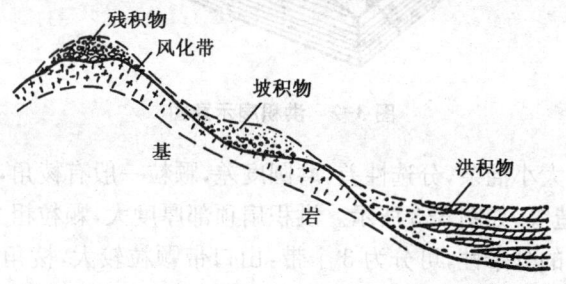

图 3-1 风化及暂时性流水产物分布示意图

坡积物的物质来源于坡上,而雨水、雪水的搬运能力不强,所以坡积物主要以细颗粒为主,其矿物成分与下卧基岩没有直接关系,成分主要为岩屑、矿屑、砂砾或矿质黏土。由于搬运距离较短,坡积物碎屑颗粒大小混杂,分选性差,层理不明显。

坡积物底部坡度受下伏基岩控制,其表面坡度与形成时间长短有关,时间长则表面坡度小而厚度大。坡积物在陡坡处厚度薄,在坡脚等相对平缓处堆积较厚,因此坡积物厚度变化较大。新近形成的坡积物疏松、含水量较大,压缩性较高。进行工程建设时要注意坡积物的上述工程地质特征,防治地基的不均匀沉降,避免地基失稳问题。

3.2.2 洪流的地质作用

山洪急流、暴雨或骤然大量的融雪水逐渐集中汇成几段较大的线状水流,再向下汇聚成快速奔腾的洪流。洪流把大量的碎屑物质搬运到沟口或山麓平原堆积起来,形成洪积物。

洪流猛烈冲刷沟底、沟壁的岩石并使其遭受破坏,称为冲刷作用。冲刷作用将坡面凹地冲刷成两壁陡峭的沟谷。多次冲刷两侧形成许多小冲沟,共同构成了冲沟系统。冲沟的形成应具备如下条件:一是斜坡较陡并且坡面较疏松;二是有集中性降水或大量冰雪融水;三是坡面无植被覆盖。冲沟的发展通常经历4个阶段:一是初始阶段,沟槽较浅,水流沿沟槽发生冲刷;二是下切阶段,冲沟向底部深切,沟壁几乎直立,冲沟向上游发育;三是平衡阶段,冲沟的下切作用微弱,沟壁坡度变缓,冲沟宽度不断扩大;四是衰老阶段,冲沟坡度平缓,沟谷宽阔,沟谷形态稳定,有植被覆盖。冲沟的发育对工程建设会造成不利影响,特别是对线路工程影响较大。

洪流携带的碎屑物质既有巨大的石块又有细小的泥砂,随着地形逐渐开阔,水流逐渐分散,洪流搬运能力大大降低,棱角分明的块石、碎石、粗砂在沟口形成厚度巨大的堆积;较小的颗粒则被搬运到离沟口较远的山前倾斜平原沉积起来。洪流多次冲刷后,山口处形成锥形的洪积物,在平面上呈扇形,如图3-2所示,称为洪积扇。相邻沟谷的洪积扇连接起来,形成洪积群。

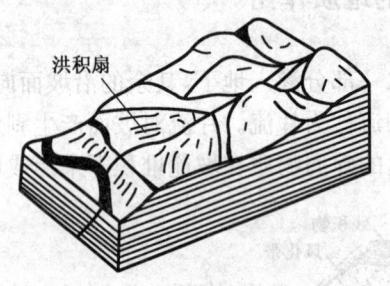

图3-2 洪积扇示意图

洪积物的特点是大小混杂,分选性差,磨圆度差,颗粒一般有棱角,可见不规则的交错层理、尖灭及透镜体构造等,如图3-3所示。洪积扇顶部厚度大,颗粒粗大,越向外堆积越少越薄,颗粒细小,具明显的分带性,可分为3个带:山口带颗粒较大,棱角分明,厚度巨大,地下水埋深大,地基承载力较高,可作为良好的天然地基。在山口和山前倾斜平原之间存在一个过渡带,颗粒变细,地下水埋深浅,常常溢出地表,形成沼泽,因而地基承载力低,不利于工程建设。靠近平原的前缘带主要由细小的粉土、黏土颗粒组成,土质较坚硬,地基承载力一般比较高,可作为较好的天然地基。

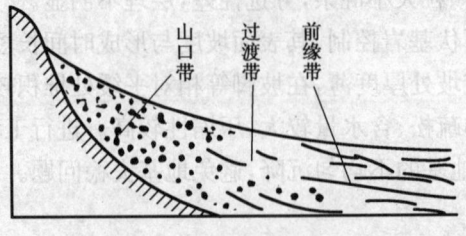

图3-3 洪积物剖面示意图

若发现洪积扇未生长植被,则应注意其发展、移动可能对工程建设的危害。洪积扇中一般地下水较丰富,可作为小型供水水源,同时也应注意工程建设时可能引发的透水问题。

3.3 河流的地质作用及其堆积物

河流是指具有明显河槽的常年性的水流,它是自然界水循环的主要形式。由河流作用所形成的谷地称为河谷。河水流动时,对河床进行冲刷破坏,并将所侵蚀的物质带到适当的地方沉积下来,故河流的地质作用可分为侵蚀作用、搬运作用和沉积作用。

1) 河流的侵蚀作用

河流以河水及其所携带的碎屑物质,在河水流动过程中,不断冲刷破坏河谷,加深河床的作用,称为河流的侵蚀作用。河流侵蚀作用的方式,包括机械侵蚀和化学溶蚀两种。按照河流侵蚀作用的方向,分为垂直侵蚀、侧方侵蚀和向源侵蚀3种。

(1) 垂直侵蚀

垂直侵蚀作用又称下蚀作用,是指坡度较陡、流速较大的河流向下切割,使河谷变深、谷坡变陡。一般河流上游水流湍急,河床坚硬,河床底部落差大,下蚀作用表现显著,因此上游河谷常呈"V"字形,如图3-4所示。

图3-4 下蚀作用的表现

垂直侵蚀的发展取决于侵蚀基准面,即河流所流入的相对静止的水体的水面。河流大多流入海洋,所以它们的侵蚀基准面就是海平面。当河床纵剖面形成河口与海平面齐平的平滑和缓的曲面时,垂直侵蚀暂时停止,这个剖面称为均衡剖面。

垂直侵蚀作用使跨河建筑物的地基遭受破坏,应使这些建筑物基础埋置深度大于下蚀作用的深度,并对基础采取保护措施。

(2) 侧方侵蚀

侧方侵蚀作用又称旁蚀或侧蚀,是指受地球自转偏向力的作用或河道弯曲影响,水流形成横向环流,对河岸产生侧向冲刷,使河床加宽,河谷形态复杂化,形成河曲(图3-5)、蛇曲、河流摆尾和牛轭湖等地貌现象。

如图 3-5 所示，在地球自转偏向力的作用下，河道中的表层水流以较大的流速冲向凹岸，使凹岸岸壁不断受冲刷而坍塌后退；被冲刷下来的碎屑物质受横向环流作用在凸岸不断堆积起来，河湾曲率增大；在纵向流的作用下，河湾逐渐向下游移动，日积月累，河床平面发生摆动，河道加宽。

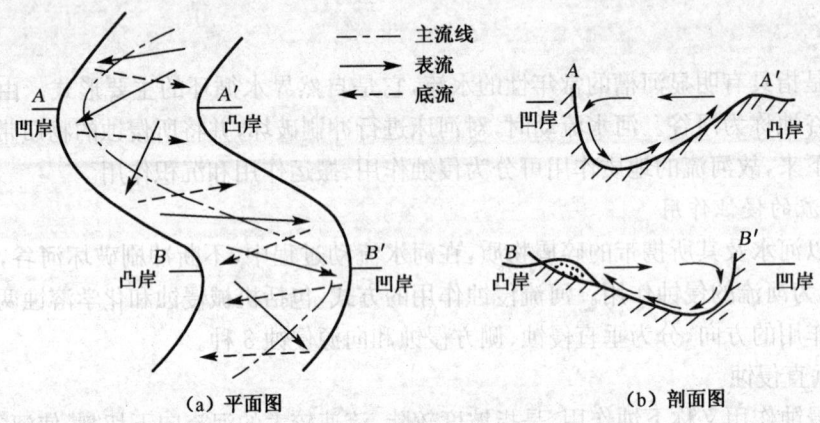

图 3-5　河曲水流示意图

河曲发育逐渐形成蛇曲，如图 3-6 所示，仍然不断发生凹岸冲刷、凸岸堆积，最终水流不再绕过蛇曲部分（图中阴影部分），而是直接顺着河道流向下游，这种作用称为裁弯取直。图中的阴影部分在地貌上形成牛轭湖。

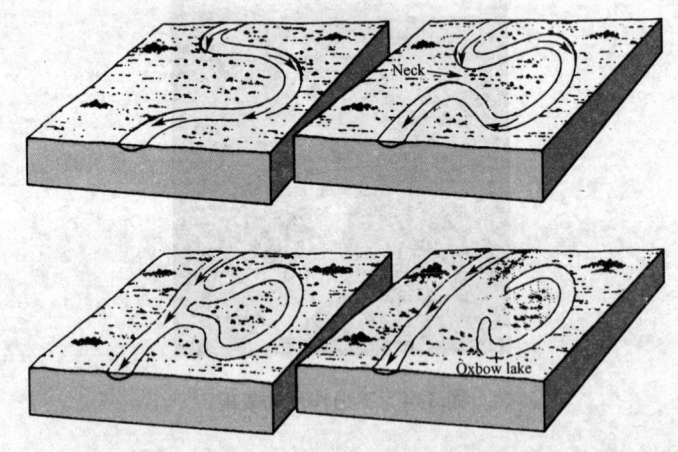

图 3-6　河流裁弯取直作用示意图

一般河流中游河床底坡变缓，水流流速降低，侧方侵蚀表现显著，因此河谷常呈"U"字形。

(3) 向源侵蚀

向源侵蚀作用又称溯源侵蚀作用，是指由于河流下切的侵蚀作用而引起的河流源头向河间分水岭不断扩展伸长的现象。向源侵蚀的结果是使河流加长，扩大河流的流域面积，改造河间分水岭的地形和发生河流袭夺现象，形成断头河和袭夺河。

2) 河流的搬运作用

河流将其携带的大量碎屑物质和化学溶解物质不停地向下游方向输送的过程，称为河流的搬运作用。河流搬运的物质主要来源于两个方面：一是流域内由片流洗刷和洪流冲刷侵蚀作用产生的物质；二是由河流对自身河床的侵蚀作用产生的物质。河流的搬运方式可分为机械搬运和化学溶运。在河流上游流速大，碎屑颗粒沿河床滚动、滑动，以拖运（推运）为主；在河流中下游，泥砂大小和数量随流速改变，以悬运为主；可溶性物质在河流里则以溶运为主。河流搬运能力和输送泥砂的数量取决于流速和流量的大小，流速大则搬运能力强，搬运物质颗粒就大，因此河流搬运物质在上游颗粒较粗，向下游逐渐变细，这也是河流的分选作用。由于搬运距离长，被搬运物质与河床直接不断地碰撞摩擦，颗粒棱角被磨圆。

3）河流的沉积作用

河水在搬运过程中，由于流速和流量的减小，搬运能力也随之降低，而使河水在搬运中的一部分碎屑物质从水中沉积下来的过程，称为河流的沉积作用。由此形成的堆积物，称为河流的冲积物。河流的沉积作用会造成河道淤塞、浅滩和水库淤积等问题。

河流的冲积物特征主要是磨圆度良好，分选性好，层理清晰。河流上游多沉积大的块石、卵石、砾石；中游多为卵砾石、粗砂；下游多为中砂、细砂和黏性土等。

河流冲积物分布很广，可分为山区河谷冲积物、山前平原冲洪积物、平原河谷冲积物和河口三角洲沉积物等类型。

山区河谷冲积物大多为卵石、砾石，大小不同的卵砾石互相交错，透水性很大，抗剪强度高。因山区河流流速大，所以冲积物厚度不大。由于山区常发生泥石流，因此山区河谷中还可能有泥石流堆积物。

山前平原冲洪积物常沿山麓分布，厚度巨大，具有分带性。山口处主要是冲积物和洪积的粗碎屑物，力学性质和工程地质性质较好；平原前缘主要为砂和黏性土，力学性质和工程地质性质变差。

平原河谷冲积物可分为河床冲积物、河漫滩冲积物和牛轭湖沉积物等。河床冲积物由卵石、砾石、砂、黏性土和淤泥等组成；河漫滩冲积物是洪水泛滥溢出河床带来的沉积物，洪水带来的细砂、黏性土覆盖在下部河床沉积的粗颗粒上，形成二元结构，具斜层理和交错层理；牛轭湖冲积物主要是富含有机物的淤泥、泥炭等。平原河谷冲积物中卵石、砾石和密实的粗砂等承载力较高，地基稳定性较好；饱和的细砂、淤泥、泥炭、未固结的黏性土工程地质性质差，是软弱地基。

河口三角洲沉积物厚度巨大，颗粒较细，以砂和黏性土为主，一般呈层状分布，局部呈透镜体状。河口三角洲沉积物一般含水量较大，有的有淤泥分布。河口三角洲沉积物上层经过长期干燥和压实后，含水量变小，承载力提高，被称为硬壳层，在工程建设中适当利用，可节约工程造价。在河口三角洲上进行工程建设时还要注意查明暗浜、古河床等。

4）常见地形地貌

由于河流沉积作用影响，形成了以下常见地貌：

(1) 冲积扇，即河流沉积作用形成的扇形碎屑堆积。

(2) 三角洲，即河流入海处沉积形成的喇叭形碎屑堆积。

(3) 冲积平原，即河流沉积作用形成的平原。

(4) 沙洲，河道中间部分因流速减小沉积形成的碎屑沉积。

(5) 阶地，指沿着谷坡走向呈条带状分布或断断续续分布的阶梯状平台（图3-7）。

(6)河谷(图3-8),河谷是在流域地质构造的基础上,经河流的长期侵蚀、搬运和堆积作用逐渐形成和发展起来的一种地貌。河谷上、中、下游地貌特征不同(图3-9)。谷底是河谷地貌的最低部分,地势较平坦,其宽度为两侧谷坡坡麓之间的距离。谷底上分布有河床及河漫滩。河床是在平水期间为河水所占据的部分,河漫滩是在洪水期间才为河水淹没的河床以外的平坦地带。谷坡是高出谷底的河谷两侧的坡地。

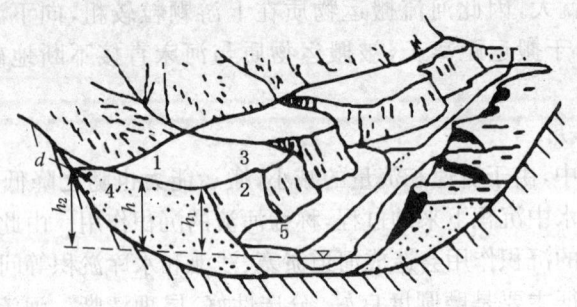

图 3-7 河流阶地的形态要素
1—阶地面;2—阶坡(陡坎);3—前缘;4—后缘;5—坡脚;
h_2—后缘高度;h—阶地平均高度;h_1—前缘高度;d—坡积裙

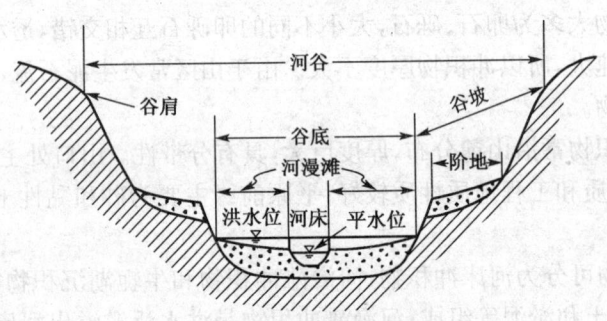

图 3-8 河谷形态要素示意图

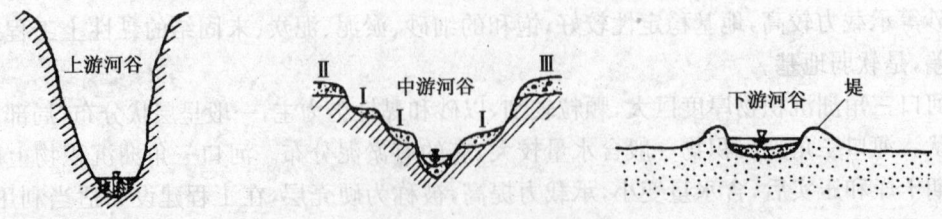

图 3-9 河谷地貌特征

阶地是在河流侵蚀、沉积及地壳升降运动共同作用下形成的。阶地有多级时,从河漫滩向上依次称为一级阶地、二级阶地、三级阶地等。每级阶地都有阶地面、阶地前缘、阶地后缘、阶地斜坡和阶地坡麓等要素。根据阶地的成因、结构和形态特征,可将其划分为侵蚀阶地、堆积阶地(上迭、内迭)和基座阶地三大类型,如图3-10所示。侵蚀阶地地面平缓,基岩出露,几乎没有松散沉积物;堆积阶地松散沉积物厚度大,下伏基岩不出露;基座阶地顶面为松散沉积物,厚度不大,下伏基岩。

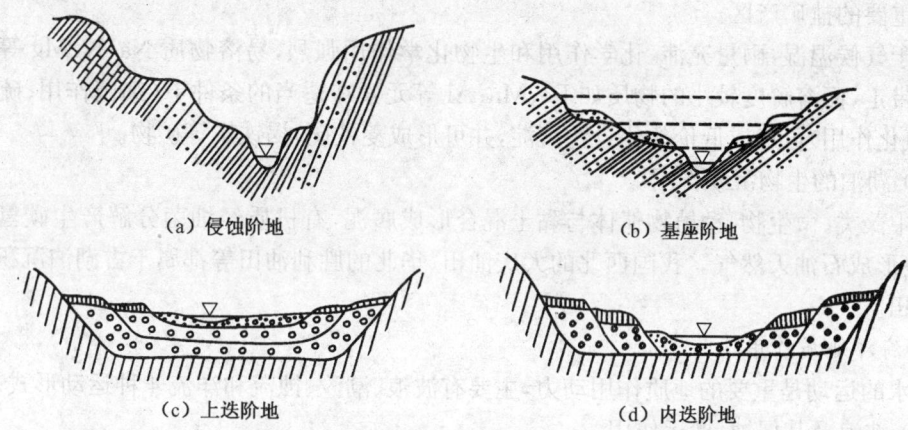

图 3-10 阶地类型

3.4 与第四纪沉积物相关的其他地质作用

3.4.1 湖泊与海洋地质作用

1) 湖泊地质作用

湖泊的活动性很弱,所以湖泊的侵蚀搬运能力都很弱,其地质作用主要表现在沉积作用上,分为机械沉积、化学沉积和生物沉积。

(1) 湖泊的机械沉积作用

沉积物的来源主要是河流携带来的碎屑物,少量是由湖岸带湖浪侵蚀而来的。湖泊沉积物的特点如下:

① 是明显的环状分带现象。湖岸边缘和河流入湖的三角洲处为较粗碎屑(砂砾、砂粒)沉积,愈向湖心沉积物愈细(黏土)。

② 具有良好的水平层理。

③ 常有动植物化石。

湖泊由于泥砂不断沉积,湖底被逐渐抬高,湖水变浅,最终被淤塞而消亡。

(2) 湖泊的化学沉积作用

湖泊的化学沉积作用主要受气候及地理位置影响,有较大差异。干旱气候地区湖泊的化学沉积作用主要分布于我国西北地区,由于气候干燥,蒸发量大于降水量,湖水中的盐分逐渐增加,当盐类达到饱和时就会结晶沉淀下来,在湖底形成一层一层的盐类沉淀。

由于盐类矿物溶解度的差异,在盐湖中常形成一定的结晶阶段,即溶解度小的先结晶,溶解度大的后结晶,出现交替沉积现象。其顺序为:①碳酸盐沉积阶段(碱湖、苏打湖),以天然碱为主。②硫酸盐沉积阶段(苦湖、苦盐湖),湖水有苦味,以芒硝、石膏为主。③氯化物沉积阶段(盐湖),以岩盐、钾盐为主。④硼酸盐沉积阶段(硼砂湖),以硼砂矿为主。西北地区是我国重要的盐矿产区。

由于气候温湿,雨量充沛,化学作用和生物化学作用强烈,易溶物质 Na、K、Mg 等元素被流水带走,而溶解度较小的物质如 Fe、Mn、Al 等元素在适当的条件下(细菌作用、硫化氢作用、氧化作用)可形成低价盐化合物沉淀,并可形成菱铁矿、褐铁矿等矿物。

(3) 湖泊的生物沉积作用

湖中藻类、微生物、动植物遗体与黏土混合形成腐泥,有机质经细菌分解产生碳氢化合物,最终形成石油天然气。我国西北的大庆油田、华北的胜利油田等都属于古湖泊沉积成因的油气田。

2) 海洋地质作用

海水的运动是重要的地质作用动力,主要有波浪、潮汐、蚀流和洋流 4 种运动形式。

(1) 波浪及其侵蚀、搬运作用

波浪的冲蚀作用一般发生在海岸带,形成特有的海蚀地貌,如海蚀穴、海蚀崖、海蚀柱、海蚀拱桥和海蚀阶地等。海浪的磨蚀作用主要发生在海水几米至几十米深的地方。拍岸浪破坏的岩块随着退流带到滨海底部来回滚动,即对海底进行磨蚀,本身相互间摩擦磨圆,成为磨圆度很好的砾石和砂粒。

波浪的搬运作用能引起近岸带沉积物的搬运和再沉积。进流就将水下的砂、砾向岸上搬运,形成砾滩、砂滩或砂坝;回流又搬回水下在离岸一定距离的水下沉积,成长为平行海岸的砂堤或砂坝。如果波浪斜击海岸形成沿岸流,常形成砂砠或砂坝将近陆的一部分水域与外海隔离开来使其转变成湖泊,称为潟湖。

(2) 潮汐及其侵蚀、搬运作用

海水在月球和太阳引力及地球自转产生的离心惯性力的共同作用下产生周期性的涨落现象,称为潮汐。在平坦的海岸带,潮水的涨落影响到相当宽阔的范围,对于沉积物起着反复的侵蚀、搬运和再沉积的作用,控制着沉积物的性质和特征。在狭窄的河口地带,潮流的侵蚀搬运作用特别强烈,因而河口被强烈冲刷,不形成三角洲,相反,河口向外海呈漏斗状展开,称为三角港。

(3) 洋流及其侵蚀、搬运作用

海水沿一定方向作大规模有规律的流动,称为洋流(海流)。洋流的宽度从数十千米到数百千米,长达数千千米,流速较慢,有表层洋流,也有深部洋流。表层洋流主要是由定期而来的信风产生的,其次为海水温差产生暖流和寒流。深部洋流主要是海水密度差引起的密度流,其流向可以是水平的,也可以是垂直的环流。洋流的地质作用主要是搬运作用和轻微的海底侵蚀作用。

(4) 浊流及其侵蚀、搬运作用

浊流是一种含有大量悬浮物质(砂、粉砾、泥质物质)并以较高速度向下流动的水体。推测可能是由暴风浪、地震、火山以及海底滑坡引起的,往往能在海底进行侵蚀、搬运、沉积等地质作用。大陆坡上普遍发育着"V"字形峡谷,其底部常有扇形、锥形碎屑堆积物和生物碎屑堆积物,称为深海冲积扇(锥),推测为浊流侵蚀、搬运作用形成的。许多深海平原上的沉积物也认为是由浊流搬运而来的。

总的来说,海水的搬运以波浪搬运作用为主,一般具有明显的分带性:较粗、较重的颗粒搬运距离近(在近岸沉积),较细、较轻的颗粒搬运距离远,化学溶蚀物质搬运更远。因此可以根据沉积物的粗细、轻重分析当时距离海岸的远近。

(5) 海洋的沉积作用

海洋沉积物来源于陆源物质、生物物质和海底火山喷发的产物及宇宙降落的陨石、尘埃。

滨海是波浪和潮汐运动强烈的近岸水域,其下界为浪基面。滨海以机械沉积为主,只有在潟湖环境下才有较好的化学沉积。

浅海是指水下岸坡以下(以水下砂坝为标志)直至200 m深度的海域,其海底为大陆架。浅海是最主要的沉积场所,接纳了陆上河流带来的大量碎屑物质和溶运物质。由近岸到浅海处,沉积物由粗到细:粗砂→中砂→细砂→粉砂(粉砂质黏土),具有良好的水平层理,常含有较完整的动物遗体、贝壳等。化学沉积物来自海水溶蚀物质以及河流地下水带来的溶解物质和胶体物质。由于浅海中生物大量繁殖和死亡,它们的骨骼和外壳就在适宜的环境下沉淀下来,形成生物沉积岩。

半深海是位于大陆坡上的水域,深海是位于大洋底上的水域。沉积物颗粒极细,主要是悬浮于水中的黏土及浮游生物遗骸(浊流沉积属特殊沉积),还有少量海底火山喷发及浮冰带来的碎屑物质。

浊流沉积是由砂、粉砂等细碎屑物与泥质物组成韵律交互层,具有清楚的递变层理及印模等构造,固结而成浊积岩。太平洋四周的海沟中都充填着浊流沉积,并形成巨大的海底平原。

海水面的升降是在地质历史中频繁发生的现象,它与构造运动、海底扩张速度变化及海水量的变化相关。火山的大规模喷发可能引起海水量的增加,冰川作用时期则引起海水量的减少。

3.4.2 风的地质作用

风能剥蚀破坏基岩,也能搬运堆积砂和尘土,是一种重要的地质外动力。

1) 风的剥蚀作用

风蚀作用是风的自身的力量和所携带的砂土对地表岩石进行破坏的地质作用,包括吹扬和磨蚀两种方式。吹扬(吹蚀)作用是风吹过地表时,由于气流的冲击力和上举力,把岩石表面风化的疏松物质吹扬起来的作用。磨蚀作用是风力吹扬起来的砂石冲击,摩擦岩石,使其发生破坏作用。

上述两种作用是同时进行的,统称为风蚀作用,其强弱与风力大小及地表岩石性质有关。一般砂砾主要集中在距地表30 m以下的高度,越近地表处风蚀作用越强烈。风蚀作用塑造了风棱石、蜂窝石(风蚀壁龛)、风蚀柱、风蚀蘑菇、风蚀谷、风蚀残丘和风蚀城、风蚀洼地等地貌形态。

2) 风的搬运作用

风的搬运作用是风把碎屑物质携带到别处的过程,有悬移、跳移、蠕移3种方式。悬移是细而轻的颗粒在风的吹扬作用下,悬浮在空中进行搬运的方式。跳移是砂砾在风力作用下以跳跃的方式被搬运。70%~80%的砂砾是以跳移搬运的。蠕移是较粗大的砂粒在风的作用下沿地表滚动或滑动。

3) 风的堆积作用

风力堆积的物质称为风积物,包括风成砂和风成黄土堆积。

(1) 风成砂的特点与堆积特征

风成砂的特点:①碎屑物成分以石英、长石、砂粒为主,可见到较多的铁镁质及其他化学性质不稳定的矿物,这是水力搬运物中少见的。②具有极好的分选性和极高的磨圆度。③具有规模较大的交错层理。④颜色多样,以红色为主。

风成砂的堆积方式有:①沉降堆积,是因风力减弱而发生的。②遇阻堆积,是因遇到障碍物而发生的。

风积地貌有:①砂堆,是含砂气流在障碍物的背风面形成的堆积体。呈舌状,高小于10 m,长可达数十米至数百米。②沙丘,是风积物形成的砂质丘岗。是从砂堆中演化而来的,有新月形、纵向沙垄、星状砂丘等多种形态。沙丘是移动的,每年一般移动5~50 m,移向之处破坏性极大,沙漠化已成为人类生活的一大公害。

(2) 风成黄土堆积(略)

3.5 第四纪地貌形态

由于内、外力地质作用的长期进行,在地壳表面形成了各种不同成因、不同类型、不同规模的起伏形态,称为地貌。地貌学是专门研究地壳表面各种起伏形态的形成、发展和空间分布规律的科学。

在这里,"地形"和"地貌"是两个不同含义的概念。"地形"通常用来专指地表既成形态的某些外部特征,如高低起伏、坡度大小和空间分布等。"地貌"含义则比较广泛,不仅包括地表形态的全部外貌特征,如高低起伏、坡度大小、空间分布、地形组合及其与邻近地区地形形态之间的相互关系等,还包括运用地质动力学的观点,分析和研究这些形态的成因和发展。地貌条件与公路工程建设有着密切的关系。

地貌条件与土木工程的建设及运营有着密切的关系,许多工程项目,如公路、隧道等常需穿越不同的地貌单元,会遇到各种地貌问题。因此,地貌条件是评价各种土木工程构筑物地质条件的重要内容之一。为了处理好工程建设与地貌条件之间的关系,就必须学习和掌握一定的地貌知识。

3.5.1 地貌的形成和发展

地壳表面的各种地貌都在不停地形成和发展变化,促使地貌形成和发展变化的动力是内、外力地质作用。

内力地质作用形成了地壳表面的基本起伏,对地貌的形成和发展起着决定性的作用。例如,地壳的构造运动不仅使地壳岩层因受到强烈的挤压、拉伸或扭动而形成一系列褶皱带和断裂带,而且还在地壳表面造成大规模的隆起区和沉降区。隆起区将形成大陆、高原、山岭;沉降区则形成海洋、平原、盆地。此外,地下岩浆的喷发活动对地貌的形成和发展也有一定的影响。裂隙喷发可形成火山锥和熔岩盖等堆积物,后者的覆盖面积可达数百以至数十万平方千米,厚度可达数百、数千米。内力地质作用不仅形成了地壳表面的基本起伏,而且还对外力作用的条件、方式及过程产生较大的影响。例如,地壳上升,则侵蚀、剥蚀、搬运等作用增强,堆积作用就变弱;地壳下降,则情况相反。

外力地质作用根据其作用过程可分为风化、剥蚀、搬运、堆积和成岩等作用。外力地质作用对由内力地质作用所形成的基本地貌形态不断地进行雕塑、加工,使之复杂化。其总趋势是削高补低,力图把地表夷平,即把由内力地质作用所造成的隆起部分进行剥蚀破坏,同时把破坏所形成的碎屑物质搬运堆积到由内力地质作用所造成的低地和海洋中去。内力地质作用在不断造成地表上升和下降从而改变地壳平衡的同时,会引起各种外力地质作用的加剧;而外力地质作用在改变地表形态的同时也会改变地壳已有的平衡,从而为内力地质作用提供了条件。

综上所述,地貌的形成和发展是内、外力地质作用共同作用的结果,我们现在看到的各种地貌形态,就是地壳在这两种地质作用下发展到现阶段的形态表现。

3.5.2 地貌的分级和分类

1) 地貌的分级

不同等级的地貌其成因不同,形成的主导因素也不同。地貌规模相差悬殊,按其相对大小,并考虑其地质构造条件和塑造地貌的地质营力进行分级,一般可划分为以下5级:

(1) 星体地貌

把地球作为一个整体来研究,反映其形态、大小、海洋分布等总体特征,构成星体地貌特征。

(2) 巨型地貌

地球上的大陆和海洋,是高度上具有显著差异的两类地貌,它们几乎全是由内力地质作用形成的,所以又称为大地构造地貌。

(3) 大型地貌

如陆地上的山脉、高原、平原、大型盆地,海洋中的海底山脉、海底平原等,这些地貌主要是由内力地质作用形成的,往往和大地构造单元(陆地)一致,是地壳长期发展的结果。

(4) 中型地貌

中型地貌是大型地貌内的次一级地貌,如河谷及河谷间的分水岭、山间盆地等,主要由外力地质作用形成。内力地质作用在此过程中是中型地貌基本构造形态形成和发展的基础,而外力地质作用则决定了中型地貌的外部形态。

(5) 小型地貌

小型地貌是中型地貌的各个组成部分,如沙丘、冲沟、谷坡阶地等,小型地貌的形态特征主要取决于外力地质作用,并受岩性的影响。

2) 地貌的分类

(1) 地貌的形态分类

地貌的形态分类,就是按地貌的绝对高度、相对高度以及地面的平均坡度等形态特征进行分类。表3-2是大陆上山地和平原的一种常见的分类方案。

表 3-2　大陆地貌的形态分类

形态类别		绝对高度(m)	相对高度(m)	平均坡度(°)	举　例
山地	高山	>3 500	>1 000	>25	喜马拉雅山、天山
	中山	1 000～3 500	500～1 000	10～25	大别山、庐山、雪峰山
	低山	500～1 000	200～500	5～10	川东平行岭谷、华蓥山
	丘陵	<500	<200		闽东沿海丘陵
平原	高原	>600	>200		青藏、内蒙古、黄土、云贵高原
	高平原	>200			成都平原
	低平原	0～200			东北、华北、长江中下游平原
	洼地	低于海平面高度			吐鲁番洼地

(2) 地貌的成因分类

目前还没有公认的地貌成因分类方案，根据土木工程的特点，以地貌形成的主导因素分类如下：

① 内力地貌

以内力作用为主所形成的地貌称为内力地貌，依据不同的内力地质作用可分为：

A. 构造地貌

构造地貌是指由地壳的构造运动所造成的地貌，其形态能充分反映原来的地质构造形态。如高地符合于构造隆起和上升运动为主的地区，盆地符合于构造凹陷和下降运动为主的地区，如褶皱山、断块山等。

B. 火山地貌

由火山喷发的熔岩和碎屑物质堆积所形成的地貌为火山地貌，如熔岩盖、火山锥等。

② 外力地貌

以外力作用为主所形成的地貌为外力地貌，根据外动力的不同可分为以下几种：

A. 水成地貌

水成地貌以水的作用为地貌形成和发展的基本因素。水成地貌又可分为面状洗刷地貌、线状冲刷地貌、河流地貌、湖泊地貌与海洋地貌等。

B. 冰川地貌

冰川地貌以冰雪的作用为地貌形成和发展的基本因素。冰川地貌又可分为冰川剥蚀地貌与冰川堆积地貌，前者如冰斗、冰川槽谷等，后者如侧碛、终碛等。

C. 风成地貌

风成地貌以风的作用为地貌形成和发展的基本因素。风成地貌又可分为风蚀地貌与风积地貌，前者如风蚀洼地、蘑菇石等，后者如新月形沙丘、沙垄等。

D. 岩溶地貌

岩溶地貌以地表水和地下水的溶蚀作用为地貌形成和发展的基本因素。其所形成的地貌如溶沟、石芽、溶洞、峰林、地下暗河等。

E. 重力地貌

重力地貌以重力作用为地貌形成和发展的基本因素。其所形成的地貌如崩塌、滑坡等。

此外,还有黄土地貌、冻土地貌等。

3.5.3 山岭地貌

山岭地貌又称山地地貌。山岭地貌形状极其复杂,常以山岭地貌的形态要素来描述其形态特征。

山顶是山岭地貌的最高部分。山顶呈长条状延伸时叫山脊。山脊标高较低的鞍部称为垭口。山顶的形状与岩性和地质构造等条件密切相关,可能呈现尖顶、圆顶和平顶,如图 3-11。一般来说,山体岩性坚硬、岩层倾斜或受冰川的刨蚀时,多呈尖顶或很狭窄的山脊;在气候湿热、风化作用强烈的花岗岩或其他松软岩石分布地区,岩体经风化剥蚀,多呈圆顶;在水平岩层或古夷平面分布地区,则多呈平顶,典型的如方山、桌状山等(图3-12)。

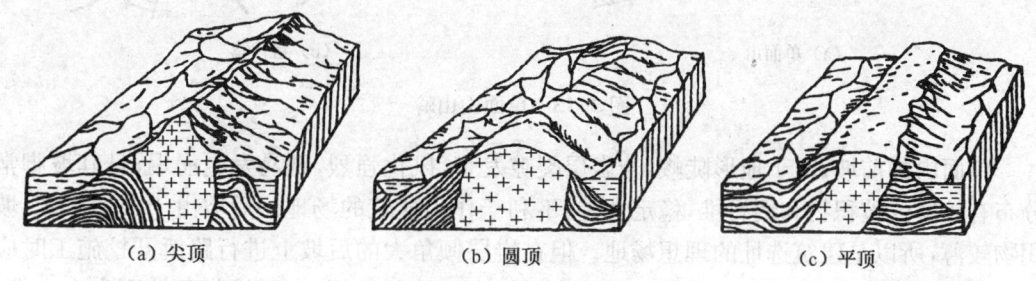

图 3-11 山顶的各种形状

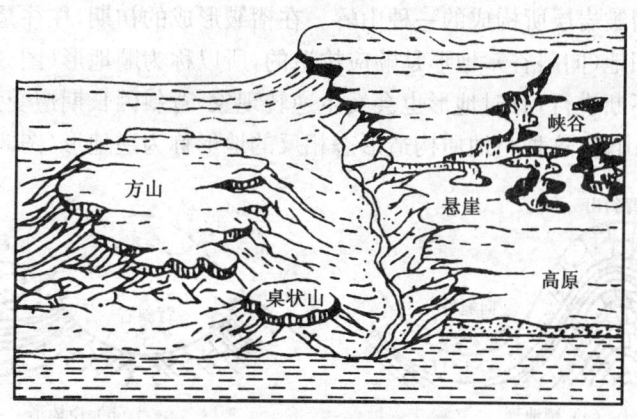

图 3-12 方山和桌状山

山坡是山岭地貌的重要组成部分。山坡的形状有直线形、凹形、凸形以及复合形等各种类型,这取决于新构造运动、岩性、岩体结构及坡面剥蚀和堆积的演化过程等因素。

山脚是山坡与周围平地的交接处。由于坡面剥蚀和坡脚堆积,使山脚在地貌上一般并不明显,在那里通常有一个起着缓坡作用的过渡地带,它主要由一些坡积裙、冲积扇、洪积扇及岩堆、滑坡堆积体等流水堆积地貌和重力堆积地貌组成。

由构造作用形成的山岭分为平顶山、单面山、褶皱山、断块山和褶皱断块山。

平顶山是由水平岩层构成的一种山岭,多分布在顶部岩层坚硬(如灰岩、胶结紧密的砂岩或砾岩)和下卧层软弱(如页岩)的硬软互层发育地区,在侵蚀、溶蚀和重力崩塌作用下,使四周形成陡崖或深谷,由于顶面坚岩抗风化力强而兀立如桌面。由水平硬岩层覆盖其表面的分水岭,有可能成为平坦的高原。

单面山是由单斜岩层构成的沿岩层走向延伸的一种山岭,如图 3-13(a)所示,它常常出现在构造盆地的边缘和舒缓的穹窿、背斜和向斜构造的翼部,其两坡一般不对称。与岩层倾向相反的一坡短而陡,称为前坡。前坡多是经外力的剥蚀作用所形成,故又称为剥蚀坡。与岩层倾向一致的一坡长而缓,称为后坡或构造坡。如果岩层倾角超过 40°,则两坡的坡度和长度均相差不大,其所形成的山岭外形很像猪背,所以又称猪背岭,如图 3-13(b)所示。

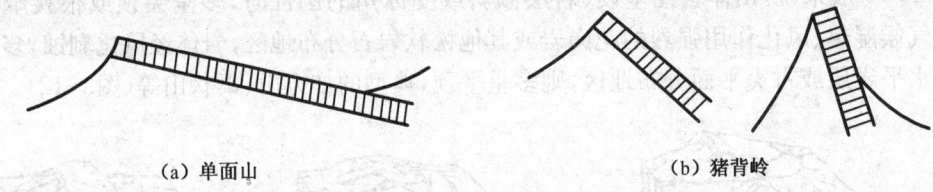

(a) 单面山　　　　　　　　　　　(b) 猪背岭

图 3-13 单面山山岭

单面山的前坡,由于地形陡峻,若岩层裂隙发育,风化强烈,则易发生崩塌,且其坡脚常分布有较厚的坡积物和倒石堆,稳定性差,不利于作为建筑的场地。后坡由于山坡平缓,坡积物较薄,所以是建筑选址的理想场地。但在岩层倾角大的后坡上进行路堑开挖施工时应注意边坡的稳定问题,因为开挖路堑后与岩层倾向一致的一侧,会因坡脚开挖而失去支撑,尤其是当地下水沿着其中的软弱岩层渗透时易产生顺层滑坡。

褶皱山是由褶皱岩层所构成的一种山岭。在褶皱形成的初期,往往是背斜形成高地(背斜山),向斜形成凹地(向斜谷),地形是顺应构造的,所以称为顺地形(图 3-14(a))。但随着外力剥蚀作用的不断进行,有时地形也会发生逆转现象,背斜因长期遭受强烈剥蚀而形成谷地,而向斜则形成山岭,这种与地质构造形态相反的地形称为逆地形(图 3-14(b))。

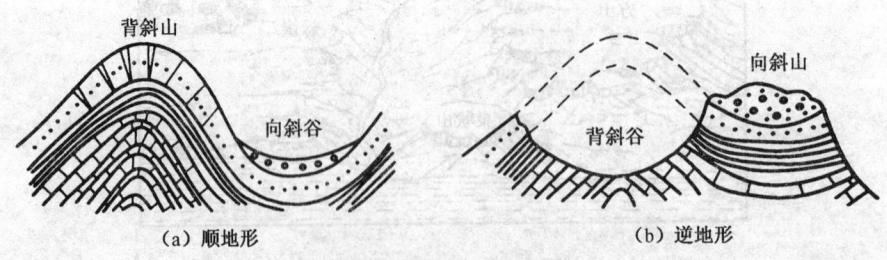

(a) 顺地形　　　　　　　　　　　(b) 逆地形

图 3-14 顺地形和逆地形

断块山是由断裂变动所形成的山岭。它可能只在一侧有断裂,也可能两侧均为断裂所控制。断块山在形成的初期可能有完整的断层面及明显的断层线,断层面构成了山前的陡崖,断层线控制了山脚的轮廓,使山地与平原或山地与河谷间界线相当明显而且比较顺直。以后由于剥蚀作用的不断进行,断层面便可能遭到破坏而后退,崖底的断层线也被巨厚的风化碎屑物所掩盖。此外,由断层所构成的断层崖也常受垂直于断层面的流水侵蚀,因而在谷与谷之间就形成一系列断层三角面,它常是野外识别断层的一种地貌证据。

上述山岭都是由单一的构造形态所形成的,但在更多情况下,山岭常常是由它们的组合形态所构成。由褶皱和断裂构造的组合形态构成的山岭称为褶皱断块山,这里曾经是构造运动剧烈和频繁的地区。

火山作用形成的山岭,常见的有锥状火山和盾状火山。锥状火山是多次火山活动造成的,其熔岩黏性较大、流动性小,冷却后便在火山口附近形成坡度较大的锥状外形,比如高达3758 m的日本富士山即为锥状火山。盾状火山是由黏性较小、流动性大的熔岩冷凝形成,故其外形呈基部较大、坡度较小的盾状,冰岛、夏威夷群岛的火山山地即为盾状火山。

剥蚀作用形成的山岭是在山体地质构造的基础上,经长期外力剥蚀作用所形成的。例如,地表流水侵蚀作用所形成的河间分水岭,冰川刨蚀作用所形成的刃脊、角峰,地下水溶蚀作用所形成的峰林等,都属于此类山岭。由于此类山岭的形成是以外力剥蚀作用为主,山体的构造形态对地貌形成的影响已退居不明显地位,所以此类山岭的形态特征主要取决于山体的岩性、外力的性质及剥蚀作用的强度和规模。

3.5.4 平原地貌

平原地貌是地壳在升降运动微弱或长期稳定的条件下,经过风化剥蚀夷平或岩石风化碎屑经搬运而在低洼地面堆积填平所形成的。平原地貌的形态特点是地势开阔平坦,地面高低起伏不大。

平原按高程可分为高原、高平原、低平原和洼地;按成因,可分为构造平原、剥蚀平原和堆积平原。

构造平原主要是由地壳构造运动形成而又长期稳定的结果。其特点是微弱起伏的地面与岩层面一致,堆积物厚度不大,基岩和地下水埋深较浅。构造平原可分为海成平原和大陆拗曲平原。海成平原是因地壳缓慢上升、海水不断后退所形成的,其地形面与岩层面基本一致,上覆堆积物多为泥沙和淤泥,工程地质条件不良,并与下伏基岩一起略微向海洋方向倾斜。大陆拗曲平原是因地壳沉降使岩层发生拗曲所形成,岩层倾角较大,在平原表面留有凸状或凹状的起伏形态,其上覆堆积物多与下伏基岩有关,两者的矿物成分很相似。

剥蚀平原是在地壳上升微弱、地表岩层高差不大的条件下,经外力的长期剥蚀夷平所形成的。其特点是地形面与岩层面不一致,在凸起的地表上,上覆堆积物很薄,基岩常裸露于地表;在低洼地段有时覆盖有厚度稍大的残积物、坡积物、洪积物等。按外力剥蚀作用的动力性质不同,剥蚀平原又可分为河成剥蚀平原、海成剥蚀平原、风力剥蚀平原和冰川剥蚀平原,其中较为常见的是前两种。河成剥蚀平原是由河流长期侵蚀作用所造成的侵蚀平原,亦称准平原,其地形起伏较大,并沿河流向上游逐渐升高,有时在一些地方则保留有残丘。海成剥蚀平原由海流的海蚀作用所造成,其地形一般极为平缓,并略微向现代海平面倾斜。

剥蚀平原形成后,往往因地壳运动变得活跃,剥蚀作用重新加剧,使剥蚀平原遭到破坏,故其分布面积常常不大。剥蚀平原的工程地质条件一般较好。

堆积平原是地壳在缓慢而稳定下降的条件下,经各种外力作用的堆积填平所形成。其特点是地形开阔平缓,起伏不大,往往分布有厚度很大的松散堆积物。按外力堆积作用的动力性质不同,堆积平原又可分为河流冲积平原、山前洪积冲积平原、湖积平原、风积平原和冰碛平原,其中较为常见的是前面3种。

3.6 特殊土的工程地质性质

第四纪地质年代是距今最新的地质年代,作为第四纪的沉积物,土是各类岩石经风化、搬运、沉积作用而成,未经固结成岩作用,是人类工程经济活动的主要地质环境。根据不同的地质作用、沉积环境、物质组成等,土的成因类型可分为残积土、坡积土、洪积土、冲积土、海洋土、湖积土、风积土等,其工程地质性质各异,前面已一一介绍。

土的性质和分类是土力学课程讨论的重点,在工程地质研究中主要关注特殊土的工程地质性质。特殊土指具有一定的分布区域或工程意义,同时具有特殊成分、状态和结构特征的土,这里主要介绍软土、湿陷性土、膨胀土、红黏土和冻土的工程地质特性。

3.6.1 软土

软土是天然含水量大、压缩性高、承载力和抗剪强度很低的呈软塑—流塑状态的黏性土。它是软黏性土、淤泥质土、淤泥、泥炭质土和泥炭的总称。

软土是在第四纪后期于沿海地区的滨海相、泻湖相、三角洲相和溺谷相,内陆平原或山区的湖相和冲积洪积沼泽相等静水或非常缓慢的流水环境中沉积,并经生物化学作用所形成的。我国软土主要分布于沿海平原地带、内陆湖盆、洼地及河流两岸地区。

我国软土具有以下特征:①软土的颜色多为灰绿、灰黑色,手摸有滑腻感,能染指,有机质含量高时有腥臭味。②软土的颗粒成分主要为粘粒和粉粒,粘粒含量高达60%~70%。③软土的矿物成分,除粉粒中的石英、长石、云母外,黏土矿物主要是伊利石,高岭石次之。此外,软土中常含有一定量的有机质,含量可达8%~9%。④软土具有典型的海绵状或蜂窝状结构,其孔隙比大,含水量高,透水性小,压缩性大,这是其强度低的重要原因。⑤软土具有层理构造,软土、薄层粉砂、泥炭层等相互交替沉积,或呈透镜体相间沉积,形成性质复杂的土体。

软土的天然含水量总是大于液限。软土的高含水量和高孔隙性特征是决定其压缩性和抗剪强度的重要因素。软土的渗透系数一般在 $i\times 10^{-6} \sim i\times 10^{-8}$ cm/s 之间。因此土层在自重或荷载作用下达到完全固结所需的时间很长。软土均属高压缩性土,其压缩系数 α_{1-2} 一般为 $0.7\sim 1.5$ MPa^{-1},而且压缩系数随着土的液限和天然含水量的增大而增高。软土的天然不排水抗剪强度一般小于 30 kPa。软土具有显著的结构性,一旦受到扰动,其结构受到破坏,土的强度显著降低,甚至呈流动状态。软土在不变的剪应力作用下,将连续产生缓慢的剪切变形,并可能导致抗剪强度的衰减。

所以在软土地基上修建建筑物,必须重视地基的变形和稳定问题。软土地基如果不作任何处理,一般不能承受较大的建筑物荷载,否则会出现地基的剪切破坏乃至滑动。此外,软土地基上建筑物的沉降比较大,而且,因软土沉降稳定时间比较长,建筑物基础的沉降往往会持续数年甚至数十年以上。

3.6.2 湿陷性黄土

凡天然黄土在一定压力作用下,受水浸湿后,土的结构迅速破坏,发生显著的湿陷变形,强度也随之降低的,称为湿陷性黄土。湿陷性黄土分为自重湿陷性和非自重湿陷性两种。黄土受水浸湿后,在上覆土层自重应力作用下发生湿陷的称自重湿陷性黄土;若在自重应力作用下不发生湿陷,而需在自重和外荷载共同作用下才发生湿陷的称为非自重湿陷性黄土。

在我国,湿陷性黄土占黄土地区总面积的 60% 以上,约为 40 万 km^2,而且又多出现在地表浅层,如晚更新世(Q_3)及全新世(Q_4)。新黄土或新堆积黄土是湿陷性黄土的主要土层,主要分布在黄河中游如山西、陕西、甘肃大部分地区以及河南西部,其次是宁夏、青海、河北的一部分地区,新疆、山东、辽宁等地局部也有发现。

我国湿陷性黄土的固有特征是:①颜色以黄色、褐黄色、灰黄色为主。②粒度成分以粉土颗粒(0.005~0.075 mm)为主,约占 60%。③结构疏松,孔隙多而大,孔隙比一般在 1.0 左右,或更大。④含有较多的可溶性盐类,如重碳酸盐、硫酸盐、氯化物。⑤无层理,具有垂直和柱状节理。⑥具有湿陷性。

湿陷性黄土塑性较弱,液限一般在 23~33 之间,塑性指数在 8~13 之间。含水量较低,天然含水量在 10%~25%,常处于坚硬或硬塑状态。抗水性弱,遇水强烈崩解,湿陷明显。密实度差,孔隙比较高,孔隙大,强度较高。天然状态的黄土虽然孔隙较多,但颗粒间联结较强,抗剪强度较高,压缩性中等,因此可形成高的陡坎或能在其中开挖窑洞。

湿陷性黄土的湿陷性以及湿陷性的强弱程度是黄土地区工程地质条件评价的主要内容。湿陷性黄土的湿陷一般总是在一定的压力下才能发生,低于这个压力时,黄土浸水不会发生显著湿陷,这个开始出现明显湿陷的压力,称为湿陷起始压力。这是一个很重要的指标,在工程设计中,若能控制黄土所受的各种荷载不超过起始压力则可避免湿陷。

3.6.3 膨胀土

膨胀土是指含有大量的强亲水性黏土矿物成分,具有显著的吸水膨胀和失水收缩且胀缩变形往复可逆的高塑性黏土。

膨胀土一般分布在盆地内岗,山前丘陵地带和二、三级阶地上。大多数是上更新世及以前的残坡积、冲积、洪积物,也有晚第三纪至第四纪的湖泊沉积及其风化层。我国是世界上膨胀土分布广、面积大的国家之一,据现有资料,在广西、云南、湖北、河南、安徽、四川、河北、山东、陕西、浙江、江苏、贵州和广东等地均有不同范围的分布。

膨胀土具有下列特征:①颗粒成分以黏土为主,颜色有灰白、棕黄、棕红、褐色等,黏土矿物多为蒙脱石和伊利石,这些颗粒比表面积大,呈现强亲水性。②天然状态下,膨胀土结构紧密,孔隙比小,干密度达 1.6~1.8 g/cm^3,塑性指数为 18~23,天然含水量接近塑限,处于硬塑状态。③裂隙发育是不同于其他土的典型特征。膨胀土裂隙有原生裂隙和次生裂隙,原生裂隙多闭合,裂面光滑,呈蜡状光泽;次生裂隙以风化裂隙为主,在水的淋滤作用下,裂面附近蒙脱石含量增高,呈白色,构成膨胀土中的软弱面,易引发膨胀土边坡失稳滑动。

膨胀土含水量低,呈坚硬或硬塑状。孔隙比小,密度大。高塑性,其液限、塑限和塑性指数均较高。具有膨胀力,其自由膨胀量一般超过 40%,甚至超过 100%。作为地基土,其承载能力较强;作为土坡,随着应力松弛,水的渗入,其长期强度很低,具有较小的稳定坡度。膨胀土易被误认为工程性能较好的土,但由于具有膨胀和收缩特性,在膨胀土地区进行工程建筑,如果不采取必要的设计和施工措施,会导致大批建筑物开裂和损坏,并往往造成坡地建筑场地崩塌、滑坡、地裂等严重的不稳定因素。

3.6.4 红黏土

红黏土是指碳酸盐类岩石(石灰岩、白云岩、泥灰岩等),在亚热带温湿气候条件下,经红土化作用形成的高塑性黏土。

红黏土广泛分布于我国的云贵高原、四川东部、广西、粤北及鄂西、湘西等地区的低山、丘陵地带顶部和山间盆地、洼地、缓坡及坡角地段。黔、桂、滇等地古溶蚀地面上堆积的红黏土层,由于基岩起伏变化及风化深度的不同,造成其厚度变化极不均匀,常见为 5~8 m,最薄为 0.5 m,最厚为 20 m。在水平方向近距离厚度相差可达 10 m。

红黏土具有如下特点:①红黏土的粘粒组分含量高,一般可达 60%~70%,粒度较均匀,高分散性。②红黏土的矿物成分除含有一定数量的石英颗粒外,大量的黏土颗粒主要由多水高岭石、水云母类、胶体二氧化硅及赤铁矿、三水铝土矿等组成,不含或极少含有机质。③红黏土颗粒周围的吸附阳离子成分以水化程度很弱的三价铁、铝为主。④常呈蜂窝状结构,常有很多裂隙(网状裂隙)、结核和土洞。

红黏土塑性和分散性高,液限一般为 50%~80%,塑限为 30%~60%,塑性指数一般为 20%~50%。天然含水量一般为 30%~60%,饱和度>85%,密实度低,大孔隙明显,孔隙比>1.0。液性指数一般都小于 0.4,呈坚硬和硬塑状态。强度较高,压缩性较低。不具湿陷性,但收缩性明显,失水后强烈收缩,原状土体收缩率可达 25%。

3.6.5 冻土

温度为 0℃或负温,含有冰且与土颗粒呈胶结状态的土称为冻土。根据冻土冻结延续时间可分为季节性冻土和多年冻土两大类。土层冬季冻结,夏季全部融化,冻结延续时间一般不超过一个季节,称为季节性冻土层,其下边界线称为冻深线或冻结线;土层冻结延续时间在 3 年或 3 年以上称为多年冻土。

季节性冻土在我国分布很广,东北、华北、西北是季节性冻结层厚 0.5 m 以上的主要分布地区;多年冻土主要分布在黑龙江的大小兴安岭一带、内蒙古纬度较大地区、青藏高原部分地区与甘肃、新疆的高山区,其厚度从不足 1 m 到几十米。

冻土由矿物颗粒、冰、未冻结的水和空气组成。其中矿物颗粒是主体,它的大小、形态、成分等对冻土性质有很大影响。冻土中的冰是冻土存在的基本条件,也是冻土各种工程性质的形成基础。

冻土具有整体结构、网状结构和层状结构 3 种结构形式。

整体结构是温度降低很快,冻结时水分来不及迁移和集中,冰晶在土中均匀分布,构成整体结构。网状结构是在冻结过程中,由于水分转移和集中,在土中形成网状交错冰晶,这种结构对土原状结构有破坏,融冻后土呈软塑和流塑状态,对建筑物稳定性有不良影响。层状结构是在冻结速度较慢的单向冻结条件下,伴随水分转移和外界水的充分补给,形成土层、冰透镜体和薄冰层相间的结构,原有土的结构完全被分割破坏,融化时产生强烈融沉。

多年冻土的构造是指多年冻土层与季节冻土层之间的接触关系,有衔接型和非衔接型两种构造,如图3-15。衔接型构造是指季节冻土的下限达到或超过了多年冻土层上限的构造,这是稳定的和发展的多年冻土区的构造。非衔接型构造是季节冻土的下限与多年冻土上限之间有一层不冻土,这种构造属于退化的多年冻土区。

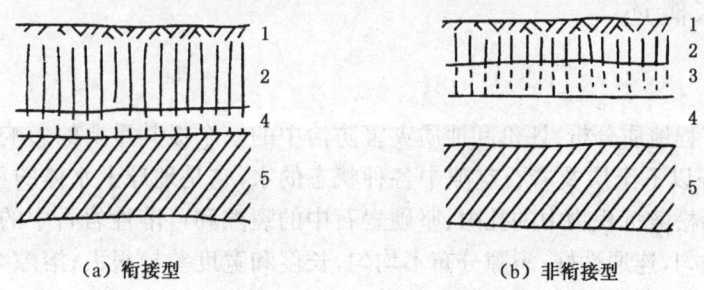

图3-15 多年冻土的构造类型
1—季节冻土层;2—季节冻土最大冻结深度变化范围;
3—融土层;4—多年冻土层;5—不冻层

冻土中水分因温度降低而结冰或由于温度升高而融化,土的工程性质都将受到不利的影响。土冻结时,由于水分结冰膨胀,土的体积增大,地基隆起,称为冻胀;融化时,土的体积缩小,地基沉降,称为融沉。冻胀和融沉都会对建筑物带来危害。因此,冻胀和融沉是冻土工程性质的两个重要方面。一般来说,对于季节性冻土,冻胀作用的危害是主要的;对于多年冻土,融沉作用的危害是主要的。

思考题

1. 风化作用有哪些类型?影响风化作用的因素有哪些?
2. 风化作用的产物有什么特点?
3. 试比较残积物、坡积物和洪积物的工程地质性质。
4. 为什么河流上游河谷深切,中下游河谷开阔?
5. 阶地是怎样形成的?可分为哪些类型?
6. 试述河流的地质作用方式。
7. 何谓地貌?地貌是如何分级与分类的?
8. 平原地貌按成因可分为哪几种?各有何特点?
9. 风积物有哪些特点?
10. 调查当地特殊土分布情况,分析该特殊土可能对工程建设产生的影响。

4 地下水的地质作用

4.1 地下水概述

地下水是工程地质分析、评价和地质灾害防治中的一个极其重要的影响因素。地下水是指埋藏在地表以下土层及岩石空隙中各种状态的水，它是地球上水体的重要组成部分。岩土的空隙包括松散沉积物中的孔隙、坚硬岩石中的裂隙和可溶性岩石中的溶隙。孔隙大小和分布比较均匀，连通性好；裂隙分布不均匀，长度和宽度差异很大；溶隙大小相差悬殊，分布不均匀且连通性更差。

岩土空隙中的水，除了因岩土颗粒表面带有电荷而吸引一部分结合水以外，储存在岩土空隙中的地下水有气态、液态和固态3种，但以液态为主。当水量少时，水分子受静电引力作用被吸附在碎屑颗粒和岩石的表面，称为吸着水（强结合水）；薄层状吸着水的厚度超过几百个水分子直径时，则为薄膜水（弱结合水）。吸着水和薄膜水因受静电引力作用，不能自由移动。当水将岩土空隙填满时，如果空隙较小，则水受表面张力作用，可沿空隙上升形成毛细水；如果空隙较大，水的重力大于表面张力，则水受重力的支配从高处向下渗流，形成重力水。重力水是地下水存在的最主要的形式，毛细水和重力水都是对土木工程有重大影响的液态水。

地下水是由渗透作用和凝结作用形成的。地下水在重力作用下不停地运动着，运动特性主要取决于岩土的透水性。岩土的透水性又和岩土中空隙的大小、数量和连通程度有着密切的关系，特别是空隙的大小具有决定性意义。岩土按其透水性的强弱分为透水的、半透水的和不透水的3类。透水的（有时包括半透水的）岩土层称为透水层。能透过并能给出相当数量水的岩土层称为含水层。不能透过并给出水，或者透过和给出水的数量微不足道的岩土层，称为隔水层。地表以下一定深度内存在着地下水面。地下水面以上，称为包气带；地下水面以下，称为饱水带。

地下水是一种重要的矿产资源，其分布很广，与人们的生产、生活和工程活动的关系也很密切。它一方面是饮用、灌溉和工业供水的重要水源之一，是宝贵的天然资源。但另一方面，它与土石相互作用，会使土体和岩体的强度和稳定性降低，产生各种不良的自然地质现象和工程地质现象，如滑坡、岩溶、潜蚀、地基沉陷、道路冻胀和翻浆等，给工程的施工和正常使用造成危害。在公路工程的设计和施工中，当考虑路基及隧道围岩的强度与稳定性、桥梁基础的埋深、施工开挖中的涌水等问题时，均需研究地下水的问题，研究地下水的埋藏条件、类型及其活动规律，以便采取相应的措施，保证结构物的稳定和正常使用。此外，地下水还会对工程建筑材料如钢筋混凝土等产生腐蚀作用，使结构物遭到破坏。工程中把与地下水有关的问题称为水文地质问题，把与地下水有关的地质条件称为水文地质条件。因此，掌握地下水及其地质作用特点,对于解决工程水文地质问题、对人类生活和经济建设都具有重要意义。

4.2 地下水类型

"地下水"这一名词有广义和狭义之分。广义的地下水是指赋存于地面以下岩土空隙中的水,包气带和饱水带中所有赋存于空隙中的水均属于广义的地下水。狭义的地下水仅指赋存于饱水带岩土空隙中的水。通常,在工程地质勘察报告的水文地质条件中所提到的地下水是指狭义的地下水。但是越来越多的研究表明,包气带和饱水带是不可分割的统一整体,现代水文地质学正处于由研究狭义地下水向研究广义地下水的转变之中。同时,考虑地下水在土木工程实践中的具体作用,我们从广义地下水角度进行分类。

地下水的分类方法有多种,并可根据不同的分类目的、不同的分类原则与分类标准,可以区分为多种类型体系。如按地下水的起源和形成,可分为渗入水、凝结水、埋藏水、岩浆水;按地下水的力学性质,可分为结合水、毛细水和重力水;按地下水的化学成分的不同,又有多种分类。但从地下水的赋存特征对其水量、水质时空的分布影响来说,特别重视按埋藏条件(赋存部位)和含水介质类型(赋存空间)的分类方法。所谓埋藏条件是指含水层在地质剖面中所处的及受隔水层限制的情况,据此可以将地下水分为包气带水(包括土壤水和上层滞水)、潜水和承压水;按照含水介质类型,将地下水分为孔隙水、裂隙水和岩溶水。见表4-1。

表 4-1 地下水分类表

埋藏条件	含水介质类型		
	孔隙水	裂隙水	岩溶水
包气带水	土壤水、上层滞水、毛细水	裂隙岩层浅部季节性存在的重力水及毛细水	可溶岩层中季节性存在的重力水
潜水	各类松散沉积物中的水	裸露于地表的裂隙岩层中的水	裸露的可溶岩层中的水
承压水	山间盆地及平原松散沉积物深部的水	构造盆地、向斜构造或单斜断块被掩覆的各类裂隙岩层中的水	构造盆地、向斜构造或单斜构造的可溶岩层中的水

4.2.1 按照埋藏条件分类

1) 包气带水

包气带(不饱和带)是指地表向下至较稳定的地下水面(潜水面)之间的土层或岩层,该地下水面以下称为饱水带,见图4-1。包气带水是指地下潜水面以上包气带中的水。包气带水主要有土壤水和上层滞水。

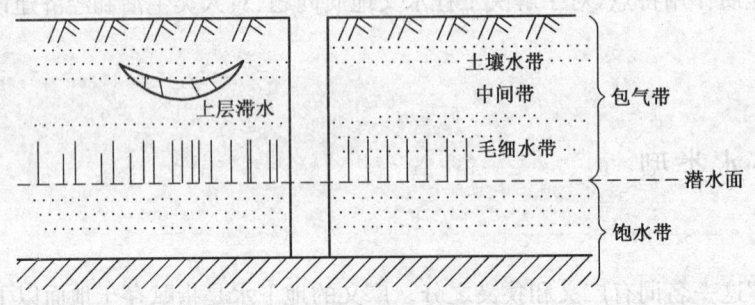

图 4-1 包气带和饱水带

(1) 土壤水

土壤水是包气带土壤孔隙中存在的和土壤颗粒吸附的各种形态水分的总称。有固态水、气态水和液态水 3 种，主要以结合水和毛细水形式存在。土壤水主要来源于降雨、降雪、灌溉水及潜水补给，主要消耗于蒸发和植物根系的吸收。土壤水的增长、消退和动态变化与降水、蒸发、散发和径流有密切的关系，受气候条件控制。

(2) 上层滞水

在包气带局部隔水层上积聚的具有自由水面的重力水称为上层滞水。上层滞水是一种局部的、暂时性的地下水，主要由雨水、融雪水等渗入时被局部隔水层阻滞而形成，消耗于蒸发及沿隔水层边缘下渗。上层滞水多分布于接近地表的包气带内，主要是靠大气降水和地表水下渗补给，分布区与补给区一致，其分布范围小，水量有限。分布范围和存在时间取决于隔水层的厚度和面积的大小，如果隔水层厚度小、面积小，则上层滞水分布范围较小，存在时间也较短；反之，如果隔水层厚度大、面积大，则上层滞水分布范围较大，存在时间也较长。由于接近地表和分布局限，上层滞水的季节性变化剧烈，动态变化不稳定，雨季水量增加，水位升高，会有一部分水向隔水层边缘流去补给潜水；旱季水量减少甚至完全消失，水位迅速降低，甚至可能全部蒸发和下渗到潜水中。上层滞水分布面积小，水量也小，季节变化大，容易受到污染，只能用作小型或暂时性供水水源；从供水角度看意义不大，但从工程地质角度看，上层滞水常常是引起土质边坡滑坍、黄土路基沉陷、路基冻胀等病害的重要因素，给工程设计和施工带来困难。

2) 潜水

饱水带中自地表向下第一个连续稳定的隔水层之上的含水层中，具有自由水面的重力水，称为潜水，见图 4-2。潜水的自由水面称为潜水面，潜水的标高称为潜水水位，潜水面至地面的垂直距离称为潜水埋藏深度，由潜水面往下到隔水层顶板之间充满重力水的部分称为含水层厚度。潜水的主要特征如下：

(1) 潜水的分布及潜水面的特征

潜水分布极广，主要存在于第四纪松散沉积物的孔隙中，在第四纪以前的某些松散沉积物及基岩的裂隙、空洞中也有分布。

潜水的自由水面称为潜水面，潜水的标高称为潜水位；地面至潜水面的垂直距离称为潜水的埋藏深度；潜水面往下至隔水层顶板之间的岩层称为潜水含水层，两者之间的距离称为含水层厚度。潜水面上任意两点的水位差与该两点的渗透距离之比称为潜水流水力坡度。

4 地下水的地质作用

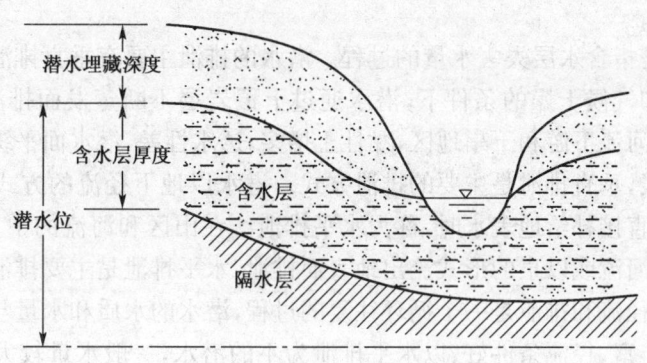

图 4-2 潜水埋藏示意图

潜水在重力作用下自水位高处向水位低处流动,形成潜水流。如遇大面积的不透水底板呈下凹状态,潜水面坡度近于零,潜水几乎静止不动,可形成潜水湖。潜水面的形状是潜水外在的表征,它一方面反映外界因素对潜水的影响,另一方面又可反映潜水本身的流向、水力坡度以及含水层厚度等一系列特性。潜水面虽然是一个自由水面,但由于受到埋藏地区的地表地形、含水层厚度、岩土层透水性以及人工抽水等因素的制约,可以呈现倾斜、抛物线形和水平等多种形状。总体上说,潜水面随地形条件变化,上下起伏,形成向排泄区斜倾的曲面,但曲面的坡度比地面起伏要平缓得多。含水层沿潜水流向厚度增大,潜水面坡度也变缓。若岩性颗粒变粗,则岩层透水性增强,潜水面坡度趋向平缓,反之则变陡。此外,如隔水底板向下凹陷,潜水汇集可形成前述之潜水湖,此时潜水面基本上呈水平状;在人工大规模抽水的条件下,一旦潜水补给速度低于抽水速度,潜水位逐步下降可使潜水面形成一个以抽水井为中心的漏斗状曲面。

(2) 潜水的补给、径流和排泄

由于潜水面上没有稳定的隔水层,潜水面通过包气带中的孔隙与地表相连通,所以大气降水和地表水下渗就成了潜水主要的补给来源。大气降水下渗补给水量取决于大气降水性质、地表植被覆盖情况、地面坡度、包气带岩土层的透水性及厚度等因素。对潜水补给最有利的自然条件是降雨历时长,强度不大,地表植被良好,地形平缓。时间短、雨量小的降水,补给量不大,甚至不能下渗到潜水面;短时间的大暴雨,大部分降水形成地表径流,补给潜水的也不多。只有长时间的连绵细雨,才能把大部分降水补给潜水。植被多的地区,降水不易流走,有利于下渗补给潜水;地面坡度越小越有利于下渗补给潜水。包气带岩土层透水性越大,厚度越小,大气降水能越多越快地下渗补给潜水。

一般情况下,潜水分布区与补给区基本一致。但也可不一致,如在河谷、山前平原地区的孔隙潜水分布区和补给区基本一致;而在山区的裂隙潜水、岩溶潜水则不一定一致。在某些大河的中下游,特别是在洪水季节,河水位高于两岸地下潜水位,此时地表水成为潜水的补给来源。在某些情况下,当潜水下部承压水(见下文承压水)水位高于潜水水位时,承压水通过弱透水层或断裂带补给潜水。在沙漠干旱地区,岩土层中气态凝结而成的液态水也是这些地区潜水的重要补给来源。

潜水的径流是指潜水由水位高处向水位低处流动的过程。影响径流的因素有地形坡度、地形切割程度、含水层的透水性,如地形坡度陡、地面被沟谷切割强烈、岩土层透水性好,径流条件就好。

潜水的排泄是指含水层失去水量的过程。潜水的排泄主要有垂直排泄和水平排泄两种方式。在埋藏浅和气候干燥的条件下,潜水通过上覆岩层不断蒸发而排泄时,称为垂直排泄。在平原地区、河流下游和干旱地区,黏性土增多,透水性差,潜水面平缓,水力坡度减小,潜水埋藏条件较浅,垂直排泄是主要的排泄方式。潜水以地下径流的方式补给相邻地区含水层,或溢出地表直接补给地表水时,称为水平排泄。在山区和河流的中上游地区,潜水埋藏较深,通过补给河流或以泉的形式流出地表而排泄,水平排泄是主要排泄方式。

潜水的补给、径流和排泄是一个循环往复的过程,潜水的水质和水量与三者有着密切的联系。补给来源丰富、径流条件好、以水平排泄为主的潜水,一般水量较大,水质较好,不容易引起地下水矿化度的显著变化;反之,则水量小、水质差。在潜水埋藏浅的地区,若以垂直排泄为主,随着水分的蒸发,水中所含的盐分则留在潜水及包气带岩土层内,使潜水矿化度增高,往往会引起土壤的盐渍化。

综上所述,潜水的特征可总结为:潜水面是一个仅承受大气压力的自由水面;潜水在重力作用下,由潜水位高处向低处做下降运动;潜水的分布区与补给区一致,易于补充恢复,易受污染;潜水的排泄方式有径流排泄和蒸发排泄两种;潜水动态具有季节性变化的特点。

3)承压水

埋藏并充满于两个稳定隔水层之间的含水层中承受水压力的地下重力水称为承压水。上隔水层称为承压水的隔水顶板,下隔水层称为承压水的隔水底板。当地下水充满承压含水层时,地下水在高水头补给的情况下具有明显的承压特性,由地面向下钻孔或挖井打穿隔水顶板时,水便会沿着钻孔或井显著上升,若水压较大,甚至能喷出地表形成自流,所以,承压水也称为自流水。承压水的主要特征如下:

(1)承压水的分布和蓄水构造

承压水主要分布在第四纪以前较老的岩层中,在某些第四纪沉积物岩性发生变化的地区也可能分布着承压水。承压水的蓄水构造是指能够储存地下水的地质构造。承压水的形成和分布特征与当地的地质构造有密切关系,最适宜形成承压水的地质构造主要有向斜构造和单斜构造。有承压水分布的向斜构造又称为自流盆地,有承压水的单斜构造又称为自流斜地。

① 向斜构造——自流盆地

向斜构造(自流盆地)是承压水形成和埋藏最有利的地方,一个完整的自流盆地可分为补给区 A、承压区 B 和排泄区 C 三部分,H_1 为负水头,H_2 为正水头,M 为含水层厚度,见图 4-3。

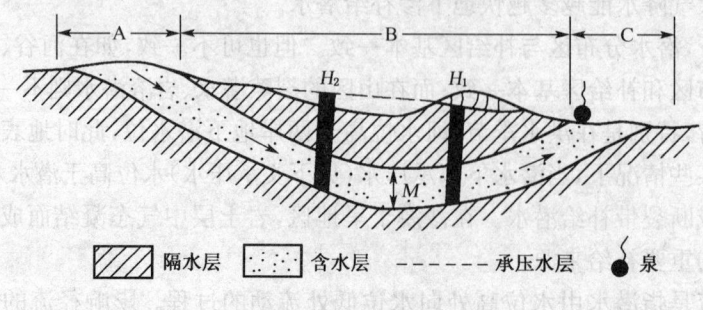

图 4-3 自流盆地承压水

补给区，多处于地形上较高的地区，含水层在自流盆地边缘出露于地表，它可接受大气降水和地表水的补给。在补给区，由于含水层之上并无隔水层覆盖，故地下水具有与潜水相似的性质。承压水压力水头的大小，在很大程度上取决于补给区出露地表的标高。

承压区，位于自流盆地的中部，是自流盆地的主体，分布面积较大，该区含水层全部被隔水层覆盖，地下水充满含水层并具有一定压力。当钻孔打穿隔水层顶板时，水便沿钻孔上升至一定高度，这个高度称为承压水位。承压水位到隔水层顶板间的垂直距离，即承压水上升的最大高度，称为承压水头(H)，隔水层顶板与底板间的垂直距离称为含水层厚度(M)。承压水头的大小各处不一，取决于含水层隔水顶板与承压水位间的高差，通常隔水层顶板相对位置越低，承压水头越高。如果承压水位高于地面高程，地下水便会沿钻孔涌出地面形成自流压力，这种压力水头称为正水头；如果地面高程高于承压水位，则地下水只能上升到地面以下的一定高度，这种压力水头称为负水头，见图4-3。地面标高与承压水位的差值称为地下水位埋深。承压水位高于地表的地区称为自流区，在此区，凡是钻到承压含水层的钻孔都能形成自流井，承压水沿钻孔喷出地表。将各点承压水位连成的面称为承压水面。

排泄区，与承压区相连，多分布在盆地边缘位置较低的地方，在此区承压水或补给潜水或补给地表水，有时则直接出露地面形成泉水流走。承压水深处隔水层顶板之下，不易产生蒸发排泄。

由此可见，在自流盆地中，承压水的补给区、承压区和排泄区是不一致的。构成自流盆地的含水层和隔水层也可能各有许多层，因此，承压水也可能不止一层，每个含水层的承压水也都有它自己的承压水位面。各层承压水之间的关系主要取决于地形与地质构造间的相互关系。当地形与地质构造一致，即都是盆地时，下层承压水水位高于上层承压水水位，见图4-4(a)。若上下层承压水间被断层或裂隙连通，两层水就发生了水力联系，下层水向上补给上层水；当地形为馒头状、地质构造仍为盆地状时，情况则相反，见图4-4(b)。

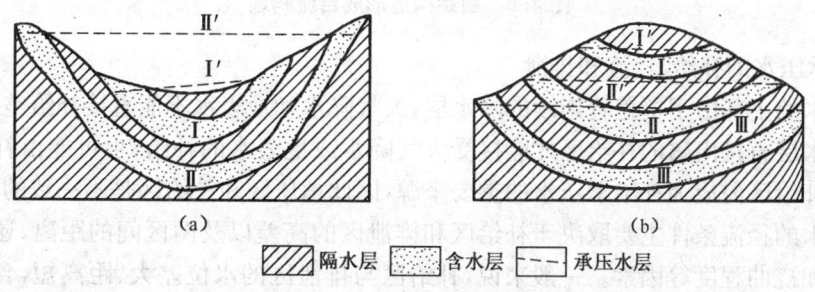

图4-4 多个含水层的自流盆地

② 单斜构造——自流斜地

单斜构造(自流斜地)，形成自流斜地的地质构造有两种情况。

一种是含水层的一端露出地表，另一端在地下某一深处尖灭，即岩性发生变化，见图4-5。这种自流斜地常分布在山前地带，含水层多由第四纪洪积物构成。含水层露出地表的一端接受大气降水或地表水下渗，是补给区；当补给量超过含水层能容纳的水量时，因下部被隔水层隔断，多余的水只能在含水层出露地带的地势低洼处以泉的形式排泄，故其补给区与排泄区是相邻的。

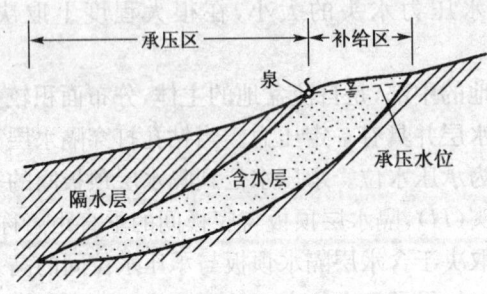

图 4-5　岩性变化形成自流斜地

另一种是含水层下部被断层截断形成的自流斜地。通常分布在单斜产状的基岩中，含水岩层一端出露于地表，成为接受大气降水或地表水下渗的补给区，另一端在地下某一深处被断层切断，并与断层另一侧的隔水层接触，见图 4-6。当断层带岩性破碎能够透水时，含水层中的承压水沿断层带上升，若断层带的地表处低于含水层地表处，则承压水可沿断层带喷出地表形成自流，以泉的形式排泄，断层带就成为这种自流斜地的排泄区。当断层带被不透水岩层充填时，这种自流斜地的特征就与图 4-5 所示的情况相同。

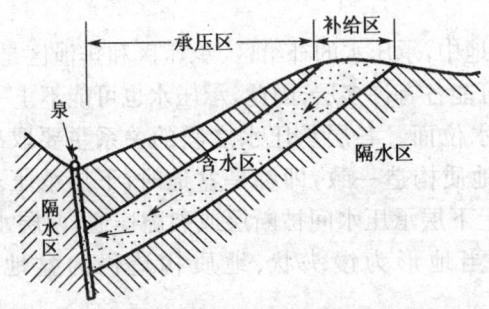

图 4-6　断裂构造形成自流斜地

(2) 承压水的补给、径流和排泄

承压水的上部由于覆盖着连续的隔水层，大气降水和地表水不能直接补给整个含水层，只有在含水层直接出露的补给区才能接受大气降水或地表水的补给，也可能由补给区外的潜水流入补给区内成为补给承压水的重要来源，因此承压区和补给区是不一致的。

承压水的径流条件主要取决于补给区和排泄区的高差以及两区间的距离，还有含水层的透水性和挠曲程度等因素。一般来说，补给区与排泄区的水位差大、距离短，含水层透水性好、挠曲程度小，则径流条件好；反之，径流条件差。

承压水的排泄方式有很多，由于承压水具有水头压力，所以不仅可以由补给区流向自流盆地或自流斜地的低处，而且可以由低处向上流至排泄区，并以上升泉的形式出露于地表，或者通过补给该区的潜水和地表水而得到排泄。

承压水的涌水量与含水层的分布范围、厚度、透水性及补给区和补给水源的大小等因素有关。含水层分布范围愈广、厚度愈大、透水性愈好，补给区面积大、补给来源充足，涌水量就大。同时,由于受隔水层的覆盖,所以受气候和其他水文因素的影响也较小,其水量变化不大,不易蒸发,且不易被污染,径流途程较长,故水质较好。

综上所述,承压水的特征可总结如下:承压含水层的顶面承受静水压力,其水面不是自由表面;分布区和补给区不一致;受外界影响相对较小,动态变化相对稳定;承压含水层分布范围较广,往往具有多年调节性;承压含水层厚度变化较小,不受降水季节变化的支配;承压水水质类型多样。

4.2.2 按照含水介质类型分类

1) 孔隙水

孔隙水是指赋存在松散沉积物颗粒间孔隙中的地下水。在我国,孔隙水主要储存于第四纪和第三纪未胶结的松散岩土层中。孔隙水最主要的特点是其分布及水量相对比较均匀,连续性好,多呈层状分布,同一含水层内水力联系密切,具有统一的地下水面,含水层的透水性、给水性等水理变化性质较小,在同一岩层中很少出现突变现象,一般在天然条件下呈层流运动。

孔隙水的分布和运动受沉积物类型和地貌的控制,特定沉积环境中形成的成因类型不同的松散沉积物,受到不同的水动力条件控制,从而呈现岩性与地貌有规律的变化,决定着赋存于其中的孔隙水的分布及其与外界的联系。下面就按沉积物的成因类型讨论孔隙水。

(1) 洪积物中的孔隙水

洪积物是山区洪流沿河槽流出山口,进入平原和盆地,不再受河槽的约束,地势突然转为平坦,集中的洪流转为辫状散流,水的流速顿减,搬运能力急剧降低,携带的碎屑物在山口处堆积而成的。洪积物常分布于山谷与平原交接部位或山间盆地的周缘,地形上构成以山口为顶点的扇形体或锥形体,故称洪积扇或冲积锥,见图 4-7 所示。

洪积扇的顶部多为砾石、卵石、漂石等,沉积物不显层理,或仅在其间所夹细粒层中显示层理;洪积扇的中部以砾、砂为主,并开始出现黏性土夹层,层理明显;洪积扇没入平原的部分,则为砂和黏性土的互层,见图 4-7 所示。

洪积物的沉积特征决定了其中的地下水具有明显的分带现象。主要分为 3 个带:潜水深埋带,潜水溢出带,潜水下沉带。

潜水深埋带——深埋带位于洪积扇上部,地面坡度大,沉积物粗,透水性好,来自大气降水、山区河水的补给条件好,径流条件好,蒸发微弱而溶滤强烈,水的矿化度小,由于地下水埋藏深,常达数十米,故称潜水深埋带,又称为盐分溶滤带。

图 4-7 洪积扇示意图

潜水溢出带——溢出带位于洪积扇中部,具有过渡特性,地形变缓,颗粒变细,透水性和潜水径流明显减弱,潜水埋深变浅,蒸发作用加强,水的矿化度增大,由于受透水性差的土层阻挡,常有泉溢出,所以称潜水溢出带,又称为盐分过渡带。

潜水下沉带——此带位于洪积扇前缘,其边缘常因冲积、湖积物交替沉积,形成复合堆积,透水性弱,径流缓慢,地下潜水主要消耗于蒸发,故称潜水下沉带。由于径流弱,蒸发强烈,地下水中盐分积累,矿化度很高,故又称为盐分堆积带。此带沉积物厚度大,深部常有延伸很远的沙层存在,可形成深层承压水。如潜水下沉带底部存在承压含水层,往往形成底部承压水的顶托补给。

(2) 冲积物中的孔隙水

冲积物分布于平原、山间盆地和山间谷地中,是经常性水流(河流)所形成的沉积物。河流的上、中、下游沉积特征不同。

河流的上游处于山区,卵砾石等粗粒物质及上覆的黏性土构成阶地,赋存潜水;上游的山间盆地常形成砂砾石河漫滩,厚度不大,河床狭窄,纵坡降大,水流急,冲积物的数量和规模均很小,漫滩和阶地不发育。卵砾石层的透水性强,因而补给与排泄条件好,由河水补给,水量丰富,地下水与河水水力联系密切,水质与河水接近,可作供水水源。

河流中游河谷变宽,形成宽阔的河漫滩和阶地。河漫滩常沉积有上细(粉细砂、黏性土)下粗(砂砾)的二元结构。有时上层构成隔水层,下层为承压含水层。河漫滩和低阶地的含水层常由大气降水、基岩裂隙水、地表河流补给,水量丰富,水质好,径流弱,砂砾石层的地下水量丰富,埋藏浅,矿化度低,是良好的供水水源。

河流的下游处于平原地区,地面坡降变缓,河流流速变小,承压水和潜水互层,沉积物透水性变差,降水、地表水补给,以蒸发排泄为主,含水层单层厚度变薄,薄层的粉细砂、亚砂土、亚黏土组成含水岩组。由于河流的堆积作用使河床淤积变浅,随着河床不断淤积抬高,常常造成河流游动改道,形成许多掩埋及暴露的古河道,其中多沉积粉细砂。暴露于地表的古河道,在改道点与现代河流相联系而接受其补给,其余部位由于砂层透水性好,利于接受降水补给,水量丰富。古河道由于地势较高,潜水埋深大,蒸发较弱,故地下水水质良好。古河道两侧岩性变细、地势变低、潜水埋深变浅、蒸发变强、矿化度增大,在干旱地区多造成土壤盐渍化。

(3) 湖积物中的孔隙水

湖积物属于静水沉积物,颗粒分选良好,层理细密,岸边沉积砂砾石等粗粒物质向湖心过渡为黏土与砂互层。当河流穿越湖泊时,在河流入湖口形成滨海三角洲沉积相的砂和砂砾石层。

沿岸边分布有砂堤,常埋藏有潜水,浅水处沉积物透水性好,有径流,水量丰富,水质较好,水动态季节变化明显。

向湖心过渡,以细粒淤泥质黏土沉积为主,夹有薄层细砂或中砂的透镜体可储存透水性较差的承压水,富水程度逐渐变差,水质不好,有淤泥臭味,排泄以蒸发作用为主,湖积物中的孔隙水与外界联系较差,补给困难,水资源一般不丰富。河流入湖口的三角洲沉积物常含有水量丰富的地下水,但是其地下水的矿化度一般很高,既有潜水,也有浅层承压水。

2) 裂隙水

埋藏在基岩裂隙中的地下水叫裂隙水。这种水运动复杂,水量变化较大,这与裂隙发育及成因有密切关系。

(1) 裂隙水的特征

① 裂隙水埋藏与分布极不均匀。这种不均匀性是由储水裂隙在岩石中分布的不均匀所引起的。岩石裂隙发育的处所，容易富集地下水；反之，裂隙不发育也就难以集聚地下水。裂隙水的这一特性，往往造成同一地区两个相邻的钻孔，它们的出水量可相差几十甚至上百倍。

② 裂隙水的动力性质比较复杂。由于基岩裂隙发育程度、裂隙大小、形状以及充填情况的不同，水在裂隙中的运动性质，诸如动水压力、流速等就不同，即使处在同一基岩中的孔隙水，也不一定具有统一的地下水面，水的运动不像孔隙水那样沿着多孔介质渗透，而是沿裂隙渗流及网脉状流动，而且其透水性往往在各个方向上呈现向异性的特点。

③ 基岩裂隙的发育具有明显的分带性。通常由地表向下随着深度的增加，裂隙率迅速递减，裂隙水在垂直方向上的运动亦存在分带现象，主要表现为渗透能力迅速减小，井孔的涌水量随着深度增加先是增大，到一定深度后又急剧减少。

(2) 裂隙水的类型

裂隙水主要分布于基岩广布的山区，平原地区一般仅埋藏于松散沉积物所覆盖之下的基岩中，在地表极少出露。按裂隙的成因不同，可分为风化裂隙水、成岩裂隙水及构造裂隙水。

① 风化裂隙水，是指分布在风化裂隙中的地下水，多数为层状裂隙水。由于风化裂隙彼此相连通，因此在一定范围内形成的地下水也是相互连通的水体，水平方向透水性均匀，垂直方向随深度而减弱，多属潜水，有时也存在上层滞水。如果风化壳上部的覆盖层透水性很差，其下部的裂隙带有一定的承压性。风化裂隙水主要受大气降水的补给，有明显的季节性循环交替性，常以泉的形式排泄于河流中。

② 成岩裂隙水，是指在岩石形成过程中由于冷凝、固结、干缩而形成的裂隙中的地下水。成岩裂隙水多呈层状分布，在一定范围内相互连通。当成岩裂隙岩层出露地表，接受大气降水或地表水补给时，则形成裂隙—潜水型地下水；当成岩裂隙岩层被隔水层覆盖时，则形成裂隙—承压水型地下水。由于同一岩体中不同层位岩层的成岩裂隙发育程度不同，因此成岩裂隙水的分布范围不一定和岩体的分布范围一致，成岩裂隙水的分布特点、水量大小及水质好坏主要取决于成岩裂隙的发育程度、岩石性质和补给条件。

③ 构造裂隙水，是指由于地壳的构造运动，岩石受挤压、剪切等应力作用下形成的构造裂隙中的地下水，其发育程度既取决于岩石本身的性质，也取决于边界条件及构造应力分布等因素。构造裂隙发育很不均匀，因而构造裂隙水分布和运动相当复杂。构造裂隙水可呈层状分布，也可呈脉状分布。当构造应力分布比较均匀且强度足够时，则在岩体中形成比较密集均匀且相互连通的张开性构造裂隙，赋存层状构造裂隙水。层状构造裂隙水可以是潜水，也可以是承压水。当构造应力分布相当不均匀时，岩体中张开性构造裂隙分布不连续，互不沟通，则赋存脉状构造裂隙水。由于裂隙分布不连续，所形成的裂隙各有自己独立的系统、补给源及排泄条件，水位不一致，水量小，水位水量变化大，同样可以是潜水，也可以是承压水。

裂隙水的分布、类型、补给、径流、排泄、水量及水质特征受裂隙成因、性质及发育程度的影响，所以只有深入研究裂隙发生、发展的变化规律，才能更好地掌握裂隙水的规律性。

3) 岩溶水

岩溶水是指赋存于可溶性岩石(如石灰岩、白云岩、石膏等)的溶蚀裂隙和溶洞中的地下水,又称喀斯特水。岩溶水的分布主要受岩溶发育规律控制。所谓岩溶是指水流与可溶岩石相互作用的过程以及伴随产生的地表及地下地质现象的总和。岩溶作用既包括化学溶解和沉淀作用,也包括机械破坏作用和机械沉积作用,因此,岩溶水在其运动过程中不断地改造着自身的赋存环境。

(1) 岩溶水的特征

① 分布上的不均匀性。岩溶水的不均匀性主要是由于可溶性岩石强烈的透水性,以及岩溶空隙在空间分布上的不均匀性所造成的。例如,石灰岩的原始孔隙很小,透水性能差,但经溶蚀以后产生的不同形状的溶隙,其渗透性能可比原始的孔隙增大千万倍,一些巨大的地下管道和洞穴,可成为地下暗河,加上岩溶发育程度在空间上的差异性,促使岩溶水在地区分布上存在严重的不均匀性。

② 地下径流动态不稳定,层流与紊流并存。这种不稳定性一方面表现为岩溶水的地下径流速度比其他类型的地下水流要快,各向异性强,即使处在同一水力系统内,不同过水断面上的渗透系数、水力坡度、渗流速度各不相同,往往是层流和紊流两种流态并存。另一方面还表现为岩溶水的水位与水量呈现强烈的季节性变化。其水位变幅可达几米甚至几十米,流量可相差几十甚至上百倍。

③ 地表径流与地下径流并存。由于受到岩溶程度差异、岩性以及构造条件、地貌形态变化等的影响,造成地表明流与地下暗河之间频繁交替转化的现象。地表水若遇到落水洞、溶洞和暗河时,河水会突然转入地下而成暗河;当地下径流遇到非可溶性岩或阻水断层的阻隔时,则常以泉或冒水洞的形式转化为地表明流。

(2) 岩溶水的类型

我国岩溶的分布比较广泛,尤其是广大西南地区。因此,岩溶水分布很普遍,水量丰富,对供水极为有利,但对矿床开采、地下工程和建筑工程等都会带来一些危害。根据岩溶水的埋藏条件,可分为岩溶上层滞水、岩溶潜水及岩溶承压水。

① 岩溶上层滞水。在厚层灰岩的包气带中,常有局部非可溶的岩层存在,起着隔水作用,在其上部形成岩溶上层滞水。

② 岩溶潜水。在大面积出露的厚层灰岩地区广泛分布着岩溶潜水。岩溶潜水的动态变化很大,水位变化幅度可达数十米。水量变化的最大值与最小值之差可达几百倍。这主要是受补给和径流条件影响,降雨季节水量很大,其他季节水量很小,甚至干枯。

③ 岩溶承压水。岩溶地层被覆盖或岩溶层与砂页岩互层分布时,在一定的构造条件下就能形成岩溶承压水。岩溶承压水的补给主要取决于承压含水层的出露情况。岩溶水的排泄多数靠导水断层,经常形成大泉或群泉,也可补给其他地下水,岩溶承压水动态较稳定。

大气降水是岩溶水的主要补给来源,它通过各种岩溶通道迅速地补给地下水。因此,岩溶水的动态与大气降水有十分密切的关系,水位、水量的变化幅度比较大,流量变化更大,而岩溶水承压水,其水位、流量相对比较稳定,受季节变化影响较小。岩溶水排泄的最大特征是排泄集中和排泄量大,排泄方式以暗河形式排入河流,或以泉的方式排出地表。

4.3 地下水对土木工程的影响

在土木工程建设中,地下水常起着重要作用。地下水对土木工程的不良影响主要有:地下水位上升,可引起浅基础地基承载力降低,地下水位下降会使地面产生附加沉降;不合理的地下水流动会诱发某些土层出现流砂现象和机械潜蚀;地下水位对位于水位以下的岩石、土层和建筑物基础产生浮托作用;某些地下水对混凝土产生腐蚀等。

4.3.1 潜水位上升引起的工程问题

潜水位上升可以引起很多岩土工程问题,主要包括:
(1) 潜水位上升后,由于毛细水作用可能导致土壤次生沼泽化、盐渍化,改变岩土体物理力学性质,增强岩土和地下水对建筑材料的腐蚀。在寒冷地区,可助长岩土体的冻胀破坏。
(2) 潜水位上升,原来干燥的岩土被水饱和、软化,降低岩土抗剪强度,可能诱发斜坡、岸边岩土体产生变形、滑移、崩塌失稳等不良地质现象。
(3) 崩解性岩土、湿陷性黄土、盐渍岩土等遇水后可能产生崩解、湿陷、软化,其岩土结构破坏,强度降低,压缩性增大。而膨胀性岩土遇水后则产生膨胀破坏。
(4) 潜水位上升,可能使洞室淹没,还可能使建筑物基础上浮,危及安全。

4.3.2 地下水位下降引起的工程问题

地下水位下降往往会引起地表塌陷、地面沉降、海水入侵、地裂缝的产生和复活以及地下水源枯竭、水质恶化等一系列不良现象。

1) 地表塌陷

地表塌陷是松散土层中所产生的突发性陷落,多发生于岩溶地区。由于地下水位下降改变了水动力条件,若在短距离内出现较大水位差,水力坡度变大,增强了地下水的潜蚀能力,对地层进行冲蚀、掏空,形成地下洞穴,当洞穴失去平衡时便发生地表塌陷。如地面水渠或地下输水管渗漏使局部地下水位上升,基坑降水引起地下水位局部下降。地表塌陷危害很大,破坏农田、水利工程、交通路线,引起房屋破裂倒塌、地下管道断裂。

2) 地面沉降

地下水位下降诱发地面沉降的现象可以用有效应力原理加以解释。地下水位的下降减小了土中的孔隙水压力,从而增加了土颗粒间的有效应力,有效应力的增加要引起土的压缩。许多大城市过量抽取地下水致使区域地下水位下降从而引发地面沉降就是这个原因。同理,由于在许多土木工程中进行深基础施工时,往往需要人工降低地下水位,若降水周期长、水位降深大、土层有足够的固结时间,则会导致降水影响范围内的土层产生固结沉降,轻者造成邻近的建筑物、道路、地下管线的不均匀沉降,重者导致建筑物开裂、道路破坏、管线错断等。人工降低地下水位导致土木工程的破坏还有另一个方面的原因。如果抽水井滤网和反滤层的设计不合理或施工质量差,那么抽水时会将土层中的粉粒、砂粒等细小土颗粒随同地下水一起带出地面,使降水井周围土层很快产生不均匀沉降,造成地面建筑物和地下管线不同程度的破坏。另外,当抽水时,在抽水井周围形成降水漏斗,在降水漏斗范围内的土层将发生附加沉降。由于土层的不均匀性和边界条件的复杂性,降水漏斗往往是不对称的,会使周围建筑物和地下管线产生不均匀沉降,甚至破坏。

3) 海(咸)水入侵

近海地区的潜水或承压含水层往往与海水相连,在天然状态下,陆地的地下淡水向海洋排泄,含水层保持较高的水头,淡水与海水保持某种动态平衡,因而陆地淡水含水层能阻止海水入侵。如果大量开发陆地地下淡水,引起大面积地下水位下降,可能导致海水向地下水含水层入侵,使淡水水质变坏。

4) 地裂缝的产生与复活

近年来,在我国很多地区发现地裂缝,西安是地裂缝发育最严重的城市。据分析这是地下水位大面积大幅度下降而诱发的。

5) 地下水源枯竭,水质恶化

盲目开采地下水,当开采量大于补给量时,地下水资源会逐渐减少,以致枯竭,造成泉水断流、井水枯干、地下水中有害离子量增多、矿化度增高。

4.3.3 地下水的渗透破坏

地下水的渗透破坏主要有潜蚀、流砂、管涌和基坑突涌4个方面。

1) 潜蚀

潜蚀作用可分为机械潜蚀和化学潜蚀两种。机械潜蚀是指土粒在地下水的动水压力作用下受到冲刷,挟走细小颗粒或溶蚀岩土体,使岩土体中孔隙不断增大,甚至形成洞穴,导致岩土体结构松动或破坏。化学潜蚀是指地下水溶解水中的盐分,使土粒间的结合力和土的结构破坏,土粒被水带走,形成洞穴的作用。这两种作用一般是同时进行的。潜蚀作用会破坏土体的强度,形成空洞,产生地表裂隙、塌陷,影响工程的稳定。在黄土和岩溶地区的岩土层中最容易发生潜蚀作用。

防止岩土层中发生潜蚀破坏的有效措施,原则上可分为两大类:一是改变地下水渗透的水动力条件,使地下水水力坡度小于临界水力坡度;二是改善岩土性质,增强其抗渗能力。如对岩土层进行爆炸、压密、化学加固等,增加岩土的密实度,降低岩土层的渗透性。

2) 流砂

流砂是指松散细小颗粒土被地下水饱和后,在动水压力即水头差的作用下产生的悬浮流动现象。地下水自下而上渗流时,当地下水的动水压力大于土粒的浮容重或地下水的水力坡度大于临界水力坡度时,使土颗粒间的有效应力等于零,土颗粒悬浮于水中,随水一起流出就会产生流砂。这种情况常常是由于在地下水位以下开挖基坑、埋设地下管道、打井等工程活动而引起的,所以流砂是一种工程地质现象。但是,在有地下水出露的斜坡、岸边或有地下水溢出的地表面也会发生。流砂多发生在颗粒级配均匀的粉细砂中,有时在粉土中也会产生。流砂发展的结果是使基础发生滑移或不均匀沉降、基坑坍塌、基础悬浮等。

流砂对岩土工程危害极大,所以在可能发生流砂的地区施工时应尽量利用其上面的土层作为天然地基,也可利用桩基穿透流砂层。总之,要尽量避免水下大开挖施工,若必需时,可以利用以下方法防治流砂:

(1) 人工降低地下水位。使地下水位降至可产生流砂的地层之下,然后再进行开挖。

(2) 打板桩。其目的一方面是加固坑壁,另一方面是改善地下水的径流条件,即增长渗透路径,减小地下水水力坡度及流速。

(3) 水下开挖。在基坑开挖期间,使基坑中始终保持足够水头,尽量避免产生流砂的水头差,增加基坑侧壁的稳定性。

(4) 可以用冻结法、化学加固法、爆炸法等处理岩土层,提高其密实度,减小其渗透性。

3) 管涌

地基土在具有某种渗透速度的渗透水流作用下,其细小颗粒被冲走,岩土的孔隙逐渐增大,慢慢形成一种能穿越地基的细管状渗流通路,从而掏空地基或坝体,使地基或斜坡变形、失稳,此现象称为管涌。管涌通常是由于工程活动引起的。但是,在有地下水出露的斜坡、岸边或有地下水溢出的地表面也会发生。

在可能发生管涌的地层中修建水坝、挡土墙及基坑排水工程时,为防止管涌发生,设计时必须控制地下水溢出带的水力坡度,使其小于产生管涌的临界水力坡度。防止管涌最常用的方法与防止流砂的方法相同,主要是控制渗流、降低水力坡度、设置保护层、打板桩等。

4) 基坑突涌

当深基坑下部有承压含水层存在,开挖基坑会减小含水层上覆隔水层的厚度,在隔水层厚度减小到一定程度时,承压水的水头压力能顶裂或冲毁基坑底板,造成突涌现象。基坑突涌会破坏地基强度,并给施工带来很大困难。所以,在进行基坑施工时,必须分析承压水头是否会冲毁基坑底部的黏性土层。

4.3.4 地下水的浮托作用

当建筑物基础底面位于地下水位以下时,地下水对基础底面产生静水压力,即产生浮托力。如果基础位于粉土、砂土、碎石土和节理裂隙发育的岩石地基上,则按地下水位100%计算浮托力;如果基础位于节理裂隙不发育的岩石地基上,则按地下水位50%计算浮托力;如果基础位于黏性土地基上,其浮托力较难确切地确定,应结合地区的实际经验考虑。

地下水不仅对建筑物基础产生浮托力,同样对其水位以下的岩体、土体产生浮托力。所以在确定地基承载力设计值时,无论是基础底面以下土的天然重度还是基础底面以上土的加权平均重度,地下水位以下一律取有效重度。

4.3.5 地下水对钢筋混凝土的腐蚀

1) 地下水中的主要化学成分

地下水对钢筋混凝土的腐蚀主要与地下水中的化学成分有关。地下水在流动和存储过程中,与周围岩土不断发生化学作用,使岩土中可溶成分以离子状态进入地下水,形成地下水的主要化学成分。地下水中化学成分以离子、化合物和气体3种状态出现。地下水中主要离子成分有:阳离子:H^+、Na^+、K^+、NH^{4+}、Mg^{2+}、Ca^{2+}、Fe^{2+};阴离子:OH^-、Cl^-、SO_4^{2-}、NO_2^-、NO_3^-、HCO_3^-、CO_3^{2-}、SiO_3^{2-}、PO_4^{3-}等。主要化合物成分有Fe_2O_3、Al_2O_3、H_2SiO_3等。主要气体成分有O_2、N_2、CO_2及H_2S等。

2) 腐蚀类型

地下水对建筑材料腐蚀类型分为以下4种:

(1) 溶出腐蚀

硅酸盐水泥遇水硬化,并且形成$Ca(OH)_2$、水化硅酸钙$CaOSiO_2 \cdot 12H_2O$、水化铝酸钙$CaOAl_2O_3 \cdot 6H_2O$等。地下水在流动过程中将上述生成物中的$Ca(OH)_2$和CaO成分不断溶解带走,使混凝土的强度降低。这种溶解作用不仅与混凝土的密度、厚度有关,而且还与地下水中HCO_3^-的含量关系很大,因为水中HCO_3^-与混凝土中$Ca(OH)_2$化合生成$CaCO_3$沉淀:

$$Ca(OH)_2 + Ca(HCO_3)_2 \longrightarrow 2CaCO_3 \downarrow + 2H_2O$$

由于$CaCO_3$不溶于水,它可填充混凝土的孔隙,在混凝土周围形成一层保护膜,能防止$Ca(OH)_2$的分解。因此,地下水中的HCO_3^-越高,水的侵蚀性就越弱。

(2) 碳酸腐蚀

地下水中以分子形式存在的CO_2,与前述混凝土中的$CaCO_3$反应,生成重碳酸钙$Ca(HCO_3)_2$并溶于水,即:

$$CaCO_3 + CO_2 + H_2O \rightleftharpoons Ca^{2+} + 2HCO_3^-$$

上述反应是可逆的:当CO_2含量增加时,平衡被破坏,反应向右进行,固体$CaCO_3$继续分解;当CO_2含量变少时,反应向左进行,固体$CaCO_3$沉淀析出。如果CO_2和HCO_3^-的浓度平衡时反应就停止。所以,当地下水中CO_2的含量超过平衡所需的数量时,混凝土中的$CaCO_3$就被溶解而受腐蚀,习惯上将超过平衡浓度的CO_2称为侵蚀性CO_2。地下水中侵蚀性CO_2越多,对混凝土的腐蚀就越强。地下水流量、流速都很大时,CO_2易补充,平衡难建立,因而腐蚀加快。

(3) 硫酸盐腐蚀

如果地下水中SO_4^{2-}的含量超过规定值,那么SO_4^{2-}将与混凝土中的$Ca(OH)_2$起反应,生成二水石膏结晶体$CaSO_4 \cdot 2H_2O$,这种石膏再与水化铝酸钙$CaOAl_2O_3 \cdot 6H_2O$发生化学反应,生成水化硫铝酸钙,这是一种铝和钙的复合硫酸盐,习惯上称为水泥杆菌。由于水泥杆菌结合了许多结晶水,因而其体积比化合前增大很多,约为原体积的221%,于是在混凝土中产生很大的内应力,使混凝土的结构遭受破坏。

(4) 镁盐腐蚀

地下水中的镁盐$MgSO_4$、$MgCl_2$等,与混凝土中的$Ca(OH)_2$发生反应,使$Ca(OH)_2$的含量降低,引起混凝土中其他水化物的分解破坏。例如:

$$MgSO_4 + Ca(OH)_2 \rightleftharpoons Mg(OH)_2 + CaSO_4$$
$$MgCl_2 + Ca(OH)_2 \rightleftharpoons Mg(OH)_2 + CaCl_2$$

Ca(OH)$_2$ 与镁盐作用的生成物中，除 Mg(OH)$_2$ 不易溶解外，CaCl$_2$ 则易溶于水，并随之流失。硬石膏 CaSO$_4$ 一方面与混凝土中的水化铝酸钙反应生成水泥杆菌；另一方面，硬石膏遇水生成二水石膏，二水石膏在结晶时，体积膨胀，破坏混凝土的结构。

地下水对钢筋的腐蚀主要是水的 pH、水中氯离子和硫酸根离子对钢筋的腐蚀。

地下水对混凝土建筑物的腐蚀是一项复杂的物理化学过程，除了与水中各种化学成分的单独作用及相互影响有关外，还与建筑物所处环境、使用水泥品种等因素有关，须综合考虑，在一定的工程地质与水文地质条件下，对建筑材料的耐久性影响很大。

思考题

1. 何谓地下水？
2. 地下水按埋藏条件可分为哪几种类型？它们有何不同？试简述之。
3. 地下水按含水介质可分为哪几种类型？它们有何不同？试简述之。
4. 试分别说明包气带水、潜水、承压水的形成条件及其与工程的关系。
5. 根据埋藏情况，裂隙水可分为哪几种类型？它们有何特征？
6. 地下水对土木工程主要有哪些方面的影响？

5 不良地质现象的工程地质问题

不良地质现象是指由于地质作用或人类活动所引起的地表和地下岩体的各种变形及运动,对工程建设具有危害性的地质现象。它泛指地球外动力作用为主引起的各种地质现象,如崩塌、滑坡、泥石流、岩溶、土洞、河流冲刷以及渗透变形等,它们既影响场地的稳定性,也对地基基础、边坡工程、地下洞室等具体工程的安全、经济和正常使用不利。

5.1 滑坡

斜坡上的部分岩体和土体在自然或人为因素的影响下沿某一明显的界面发生剪切破坏向下运动的现象称为滑坡。

5.1.1 滑坡的要素和特征

1) 滑坡的要素

一个发育完全的滑坡,一般具有如图 5-1 所示各要素。滑坡发生后,滑动部分和母体完全脱开,这个滑动部分就是滑坡体。它与其周围没有滑动部分在平面上的分界线称为滑坡周界。滑坡作向下滑动时,它和母体形成一个分界面,这个面称为滑动面。滑动面以下没有滑动的岩(土)体称为滑坡床。滑动面以上受滑动揉皱的地带,称为滑动带,厚几厘米到几米。滑坡体滑动速度最快的纵向线称为主滑线,或称滑坡轴,它代表整个滑坡的滑动方向,一般位于滑坡体上推力最大、滑床凹槽最深(滑坡体最厚)的纵断面上;在平面上可为直线或曲线。

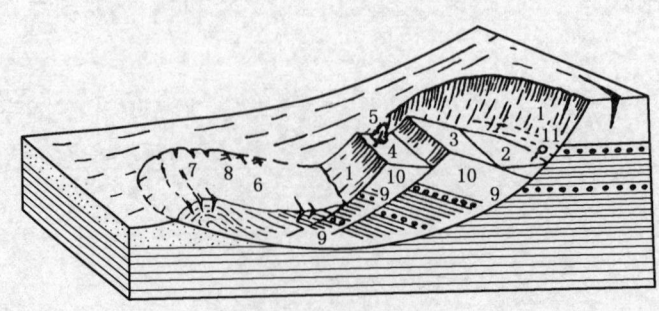

图 5-1 滑坡形态
1—滑坡壁;2—滑坡湖;3—第一滑坡阶地;4—第二滑坡阶地;5—醉汉林;
6—滑坡舌凹地;7—滑坡鼓丘和鼓胀裂缝;8—羽状裂缝;9—滑动面;10—滑坡体;11—滑坡泉

滑坡滑动后,滑坡体后部和母体脱开的分界面暴露在外面的部分,平面上多呈圈椅状外貌,称为滑坡壁。在滑坡体上部由于各段岩(土)体运动速度的不同所形成台阶状的滑坡错台,称为滑坡台阶,常为积水洼地。滑坡体与滑坡壁之间拉开成沟槽,成为四面高而中间低的封闭洼地,此处常有地下水出现或地表水汇集,成为清泉湿地或水塘。滑坡体向前滑动时如受到阻碍就形成隆起的小丘,称为滑坡鼓丘。滑坡体的前部向前伸出如舌头状,称为滑坡舌或滑坡头。

从外表上看,滑坡体各部还出现各种裂缝,如拉张裂缝(分布在滑坡体的上部,多呈弧形,与滑坡壁的方向大致吻合或平行,一般成连续分布,长度和宽度都较大,它是产生滑坡的前兆)、剪切裂缝(分布在滑坡体中部的两侧,缝的两侧还常伴有羽毛状裂缝)、鼓胀裂缝(分布在滑坡体的下部,因滑坡体下滑受阻,土体隆起而形成张开裂缝,它们的方向垂直于滑动力方向,分布较短,深度也较浅)以及扇形张裂缝(分布在滑坡体的中、下部,特别是在滑坡舌部分较多,因滑坡体滑到下部,向两侧扩散,形成张开的裂缝,在中部的与滑动方向接近平行,在滑舌部分则成放射状)。这些裂缝是滑坡不同部位受力状况和运动差异性的反映,对判别滑坡所处的滑动阶段和状态等很有帮助。如滑坡区纵向很长,上部剪切裂缝明显,下部不明显,则属推移式滑坡;反之,如滑坡作从下而上出现拉张裂缝,而下部剪切裂缝发育完全,上部断续,则多属牵引式滑坡。

2) 滑坡的特征

根据滑坡地表形态的特征,有助于识别新、老滑坡。现把堆积层滑坡和岩层滑坡的一些特征扼要说明如下。

堆积层滑坡常有如下主要特征:①其外形多呈扁平的簸箕形。②斜坡上有错距不大的台阶,上部滑壁明显,有封闭洼地,下部则常见隆起。③滑坡体上有弧形裂缝,并随滑坡的发展而逐渐增多。④滑动面的形状在均质土中常呈圆筒面,而在非均质土中则多呈一个或几个相连的平面。⑤在滑坡体两侧和滑动面上常出现裂缝,其方向与滑动方向一致。在黏性土层中,由于滑动时剧烈地摩擦,滑动面光滑如镜,并有明显的擦痕,呈一明一暗的条纹;在黏土夹碎石层中,滑动面粗糙不平,擦痕尤为明显。⑥滑坡体上树木歪斜,成为醉汉林。

岩层滑坡的主要特征是:①在顺层滑坡中,滑动床的对面多呈平面或多级台阶状,其形状受地貌和地质构造所限制,多呈 U 形或平板状;②滑动床多为具有一定倾角的软弱夹层;③滑动面光滑,有明显的擦痕;④滑坡壁多上陡下缓,在其两侧有互相平行的擦痕和岩石粉末;⑤在滑坡体的上、中部有横向拉张裂缝,大体上与滑动方向正交,而在滑坡床部位则有扇形张裂缝;⑥发生在破碎的风化岩层中的切层滑坡,常与崩塌现象相似。

当滑坡停止并经过较长时间后,可以看到:①台阶后壁较高,长满了草木,找不到擦痕;②滑坡平台宽大且已夷平,土体密实,地表无明显的裂缝;③滑坡前缘的斜坡较缓,土体密实,长满树木,无松散坍塌现象,前缘迎河部分多出露含大孤石的密实土层;④滑坡两侧的自然沟割切很深,已达基岩;⑤滑坡舌部的坡脚有清晰泉水出现;⑥原来的醉汉林又重新向上竖向生长,树干变成下部弯曲而上部竖直,形成所谓的"马刀树"(如图 5-2)等等,这些征象表明滑坡已基本稳定。

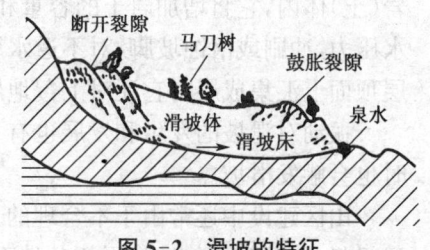

图 5-2 滑坡的特征

滑坡稳定后,如触发滑动的因素已经消失,滑坡就将长期稳定,否则还可能重新滑动或复活。

5.1.2 滑坡的形成条件

1) 滑坡发育的内部条件

产生滑坡的内部条件与组成边坡的岩土的性质、结构、构造和产状等有关。不同的岩土,它们的抗剪强度、抗风化和抗水的能力都不相同,如坚硬致密的硬质岩石,它们的抗剪强度大,抗风化能力强,在水的作用下岩性基本没有变化,由它们所组成的边坡往往不容易发生滑坡。而由页岩、片岩以及一般的土所组成的边坡就较易发生滑坡。岩(土)层层面、断层面、裂隙等的倾向对滑坡的发育也有很大的关系。这些部位又易于风化,抗剪强度也低。当它们的倾向与边坡坡面的倾向一致时,就容易发生顺层滑坡以及在堆积层内沿着基岩面滑动,否则反之。

边坡的断面尺寸对边坡的稳定性也有很大的关系。边坡越陡,其稳定性就越差,越易发生滑动。如果坡高和边坡的水平长度都相同,但一个是放坡到顶,而另一个却是在边坡中部设置一个平台,由于平台对边坡起了反压作用,就增加了边坡的稳定性。滑坡若要向前滑动,其前沿就必须要有一定的空间;否则,滑坡就无法向前滑动。

山区河流的冲刷、沟谷的深切以及不合理的大量切坡都能形成高陡的临空面,为滑坡的发育提供了良好的条件。

总之,当边坡的岩性、构造和产状等有利于滑坡的发育,并在一定的外部条件下引起边坡的岩性、构造和产状等发生变化时,就可能发生滑坡。

实践表明,在下列不良地质条件下往往容易发生滑坡:①当较陡的边坡上堆积有较厚的土层,其中有遇水软化的软弱夹层或结构面;②当斜坡上有松散的堆积层,而下伏基岩是不透水的,并且层面的倾角大于 20°时;③当松散堆积层下的基岩是易于风化或遇水会软化时;④当地质构造复杂,岩层风化破碎严重,软弱结构面与边坡的倾向一致或交角小于 45°时;⑤当黏土层中网状裂隙发育,并有亲水性较强的(如伊利土、蒙脱土)软弱夹层时;⑥原古、老滑坡地带可能因工程活动而引起复活时等等。

如前所述,仅仅具备上述内部条件,还只是具备了滑坡的可能性,还不足以立即发生滑坡,必须有一定的外部条件的补充和触发,才能使滑坡发生。

2) 滑坡发育的外部条件

产生滑坡发育的外部条件,主要有水的作用,不合理的开挖和坡面上的加载、振动、采矿等,而又以前两者为主。

调查表明,90%以上的滑坡与水的作用有关。水的来源不外乎大气降水、地表水、地下水、农田灌溉的渗水、高位水池和排水管道等的漏水等。但不管来源怎样,一旦水进入斜坡岩(土)体内,它将增加岩土的容重和使岩石软化,降低岩土的抗剪强度,产生静水压力和动水压力,冲刷或潜蚀坡脚,对不透水层土的上覆岩(土)层起了滑润作用,当地下水在不透水层顶面上汇集成层时它还对上覆地层产生浮力等等。

振动对滑坡的发生和发展也有一定的影响,如大地震时往往伴有大滑坡发生,大爆破有时也会触发滑坡。

山区建设中还常由于不合理的开挖坡脚或不适当的在边坡上填置弃土、建造房屋或堆置材料,以致破坏斜坡的平衡条件而发生滑动。

5.1.3 滑坡的防治原则和方法

防治滑坡应当贯彻早期发现,预防为主;查明情况,对症下药;综合整治,有主有从;治早治小,贵在及时;力求根治,以防后患;因地制宜,就地取材;安全经济,正确施工的原则。只有这样,才能达到事半功倍的效果。

防治滑坡的措施和方法有:

1) 避开

选择场址时,通过收集资料、调查访问和现场踏勘,查明是否有滑坡存在,并对场址的整体稳定性作出判断,对场址有直接危害的大、中型滑坡应避开为宜。

2) 消除或减轻水对滑坡的危害

水是促使滑坡发生和发展的主要因素,应尽早消除或减轻地表水和地下水对滑坡的危害,其方法有:

(1) 截

在滑坡体可能发展的边界 5 m 以外的稳定地段设置环形截水沟(或盲沟)和泄水隧洞,以拦截和旁引滑坡范围外的地表水和地下水,使之不进入滑坡区。

(2) 排

在滑坡区内充分利用自然沟谷,布置成树枝状排水系统,或修筑盲洞,布置垂直孔群及水平孔群等排除滑坡范围内的地表水和地下水。

(3) 护

在滑坡体上种植草皮及种植蒸腾量大的树木或在滑坡上游严重冲刷地段修筑"丁"字形坝,改变水流流向和在滑坡前缘抛石、铺石笼等以防地表水对滑坡坡面的冲刷或河水对滑坡坡脚的冲刷。

(4) 填

用黏土填塞滑坡体上的裂缝,防止地表水渗入滑坡体内。

3) 改善滑坡体力学条件,增大抗滑力

(1) 减与压

对于滑床上陡下缓、滑体头重脚轻的推移式滑坡,可在滑坡上部的主滑地段减重或在前部抗滑地段加填压脚,以达到滑体的力学平衡。对于小型滑坡可采取全部清除。

(2) 挡

设置支挡结构(加抗滑片石垛、抗滑挡墙、抗滑桩等)以支挡滑体或把滑体锚固在稳定地层上。由于破坏山体较少,有效地改善滑体的力学平衡条件,因此"挡"是目前用来稳定滑坡的有效措施之一。

4) 改善滑带土的性质

采用焙烧法、灌浆法、孔底爆破灌注混凝土砂井、砂桩、电渗排水及电化学加固等措施改变滑带土的性质,使其强度指标提高,以增强滑坡的稳定性。

5.2 崩塌

在山区比较陡峻的山坡上,巨大的岩体或土体在自重作用下脱离母岩,突然而猛烈地由高处崩落下来,这种现象称为崩塌。崩塌可以发生在河流、湖泊及海边的高陡岸坡上,也可以发生在公路路堑的高陡边坡上。规模巨大的崩塌也称山崩。由于岩体风化、破碎比较严重,山坡上经常发生小块岩石坠落,这种现象称为碎落。一些较大岩块的零星崩落称为落石。在崩塌地段修筑路基:小型的崩塌一般对行车安全及路基养护工作影响较大,雨季中的小型崩塌会堵塞边沟,引起水流冲毁路面、路基;大型崩塌不仅会损坏路面、路基,阻断交通,甚至会迫使放弃已成道路的使用。

经常发生崩塌的山坡坡脚,由于崩落物的不断堆积,就会形成岩堆。在岩堆地区,岩堆常沿山坡或河谷谷坡呈条带状分布,连续长度可达数千米至数十千米。在不稳定的岩堆上修筑建筑,容易发生边坡坍塌、地基沉陷及滑移等现象。

1) 崩塌的形成条件及因素

(1) 地形

险峻陡峭的山坡是产生崩塌的基本条件。山坡坡度一般大于45°,而以55°~75°者居多。

(2) 岩性

节理发达的块状或层状岩石,如石灰岩、花岗岩、砂岩、页岩等均可形成崩塌。厚层硬岩覆盖在软弱岩层之上的陡壁最易发生崩塌。

(3) 构造

当各种构造面,如岩层层面、断层面、错动面、节理面等,或软弱夹层倾向临空面且倾角较陡时,往往会构成崩塌的依附面。

(4) 气候

温差大、降水多、风大风多、冻融作用及干湿变化强烈,容易发生崩塌。

(5) 渗水

在暴雨或久雨之后,水分沿裂隙渗入岩层,降低了岩石裂隙间的粘聚力和摩擦力,增加了岩体的重量,更加促进崩塌的产生。

(6) 冲刷

水流冲刷坡脚,削弱了坡体支撑能力,使山坡上部失去稳定。

(7) 地震

地震会使土石松动,引起大规模的崩塌。

(8) 人为因素

如在山坡上部增加荷重,大爆破的震动等都可能引起崩塌。修建建筑、公路等开挖边坡过深、过陡,或者由于建筑切割了山坡下部使软弱结构面暴露,都会使边坡上部岩体失去支撑而引起崩塌。

2) 崩塌的防治

崩塌的治理应以根治为原则。当不能清除或根治时,可采取下列综合措施:

(1) 遮挡

可修筑明洞、棚洞等遮挡建筑物使线路通过。

(2) 拦截防御

当建筑物线路工程或线路工程与坡脚有足够距离时,可在坡脚或半坡设置落石平台、落石网、落石槽、拦石堤或挡石墙、拦石网。

(3) 支撑加固

在危石的下部修筑支柱、支墙。亦可将易崩塌体用锚索、锚杆固定在斜坡稳定的岩石上。

(4) 镶补勾缝

对岩体中的空洞、裂缝用片石填补、混凝土灌注。

(5) 护面

对易风化的软弱岩层,可用沥青、砂浆或浆砌片石护面。

(6) 排水

设排水工程以拦截疏导斜坡地表水和地下水。

(7) 刷坡

在危石突出的山嘴以及岩层表面风化破碎不稳定的山坡地段,可刷缓山坡。

5.3 泥石流

泥石流是山区特有的一种自然地质现象。它是由于降水(暴雨、融雪、冰川)而形成的一种挟带大量泥砂、石块等固体物质的特殊洪流,具有强大的破坏力。

泥石流是一种含有大量泥砂石块等固体物质,突然爆发,历时短暂,来势凶猛,具有强大破坏力的特殊洪流。泥石流与一般洪水不同。它爆发时,山谷雷鸣,地面震动,浑浊的泥石流体,仗着陡峻的山势,沿着峡谷深涧,前推后涌,冲出山外。往往在顷刻之间给人类造成巨大的灾害。如1973年7月,原苏联中亚小阿拉木图河谷突然发生强烈泥石流,巨大的水流向阿拉木图市方向倾泻。水流沿途捕获泥土、砂石及体积达45.3 m、重达120 t的巨大漂砾,形成了一股具有巨大能量的泥石流,瞬间摧毁了沿途所遇到的一切防护物。只有中心高112 m、宽500 m的专门石坝才抵住了此次巨大的冲击,使阿拉木图市免遭破坏。

在我国西南、西北和华北的一些山区均发育有泥石流,危害着山区的工农业生产和人民生活,故对泥石流及其防治的研究工作具有重要意义。

5.3.1 泥石流的分类及形成条件

分布在不同地区的泥石流,其形成条件、发展规律、物质组成、物理性质、运动特征及破坏强度等都具有差异性。

1) 按其流域的地质地貌特征分类

(1) 标准型泥石流

标准型泥石流是比较典型的泥石流。流域呈扇状,流域面积一般为十几至几十平方千米,能明显地区分出泥石流的形成区(多在上游地段,形成泥石流的固体物质和水源主要集中在此区)、流通区和堆积区(图5-3(a))。

(2) 河谷型泥石流

流域呈狭长形,流域上游水源补给较充分。形成泥石流的固体物质主要来自中游地段的滑坡和塌方。沿河谷既有堆积,又有冲刷,形成逐次搬运的"再生式泥石流"(图5-3(b))。

(3) 山坡型泥石流

流域面积小,一般不超过1 km²。流域呈斗状,没有明显的流通区。形成区直接与堆积区相连(图5-3(c))。

(a) 泥石流流域示意图　　(b) 河谷型泥石流流域示意图　　(c) 山坡型泥石流流域示意图

图5-3 泥石流

2) 按泥石流组成物质分类

泥流、泥石流和水石流,与形成区的地质岩性有关。

泥石流按其物理力学性质、运动和堆积特征可分为黏性泥石流(又称结构泥石流)和稀性泥石流(又称紊流型泥石流)。

黏性泥石流的特征是:

(1) 含有大量的细粒物质(黏土和粉土)。固体物质含量占40%~60%,最高可达80%。水和泥砂、石块凝聚成一个黏稠的整体,并以相同的速度作整体运动,大石块犹如航船一样漂浮而下。这种泥石流的运动特点,主要是具有很大的黏性和结构性。

(2) 黏性泥石流在开阔的堆积扇上运动时不发生散流现象,而是以狭窄的条带状向下奔泻,停积后仍保持运动时的结构。堆积体多呈长舌状或岛状。由于黏性泥石流在运动过程中有明显的阵流现象,使得堆积扇的地面坎坷不平,这与由一般洪水或冰水作用形成的山麓堆积扇显著不同。

(3) 黏性泥石流流经弯道时,有明显的外侧超高和爬高现象及截弯取直作用。在沟槽转弯处,它并不一定循沟床运行,而往往直冲沟岸,甚至可以爬越高达5~10 m的阶地、陡坎或导流堤坝,夺路外泄。同时,这种泥石流往往以突然袭击的方式骤然爆发,持续时间短,破坏力大,常在几分钟或几小时内把几万甚至几百万立方米的泥砂石块和巨砾搬出山外,造成巨大灾害。

稀性泥石流的特征是:

(1) 稀性泥石流是水和固体物质的混合物,其中水是主要成分,固体物质中黏土和粉土含量少,因而不能形成黏稠的整体,固体物质占10%～40%。这种泥石流的搬运介质主要是水,在运动过程中,水与泥砂组成的泥浆速度远远大于石块运动的速度,固液两种物质运动速度有显著的差异,属紊流性质,其中的石块以滚动或跃移的方式下泄。

(2) 稀性泥石流在堆积扇地区呈扇状散流,岔道交错,改道频繁,将堆积扇切成一条条深沟。这种泥石流的流动过程是流畅的,不易造成阻塞和阵流现象,停积之后,水与泥浆即慢慢流失,粗粒物质呈扇状散开,表面较平坦。

(3) 稀性泥石流有极强烈的冲刷下切作用,常在短暂的时间内把黏性泥石流填满的沟床下切成几米或十几米的深槽。

3) 泥石流的形成条件

根据泥石流的特征,要形成泥石流必须具备一定的条件。首先,流域内应有丰富的固体物质并能源源不断地补给泥石流;其次,要有陡峻的地形和较大的沟床纵坡;最后,在流域的中、上游,应有由强大的暴雨或冰雪强烈消融及湖泊的溃决等形式补给的充沛水源。凡是具备这3种条件的地区,就会有泥石流发育。此外,泥石流的形成除与山区的自然条件有关外,还和人类生产活动有密切关系。

(1) 地质条件

丰富的固体物质来源取决于地区的地质条件。凡泥石流十分活跃的地区都是地质构造复杂、断裂褶皱发育、新构造运动强烈、地震烈度大的地区。由于这些原因,致使地表岩层破碎,各种不良物理地质现象(如山崩、滑坡、崩塌等)层出不穷,为泥石流丰富的固体物质来源创造了有利条件。

(2) 地形特征

泥石流流域的地形特征也很重要,一般是山高沟深、地势陡峻、沟床纵坡大及流域形状便于水流的汇集等。完整的泥石流流域,上游多为三面环山、一面有出口的瓢状或斗状围谷。这样的地形既有利于承受来自周围山坡的固体物质,也有利于集中水流。山坡坡度多为30°～60°,坡面侵蚀及风化作用强烈,植被生长不良,山体光秃破碎,沟道狭窄。在严重的坍方地段,沟谷横断面形状呈V形。中游,在地形上多为狭窄而幽深的峡谷。谷壁陡峻(坡度在20°～40°),谷床狭窄,纵比降大,沟谷横断面形状呈U形。如通过坚硬的岩层地段,往往形成陡坎或跌水。大股泥石流常常迅速通过峡谷直泻山外。小股泥石流到此有时出现壅高停积现象。当后来的泥石流继续推挤时才一拥而出,成为下游所见破坏力很大的泥石流。泥石流的下游,一般位于山口以外的大河谷地两侧,多呈扇形或锥形,是泥石流得以停积的场所。

(3) 水文气象条件

形成泥石流的水源取决于地区的水文气象条件。我国广大山区形成泥石流的水源主要来自暴雨。暴雨量和强度越大,所形成的泥石流规模也就越大。如我国云南东川地区,一次在6小时内降雨量达180 mm,形成了历史上少见的特大暴雨型泥石流。在高山冰川分布地区,冰川积雪的强烈消融也会为形成泥石流提供大量水源、冰川湖,或由山崩、滑坡堵塞而成的高山湖的突然溃决,往往形成规模极大的泥石流。这样的例子在西藏东南部是很多的。

(4) 人类的经济活动

除自然条件外,人类的经济活动也是影响泥石流形成的一个因素。在山区建设中,由于开发利用不合理,就会破坏地表原有的结构和平衡,造成水土流失,产生大面积坍方、滑坡等,这就为形成泥石流提供了固体物质,使已趋稳定的泥石流沟复活,向恶化方向发展。

从形成泥石流的条件中可以看出,泥石流流域内固体物质的产生过程(即岩石性质的变化,岩体的破碎)是一个漫长的逐渐积累的过程,而固体物质补给泥石流又常常是以突然性的山崩、滑坡、崩塌等方式来实现的。当这些固体物质崩落在陡峻的沟谷中与湍急的水流相遇时,才能形成泥石流。总之,固体物质的积累过程(包括水对固体物质的浸润饱和和搅拌过程),较之泥石流的突然爆发,是一个缓慢的孕育过程。当这个过程完成时,随之而来的就是来势凶猛的泥石流了。这一特点,对于我们认识泥石流的分布规律、爆发率及其特征具有重要意义。

根据泥石流的形成条件,泥石流具有一定的区域性和时间性的特点。泥石流在空间分布上,主要发育在温带和半干旱山区以及有冰川分布的高山地区。在时间上,泥石流大致发生在较长的干旱年头之后(积累了大量的固体物质),而多集中在强度较大的暴雨年份(提供了充沛的水源动力)或高山区冰川积雪强烈消融时期。

我国泥石流主要分布于西南、西北和华北山区。如四川西部山区,云南西部和北部山区,西藏东部和南部山区,秦岭山区,甘肃东南部山区,青海东部山区,祁连山、昆仑山及天山山区,华北太行山和北京西山地区,以及鄂西、豫西山区等等。

5.3.2 泥石流的防治

泥石流的发生和发展原因很多,因此对泥石流的防治应根据泥石流的特征、破坏强度和工程建筑的要求来拟定,采取综合防治措施。

1) 预防措施

上游水土保持,植树造林,种植草皮,以巩固土壤,不受冲刷,不使流失。治理地表水和地下水,修筑排水沟系,如截水沟等,以疏干土壤或不使土壤受浸湿。修筑防护工程,如沟头防护、岸边防护、边坡防护,在易产生坍塌、滑坡的地段做一些支挡工程,以加固土层,稳定边坡。

2) 治理措施

有拦截、滞流、利导和输排措施。

(1) 拦截措施

在泥石流沟中修筑各种形式的拦渣坝,如石笼坝、格栅坝,以拦截泥石流中的石块。设置停淤场,将泥石流中固体物质导入停淤场,以减轻泥石流的动力作用。其中有一种特殊类型的坝,即格栅坝(图5-4)。这种坝是用钢构件和钢筋混凝土构件装配而成的形似栅状的建筑物,它能将稀性泥石流、水石流携带的大石块经格栅过滤停积下来,形成天然的石坝,以缓冲泥石流的动力作用,同时使沟段得以稳定。泥石流拦挡坝的作用,一是拦蓄泥砂石块等固体物质,减弱泥石流的规模;二是固定泥石流沟床,平缓纵坡,减小泥石流流速,防止沟床下切和谷坡坍塌。为了防止规模巨大的泥石流破坏重要城市,往往需要修筑高大的泥石流拦挡坝。

(2) 滞流措施

在泥石流沟中修筑各种低矮拦挡坝(又称谷坊坝)(图5-5),泥石流可以漫过坝顶。坝的作用是拦蓄泥砂石块等固体物质,减小泥石流的规模,固定泥石流沟床,防止沟床下切和谷坊坍塌,平缓纵坡,减小泥石流流速。

图 5-4　格栅坝

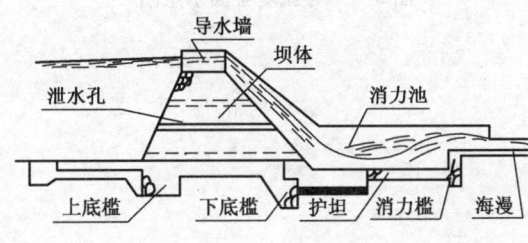

图 5-5　谷坊坝

（3）输排和利导措施

在下游堆积区修筑排洪道、急流槽、导流堤等设施,以固定沟槽,约束水流,改善沟床平面等。

（4）排洪道

排洪道是排导泥石流的工程建筑物,能起到顺畅排泄泥石流的作用。根据泥石流的特点,排洪道应尽可能直线布置。为了便于大河带走泥石流宣泄下来的固体物质,排洪道出口与大河交接以锐角为宜(图 5-6);排洪道与大河衔接处的标高应高于同频率的大河水位,至少应高出 20 年一遇的大河洪水位,以免大河顶托而导致排泄道淤积。排洪道的纵坡、横断面、深度等,要根据当地情况具体考虑。

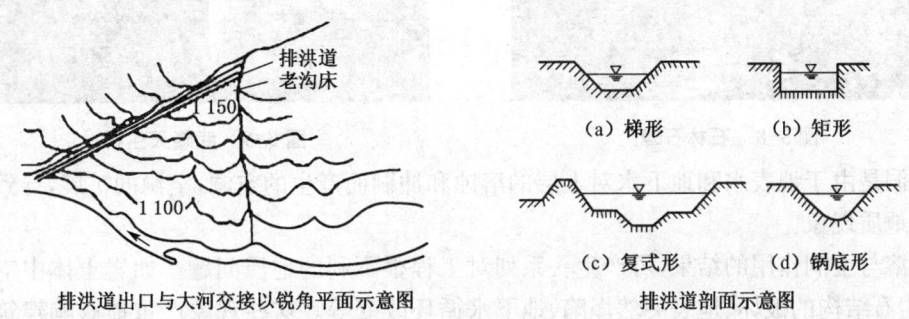

图 5-6　排洪道示意图

（5）导流堤

在可能受到泥石流威胁的范围内有建筑物时,要修筑导流堤,以确保建筑物的安全。导流堤的平面位置是位于建筑物的一侧,并且必须从泥石流出口处筑起(图5-7)。

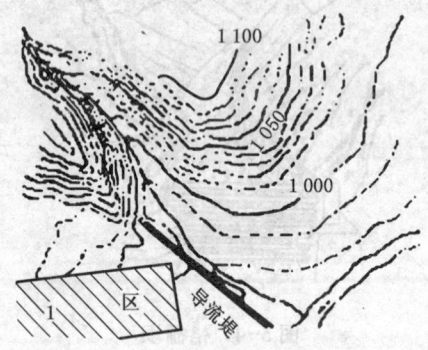

图5-7 导流堤平面示意图

5.4 岩溶及土洞

岩溶也称喀斯特(Karst),它是由于地表水或地下水对可溶性岩石溶蚀的结果而产生的一系列地质现象,如溶沟、溶槽、溶洞、暗河、天生桥等。如图5-8和图5-9。

图5-8 石林石峰

图5-9 武隆天生桥

土洞是由于地表水和地下水对上层的溶蚀和冲刷而产生的空洞,空洞的扩展,导致地表陷落的地质现象。

岩溶与土洞作用的结果,可产生一系列对工程很不利的地质问题。如岩土体中空洞的形成、岩石结构的破坏、地表突然塌陷、地下水循环改变等。这些现象严重地影响建筑场地的使用和安全。在水利水电建设中,岩溶造成的库水渗漏是水工建设中主要的工程地质问题。在岩溶地区修建隧洞,一旦揭穿高压岩溶管道水时,就会造成大量突水,有时夹带泥沙喷射给施工带来严重困难,甚至掩没坑道,造成机毁人亡事故。在地下洞室施工中遇到巨大溶洞时,洞中高填方或桥跨施工困难,造价昂贵,有时不得不另辟新道,因而延误工期。在岩溶地区修筑公路时,由于地下岩溶水的活动,导致路基基底冒水、水淹路基、水冲路基及隧道涌水等。

5.4.1 岩溶

1) 岩溶的主要形态

在可溶性岩石分布地区,溶蚀作用在地表和地下形成一系列溶蚀现象,称为岩溶的形态特征。这些形态既是岩溶区所特有的,使该地区地表形态奇特,景色优美别致,常被开发为旅游景点,如广西桂林山水和云南石林;同时,这些形态,尤其是地下洞穴、暗河,也是造成工程地质问题的根源。常见的岩溶形态有溶沟(槽)、石芽、漏斗、溶蚀洼地、坡立谷、溶蚀平原等,地下岩溶形态有落水洞(井)、溶洞、暗河等,如图 5-10 所示。

图 5-10 岩溶地貌景观示意图
1—溶沟;2—石芽;3—溶斗;4—溶洼;5—落水洞;6—溶洞;7—溶柱;8—天生桥;
9—地下河及伏流;10—地下湖(暗湖);11—石钟乳;12—石笋;13—石柱;
14—隔水层;15—河谷阶地;Ⅰ—岩溶剥蚀;Ⅱ—强烈剥蚀面上发育溶沟、
溶芽和溶斗;Ⅲ—石林丘陵;Ⅳ—洼地、谷地发育带;Ⅴ—溶蚀平原(溶原)

(1) 溶沟溶槽

溶沟溶槽是微小的地形形态,它是生成于地表岩石表面,由于地表水溶蚀与冲刷而成的沟槽系统地形。溶沟溶槽将地表刻切成参差状,起伏不平,这种地貌称为溶沟原野,这时的溶沟溶槽间距一般为 2~3 m。当沟槽继续发展,以致各沟槽互相沟通,在地表上残留下一些石笋状的岩柱,这种岩柱称为石芽。石芽一般高 1~2 m,多沿节理有规则地排列。

(2) 漏斗

漏斗是由地表水的溶蚀和冲刷并伴随塌陷作用而在地表形成的漏斗状形态。漏斗的大小不一,近地表处直径可大到上百米,漏斗深度一般为数米。漏斗常成群地沿一定方向分布,常沿构造破碎带方向排列。漏斗底部常有裂隙通道,通常为落水洞的生成处,使地表水能直接引入深部的岩溶化岩体中。如果漏斗底部的通道被堵塞,则漏斗内积水而成湖泊。

(3) 溶蚀洼地

溶蚀洼地是由许多漏斗不断扩大会合而成。平面上呈圆形或椭圆形,直径由数米到数百米。溶蚀洼地周围常有溶蚀残丘、峰丛、峰林,底部有漏斗和落水洞。

(4) 坡立谷和溶蚀平原

坡立谷是一种大型的封闭洼地,也称溶蚀盆地。面积由几平方千米到数百平方千米,坡立谷再发展而成溶蚀平原。在坡立谷或溶蚀平原内经常有湖泊、沼泽和湿地等。底部经常有残积洪积层或河流冲积层覆盖。

(5) 落水洞和竖井

落水洞和竖井皆是地表通向地下深处的通道,其下部多与溶洞或暗河连通。它是岩层裂隙受流水溶蚀、冲刷扩大或坍塌而成,常出现在漏斗、槽谷、溶蚀洼地和坡立谷的底部,或河床的边部,呈串珠状排列。

(6) 溶洞

溶洞是由地下水长期溶蚀、冲刷和塌陷作用而形成的近于水平方向发育的岩溶形态。溶洞早期是作为岩溶水的通道,因而其延伸和形态多变,溶洞内常有支洞、钟乳石、石笋和石柱等岩溶产物。这些岩溶沉积物是由于洞内的滴水为重碳酸钙水,因环境改变释放 CO_2,使碳酸钙沉淀而成。

(7) 暗河

暗河是地下岩溶水汇集和排泄的主要通道。部分暗河常与地面的沟槽、漏斗和落水洞相通,暗河的水源经常通过地面的岩溶沟槽和漏斗经落水洞流入暗河内。因此,可以根据这些地表岩溶形态分布位置,概略地判断暗河的发展和延伸。

(8) 天生桥

天生桥是溶洞或暗河洞道塌陷直达地表而局部洞道顶板不发生塌陷,形成的一个横跨水流的石桥。天生桥常为地表跨过槽谷或河流的通道。

2) 岩溶的形成条件

岩溶的形成是由于水对岩石的溶蚀结果,因而其形成条件是必须有可溶于水而且是透水的岩石;同时,水在其中是流动的、有侵蚀力的。也就是说,造成岩溶的物质基础有两个方面——岩体和水质,而水在岩体中是流动的。

(1) 岩体

岩体首先是可溶解的。根据岩石的溶解度,能造成岩溶的岩石可分为三大组:

① 碳酸盐类岩石,如石灰岩、白云岩和泥灰岩。

② 硫酸盐类岩石,如石膏和硬石膏。

③ 卤素岩石,如岩盐。

这 3 组岩石中以碳酸盐类岩石的溶解度最低,但当水中含有碳酸时,其溶解度将剧烈增加。应该指出,在碳酸盐类矿物中分布最广的有方解石和白云石,其中方解石的溶解度比白云石大得多。第二组为硫酸盐类岩石,其溶解度远远大于碳酸盐类岩石,硬石膏在蒸馏水中的溶解度几乎等于方解石的 190 倍。第三组是卤素岩石,如岩盐,其溶解度比前两类岩石都大。就我国分布的情况来看,以碳酸盐特别是石灰岩分布最广,其次为石膏和硬石膏,岩盐最少。

岩体不仅是由可溶解的岩石组成,而且岩体必须具有透水性能,这样才有发展岩溶的可能性。岩体的透水性要注意两个方面:一是可溶岩石本身的透水性,这就是说在岩石内要有畅通水流的孔隙；二是在岩体内要有裂隙，它们往往成为地下水流畅通的通道，是造成岩溶最发育之所在地。裂隙类型很多，而造成岩溶的裂隙以构造裂隙和层理裂隙影响最大，它是造成深处岩溶发育的必要条件之一。

（2）水质

岩体中是有水的，特别是在地下水位以下的岩体。大家知道，天然水是有溶解能力的，这是由于水中含有一定量的侵蚀性 CO_2。当含有游离 CO_2 的水与其围岩的碳酸钙（$CaCO_3$）作用时，碳酸钙被溶解，这时其化学作用如下：

$$CaCO_3 + CO_2 + H_2O \rightleftharpoons Ca^+ + 2HCO_3^-$$

这种作用是可逆的，即溶液中所含的部分 CO_2 在反应后处于游离状态。一定的游离 CO_2 含量相应于水中固体 $CaCO_3$ 处于平衡状态时一定的 HCO_3^- 含量，这一与平衡状态相应的游离 CO_2 量称为平衡 CO_2。如果水中的游离 CO_2 含量比平衡所需的数量要多，那么这种水与 $CaCO_3$ 接触时就会发生 $CaCO_3$ 的溶解。这一部分与碳酸钙发生反应的碳酸称为侵蚀性 CO_2。

确定水中的侵蚀性 CO_2 是有意义的，因为水中含侵蚀性 CO_2 越多，则水的溶蚀能力就越大。在我国发生岩溶的地方几乎是在石灰岩层中产生的。如果水中含有过多侵蚀性 CO_2，无疑这里岩溶发育是剧烈的。但是水中侵蚀性 CO_2 的含量是随水的活动程度不同而不同的，为此下面着重讨论水在岩体中的活动。

（3）水在岩体中的活动

水在可溶岩体中活动是造成岩溶的主要原因。它主要表现为水在岩体中流动，地表水或地下水不断交替。因而造成水流一方面对其围岩有溶蚀能力，另一方面造成水流对其围岩的冲刷。

地下水或地表水主要来源于大气降水的补给。而大气中是含有大量 CO_2 的，这些 CO_2 就溶解于大气降水中，造成水中含有碳酸。这里应指出，土壤与地壳上部强烈的生物化学作用经常排出 CO_2，这就使水在渗入地下的过程中将碳酸携带走，这样使水具有溶解可溶性岩石的能力。但水是流动的，不管是地表水还是地下水。如为地表水则在地表的可溶岩石表面的凹槽流动，一方面溶解围岩，另一方面流水有动力的结果，又同时冲刷围岩，于是产生了溶沟溶槽和石芽。地下水在向地下流动的过程中，与岩石相互作用而不断地耗费了其中具有侵蚀性的二氧化碳，这样造成了地下水的溶解能力随深度的加深而减弱。再加上深部水的循环较慢，溶解能力及冲刷能力大大减少，使深部的岩溶作用减弱。

岩溶地区地下水对其围岩的溶解作用和冲刷作用是同时发生的。但是在一些裂隙或小溶洞中溶蚀作用占主要地位。而在一些大的地下暗河中，地下水的冲刷能力很强，这时溶解能力已退居次要地位了。

（4）岩溶的垂直分带

在岩溶地区地下水流动有垂直分带现象，因而所形成的岩溶也有垂直分带的特征。

① 垂直循环带（或称包气带）

垂直循环带位于地表以下，地下水位以上。这里平时无水，只有降水时有水渗入，形成垂直方向的地下水通道。如呈漏斗状的称为漏斗，成井状的称为落水洞。大量的漏斗和落水洞等多发育于本带内。但是应注意，在本带内如有透水性差的凸镜体岩层存在时，则形成悬挂水或称上层滞水,于是岩溶作用形成局部的水平或倾斜的岩溶通道。

② 季节循环带(或称过渡带)

季节循环带位于地下水最低水位和最高水位之间,本带受季节性影响,当干旱季节时,地下水位最低,这时该带与包气带结合起来,渗透水流成垂直下流;而当雨季时,地下水上升为最高水位,该带则为全部地下水所饱和,渗透水流则成水平流动,因而在本带形成的岩溶通道是水平的与垂直的交替。

③ 水平循环带(或称饱水带)

水平循环带位于最低地下水位之下,常年充满着水,地下水作水平流动或往河谷排泄,因而本带形成水平的通道,称为溶洞。如溶洞中有水流,则称为地下暗河。但是往河谷底向上排泄的岩溶水具有承压性质,因而岩溶通道也常常呈放射状分布。

④ 深循环带

深循环带内地下水的流动方向取决于地质构造和深循环水。由于地下水很深,它不向河底流动而排泄到远处。这一带中水的交替强度极小,岩溶发育速度与程度很小,但在很深的地方可以在很长的地质时期中缓慢地形成岩溶现象。但是这种岩溶形态一般为蜂窝状小洞,或称溶孔。

以上讨论了水的活动引起各种岩溶的现象,但是水的活动不仅限于其围岩的溶蚀和冲刷,很多时候岩溶水还可以造成很多的堆积现象,最普遍的是在溶洞内沉淀有石钟乳、石笋、石柱、钙华等。组成这些岩溶沉积物的一般为$CaCO_3$,有时混杂有泥砂质。

5.4.2 土洞与潜蚀

土洞因地下水或者地表水流入地下土体内,将颗粒间可溶成分溶滤,带走细小颗粒,使土体被掏空成洞穴而形成,这种地质作用的过程称为潜蚀。当土洞发展到一定程度时,上部上层发生塌陷,破坏地表原来形态,影响建(构)筑物的安全和使用。

1) 土洞的形成条件

土洞的形成主要是潜蚀作用导致的。潜蚀是指地下水流在土体中进行溶蚀和冲刷的作用。如果土体内不含有可溶成分,则地下水流仅将细小颗粒从大颗粒间的孔隙中带走,这种现象称为机械潜蚀。其实机械潜蚀也是冲刷作用之一,所不同的是它发生于土体内部,因而也称内部冲刷。如果土体内含有可溶成分,例如黄土,含碳酸盐、硫酸盐或氯化物的砂质土和黏质土等,地下水流先将土中可溶成分溶解,然后将细小颗粒从大颗粒间的孔隙中带走,因而这种具有溶滤作用的潜蚀称为溶滤潜蚀。溶滤潜蚀主要是因溶解土中可溶物而使土中颗粒间的联结性减弱和破坏,从而使颗粒分离和散开,为机械潜蚀创造条件。

机械潜蚀的发生,除了土体中的结构和级配成分能容许细小颗粒在其中搬运移动外,地下水的流速是搬运细小颗粒的动力。能起动颗粒的流速称为临界流速(v_{cr}),不同直径(d)大小的颗粒具有一定的临界流速,当地下水流速(v)大于临界流速(v_{cr})时,就要注意发生潜蚀的可能性。

2) 土洞的类型

根据我国土洞的生长特点和水的作用形式,土洞可分为由地表水下渗发生机械潜蚀作用形成的土洞和岩溶水流潜蚀作用形成的土洞。

(1) 由地表水下渗发生机械潜蚀作用形成的土洞

这种土洞的主要形成因素有3点：

① 土层的性质

土层的性质是造成土洞发育的根据。最易发育成土洞的土层性质和条件是含碎石的亚砂土层内，这样给地表水有向下渗入到碎石亚砂土层中，造成潜蚀的良好条件。

② 土层底部必须有排泄水流和土粒的良好通道

在这种情况下，可使水流挟带土粒向底部排泄和流失。上部覆盖有土层的岩溶地区，土层底部岩溶发育是造成水流和土粒排泄的最好通道。在这些地区土洞发育一般较为剧烈。

③ 地表水流能直接渗入土层中

地表水渗入土层内有3种方式：一是利用土中孔隙渗入；二是沿土中的裂隙渗入；三是沿一些洞穴或管道流入。其中第二种渗入水流是造成土洞发育最主要的方式。土层中的裂隙是因为在长期干旱条件下，使地表产生收缩裂隙。随着旱期延长，不仅裂缝数量增多、裂口扩大，而且不断向深处延展，使深处含水量较高的土层也干缩开裂，裂缝因长期干缩扩大和延长，这就成为下雨时良好的通道，于是水不断地向下潜浊。水量越大，潜蚀越快，逐渐在土层内形成一条不规则的渗水通道。在水力作用下，将崩散的土粒带走，产生了土洞，并继续发育，直至顶板破坏，形成地表塌陷。

(2) 由岩溶水流潜蚀作用形成土洞

这类土洞与岩溶水有水力联系，它分布于岩溶地区基岩面与上覆的土层（一般是饱水的松软土层）接触处。

这类土洞的生成是由于岩溶地区的基岩面与上覆土层接触处分布有一层饱水程度较高的软塑至半流动状态的软土层，而在基岩表面有溶沟、裂隙、落水洞等发育。这样，基岩透水性很强。当地下水在岩溶的基岩表面附近活动时，水位的水力迫降可使软土层软化，地下水的流动能在土层中产生潜蚀和冲刷，可将软土层的土粒带走，于是在基岩表面处被冲刷成洞穴，这就是土洞形成的过程。当土洞不断地被潜蚀和冲刷，土洞逐渐扩大，致使顶板不能负担上部压力时地表就发生下沉或整块塌落，使地表呈蝶形、盆形、深槽和竖井状的洼地。

本类土洞发育的快慢主要取决于基岩面上覆土层的性质（如为软土或高含水量的稀泥则基岩面上容易被水流潜蚀和冲刷；如果基岩面上土层为不透水的和很坚实的黏土层，则土洞发育缓慢）和地下水的活动强度（水位变化大，容易产生土洞）。地下水位以下土洞的发育速度较快，土洞多呈上面小、下面大的形状。而当地下水位在土层以下时，土洞的发育主要由于渗入水的作用，发育较缓，土洞多呈竖井状；基岩面附近岩溶和裂隙发育程度：当基岩面与土层接触面附近，如裂隙和溶洞、溶沟、溶槽等岩溶现象发育较好时，则地下水活动加强，造成潜蚀的有利条件。故在这些地下水活动强的基岩面上，土洞一般发育较快。

5.4.3 岩溶与土洞的工程地质问题

岩溶与土洞地区对建(构)筑物稳定性和安全性有很大影响。

1) 溶蚀岩石的强度大为降低

岩溶水在可溶岩体中溶蚀，可使岩体发生孔洞。最常见的是岩体中有溶孔或小洞。所谓溶孔,是指在可溶岩石内部溶蚀有孔径不超过 20~30 cm 的,一般小于 1~3 cm 的微溶浊的空隙。岩石遭受溶蚀可使岩石有孔洞、结构松散,从而降低岩石强度和增大透水性能。

2) 造成基岩面不均匀起伏

因石芽、溶沟溶槽的存在,使地表基岩参差不整、起伏不均匀,这就造成了地基的不均匀性以及交通的不便。因此如果利用石芽或溶沟发育的地区作为地基,则必须进行处理。

3) 漏斗对地面稳定性的影响

漏斗是包气带中与地表接近部位所发生的岩溶和潜蚀作用的现象。当地表水的一部分沿岩土缝隙往下流动时,水便对孔隙和裂隙壁进行溶蚀和机械冲刷,使其逐渐扩大成漏斗状的垂直洞穴,称为漏斗。这种漏斗在表面近似圆形,可深达几十米,表面口径由几米到几十米。另一种漏斗是由于土洞或溶洞顶的塌落作用而形成。崩落的岩块堆于洞穴底部成一漏斗状洼地,这类漏斗因其塌落的突然性,使地表建(构)筑物面临遭到破坏的威胁。

4) 溶洞和土洞对地基稳定性的影响

溶洞和土洞对地基稳定性必须考虑如下 3 个问题:

(1) 溶洞和土洞分布密度和发育情况

一般认为,对于溶洞或土洞分布密度很密,并且溶洞或土洞的发育处在地下水交替最积极的循环带内,洞径较大,顶板薄,并且裂隙发育,此地不宜选择为建筑场地和地基。但是对于该场地虽有溶洞或土洞,但溶洞或土洞是早期形成的,已被第四纪沉积物所充填,并已证实目前这些洞已不再活动。在这种情况下,可根据洞的顶板承压性能决定其作为地基。此外,石膏或岩盐溶洞地区不宜作为天然地基。

(2) 溶洞或土洞的埋深对地基稳定性的影响

一般认为,溶洞特别是土洞如埋置很浅,则溶洞的顶板可能不稳定,甚至会发生地表塌落。若洞顶板厚度 H 大于溶洞最大宽度的 1.5 倍(即 $H > 1.5b$),而同时溶洞顶板岩石比较完整,裂隙较少,岩石也较坚硬,则该溶洞顶板作为一般地基是安全的。若溶洞顶板岩石裂隙较多,岩石较为破碎,则上覆岩层的厚度 H 如能大于溶洞最大宽度的 3 倍(即 $H > 3b$)则溶洞的埋深是安全的。上述评定是对溶洞和一般建(构)筑物的地基而言,不适用于土洞、重大建(构)筑物和震动基础。对于这些地质条件和特殊建筑物基础所必需的稳定土洞或溶洞顶板的厚度,须进行地质分析和力学验算,以确定顶板的稳定性。

(3) 抽水对土洞和溶洞顶板稳定性的影响

一般认为,在有溶洞或土洞的场地,特别是土洞大片分布,如果进行地下水的抽取,由于地下水位大幅度下降,使保持多年的水位均衡遭到急剧破坏,大大地减弱了地下水对土层的浮托力。再者,由于抽水时加大了地下水的循环,动水压力会破坏一些土洞顶板的平衡,因而引起了一些土洞顶板的破坏和地表塌陷。一些土洞顶板塌落又引起土层震动,或加大地下水的动水压力,结果震波或动水压力传播于近处的土洞,又促使附近一些土洞顶板破坏,以致地表塌陷危及地面建(构)筑物的安全。

5.4.4 岩溶与土洞地基的防治

在进行建(构)筑物布置时,应先将岩溶和土洞的位置勘察清楚,然后针对实际情况做出相应的防治措施。当建(构)筑物的位置可以移位时,为了减少工程量和确保建(构)筑物的安全,应首先设法避开有威胁的岩溶和土洞区。实在不能避开时,再考虑处理方案。

(1) 挖填

挖填即挖除溶洞或土洞中的软弱充填物,回填以碎石、块石或混凝土等,并分层夯实,以达到改良地基的效果。在土洞回填的碎石上设置反滤层,以防止潜蚀发生。

(2) 跨盖

当洞埋藏较深或洞顶板不稳定时,可采用跨盖方案,如采用长梁式基础或桁架式基础或刚性大平板等方案跨越。但梁板的支承点必须放置在较完整的岩石或可靠的持力层上,并注意其承载能力和稳定性。

(3) 灌注

对于溶洞或土洞,因埋藏较深,不可能采用挖填和跨盖方法处理时,溶洞可采用水泥或水泥黏土混合灌浆于岩溶裂隙中;对于土洞,可在洞体范围内的顶板打孔灌砂或砂砾,应注意灌满和密实。

(4) 排导

洞中水的活动可使洞壁和洞顶溶蚀、冲刷或潜蚀,造成裂隙和洞体扩大或洞顶坍塌,因而对自然降雨和生产用水应防止下渗,采用截排水措施,将水引导至他处排泄。

(5) 打桩

对于土洞埋深较大时,可用桩基处理,如采用混凝土桩、木桩、砂桩或爆破桩等。其目的除提高支承能力外,还有靠桩来挤压挤紧土层和改变地下水渗流条件的功效。

5.5 地震

地震是一种地质现象,是地壳构造运动的一种表现。地下深处的岩层,由于某种原因突然破裂、塌陷以及火山爆发等而产生振动,并以弹性波的形式传递到地表,这种现象称为地震。强烈地震瞬时之间可使很大范围的城市和乡村沦为废墟,是一种破坏性很强的自然灾害。因此,在规划各种工程活动时,都必须考虑地震这样一个极其重要的环境地质因素,而在修建各种建筑物时,都必须考虑可能遭受多强的地震并采取相应的防震措施。

5.5.1 地震的基本概念

1) 地震的成因类型

形成地震的原因是多种各样的。地震按其成因,可分为天然地震与人为地震两大类型。人为地震所引起的地表振动都较轻微,影响范围也很小,且能做到事先预告及预防,不是所要讨论的对象,以下所述皆指天然地震。天然地震按其成因可划分为构造地震、火山地震、陷落地震和激发地震。

(1) 构造地震

由于地质构造作用所产生的地震称为构造地震。这种地震与构造运动的强弱直接相关,它分布于新生代以来地质构造运动最为剧烈的地区。构造地震是地震的最主要类型,约占地震总数的90%。构造地震中最为普遍的是由于地壳断裂活动而引起的地震。这种地震绝大部分都是浅源地震,由于它距地表很近,对地面的影响最显著,一些巨大的破坏性地震都属于这种类型。一般认为这种地震的形成是由于岩层在大地构造应力的作用下产生应变,积累了大量的弹性应变能,当应变一旦超过极限数值,岩层就突然破裂和位移而形成大的断裂,同时释放出大量的能量,以弹性波的形式引起地壳的振动,从而产生地震。此外,在已有的大断层上,当断裂的两盘发生相对运动时,如在断裂面上有坚固的大块岩层伸出,能够阻挡滑动作用,两盘的相对运动在那里就会受阻,局部的应力就越来越集中。一旦超过极限,阻挡的岩块被粉碎,地震就会发生。

(2) 火山地震

由于火山喷发和火山下面岩浆活动而产生的地面振动称为火山地震。在世界上一些大火山带都能观测到与火山活动有关的地震。火山活动有时相当猛烈,但地震波及的地区多局限于火山附近数十千米的范围。火山地震在我国很少见,主要分布在日本、印度尼西亚及南美等地。火山地震约占地震总数的7%。如1960年5月智利大地震就引起了火山的重新喷发。

(3) 陷落地震

由于洞穴崩塌、地层陷落等原因发生的地震,称为陷落地震。这种地震能量小,震级小,发生次数也很少,仅占地震总数的5%。在岩溶发育地区,由于溶洞陷落而引起的地震,危害小,影响范围不大,为数亦很少。在一些矿区,当岩层比较坚固完整时,采空区并不立即塌落,而是待悬空面积相当大以后方才塌落,因而造成矿山陷落地震。由于它总是发生在人烟稠密的工矿区,对地面上的破坏不容忽视,对安全生产有很大威胁,所以也是地震研究的一个课题。

(4) 激发地震

在构造应力原来处于相对平衡的地区,由于外界力量的作用,破坏了相对稳定的状态,发生构造运动并引起地震,称为激发地震。属于这种类型的地震有水库地震、深井注水地震和爆破引起的地震,它们为数甚少。

2) 地震分布

地震并不是均匀分布于地球的各个部分,而是集中于某些特定的条带上或板块边界上。这些地震集中分布的条带称为地震活动带或地震带。

(1) 世界地震分布

世界范围内的主要地震带是环太平洋地震带与地中海—喜马拉雅地震带,它们都是板块的会聚边界。

① 环太平洋地震带

环太平洋地震带沿南北美洲西海岸,向北至阿拉斯加,经阿留申群岛至堪察加半岛,转向西南沿千岛群岛至日本列岛,然后分为两支,一支向南经马里亚纳群岛至伊利安岛;另一支向西南经我国台湾、菲律宾、印度尼西亚至伊利安岛,两支会合后经所罗门至新西兰。

这一地震带的地震活动性最强,是地球上最主要的地震带。全世界80%的浅源地震、90%的中源地震和几乎全部深源地震集中于此带,其释放出来的地震能量约占全球所有地震释放能量的76%。

② 地中海—喜马拉雅地震带

主要分布于欧亚大陆,又称欧亚地震带。西起大西洋亚速尔岛,经地中海、希腊、土耳其、印度北部、我国西部与西南地区,过缅甸至印度尼西亚与环太平洋地震带会合。

这一地震带的地震很多,也很强烈,它们释放出来的能量约占全球所有地震释放能量的 22%。

我国地处世界上两大地震活动带的中间,地震活动性比较强烈,主要集中在以下 5 个震带:

A. 东南沿海及台湾地震带

以台湾的地震最频繁,属于环太平洋地震带。

B. 郯城—庐江地震带

自安徽庐江往北至山东郯城一线,并越渤海,经营口再往北,与吉林舒兰、黑龙江依兰断裂连接。是我国东部的强地震带。

C. 华北地震带

北起燕山,南经山西到渭河平原,构成"S"形的地带。

D. 横贯中国的南北向地震带

北起贺兰山、六盘山,横越秦岭,通过甘肃文县,沿岷江向南,经四川盆地西缘,直达滇东地区。为一规模巨大的强烈地震带。

E. 西藏—滇西地震带

属于地中海—喜马拉雅地震带。

此外,还有河西走廊地震带、天山南北地震带以及塔里木盆地南缘地震带等。

3) 震源和震中距

地壳或地幔中发生地震的地方称为震源。震源在地面上的垂直投影称为震中。震中可以看做地面上振动的中心,震中附近地面振动最大,远离震中地面振动减弱。

震源与地面的垂直距离,称为震源深度(图 5-11)。通常把震源深度在 70 km 以内的地震称为浅源地震,70～300 km 的称为中源地震,300 km 以上的称为深源地震。目前出现的最深的地震是 720 km。绝大部分的地震是浅源地震,震源深度多集中于 5～20 km。中源地震比较少,而深源地震为数更少。同样大小的地震,当震源较浅时,波及范围较小,破坏性较大;当震源深度较大时,波及范围虽较大,但破坏性相对较小。多数破坏性地震都是浅震。深度超过 100 km 的地震,在地面上不会引起灾害。

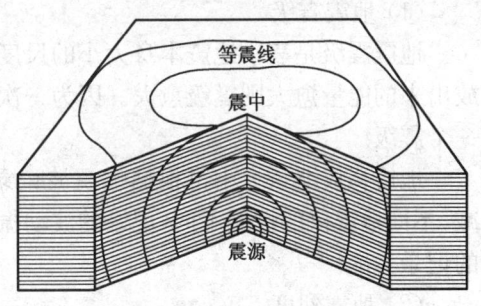

图 5-11 震源、震中、等震线

地面上某一点到震中的直线距离,称为该点的震中距。震中距在 1 000 km 以内的地震通常称为近震,大于 1 000 km 的称为远震。引起灾害的一般都是近震。围绕震中的一定面积的地区,称为震中区,它表示一次地震时震害最严重的地区。强烈地震的震中区往往又称为极震区。在同一次地震影响下,地面上破坏程度相同各点的连线,称为等震线。绘有等震线的平面图,称为等震线图。

5.5.2 地震波、地震震级与地震烈度

1) 地震波

地震时震源释放的应变能以弹性波的形式向四面八方传播,这就是地震波。地震波使地震具有巨大的破坏力,也使人们得以研究地球内部。地震波包括两种在介质内部传播的体波和两种限于界面附近传播的面波。

(1) 体波

体波有纵波与横波两种类型。纵波(P波)是由震源传出的压缩波,质点的振动方向与波的前进方向一致,一疏一密向前推进,所以又称疏密波。纵波周期短,振幅小,其传播速度是所有波当中最快的一个,震动的破坏力较小。横波(S波)是由震源传出的剪切波,质点的振动方向与波的前进方向垂直,传播时介质体积不变,但形状改变。横波周期较长,振幅较大,其传播速度较小,约为纵波速度的 0.5~0.6 倍,但震动的破坏力较大。

(2) 面波

面波(L波)是体波达到界面后激发的次生波,只是沿着地球表面或地球内的边界传播,面波向地面以下迅速消失。面波随着震源深度的增加而迅速减弱,震源愈深面波愈不发育。

一般情况下,横波和面波到达时振动最强烈。建筑物破坏通常是由横波和面波造成的。

2) 地震震级与地震烈度

地震能否使某一地区的建筑物受到破坏,主要取决于地震本身的大小和该区距震中的远近。距震中愈远则受到的振动愈弱,所以需要有衡量地震本身大小和某一地区振动强烈程度的两个尺度,这就是震级和烈度,它们之间有一定联系,但却是两个不同的尺度,不能混淆起来。

(1) 地震震级

地震震级是表示地震本身大小的尺度,是由地震所释放出来的能量大小所决定的。释放出来的能量愈大则震级愈大。因为一次地震所释放的能量是固定的,所以每次地震只有一个震级。

地震释放能量大小可根据地震波记录图的最高振幅来确定。由于远离震中波动要衰减,不同地震仪的性能不同,记录的波动振幅也不同,所以必须以标准地震仪和标准震中距的记录为准。

(2) 地震烈度

地震烈度是指某一地区的地面和各种建筑物遭受地震影响的强烈程度。

震级和烈度既有联系又有区别,它们各有自己的标准,不能混为一谈。震级是反映地震本身大小的等级,只与地震释放的能量有关;而烈度则表示地面受到的影响和破坏的程度。一次地震只有一个震级,而烈度则各地不同。烈度不仅与震级有关,同时还与震源深度、震中距以及地震波通过的介质条件(如岩石的性质、岩层的构造等)等多种因素有关。震级与烈度虽然都是地震的强烈程度指标,但烈度对工程抗震来说具有更为密切的关系。为了表示某一次地震的影响程度或总结震害与抗震经验,需要根据地震烈度标准来确定某一地区的地震烈度。同样,为了对地震区的工程结构进行抗震设计,也要求研究预测某一地区在今后一定时期的地震烈度,以此作为强度验算与选择抗震措施的依据。

① 基本烈度

基本烈度是指在今后一定时期内,某一地区在一般场地条件下可能遭遇的最大地震烈度。基本烈度所指的地区,并不是某一具体工程场地,而是指一较大范围,如一个区、一个县或更广泛的地区,因此基本烈度又常常称为区域烈度。

鉴定和划分各地区地震烈度大小的工作,称为烈度区域划分,简称烈度区划。烈度区划不应只以历史地震资料为依据,而应采取地震地质与历史地震资料相结合的方法进行综合分析,深入研究活动构造体系与地震的关系,才能做到较准确地区划。各地基本烈度定得准确与否,与该地工程建设的关系甚为密切。如烈度定得过高,提高设计标准,会造成人力和物力上的浪费;定得过低,会降低设计标准,一旦发生较大地震,必然造成损失。

② 场地烈度

场地烈度提供的是地区内普遍遭遇的烈度,具体场地的地震烈度与地区内的平均烈度常常是有差别的。对许多地震的调查研究表明,在烈度高的地区内可以包含有烈度较低的部分,而在烈度低的地区内也可以包含有烈度较高的部分,也就是常在地震灾害报道中出现"重灾区里有轻灾区,轻灾区里有重灾区"的情况。一般认为,这种局部地区烈度上的差别,主要是受局部地质构造、地基条件以及地形变化等因素所控制。通常把这些局部性的控制因素称为小区域因素或场地条件。

在场地条件中,首先应当注意的是局部地质构造。断裂特征对场地烈度有很大的控制作用。宽大的断裂破碎带易于释放地震应力,故其两侧烈度可能有较大差别。存在活动断层常是局部地区烈度增加的主要原因。发震断层及其邻近地段不仅烈度高,而且常有断裂错动、地裂缝等出现,故属于对抗震危险的地段。其次应当注意的是地基条件,包括地层结构、土质类型以及地下水埋藏深度、地表排水条件等。软弱黏性土层、可液化土层和地层严重不均一的地段以及地下水埋藏较浅、地表排水不良的地段均对抗震不利。再次,地形条件也是不可忽视的。开阔平坦的地形对抗震有利;峡谷陡坡、孤立的山包、突出的山梁等地形对抗震不利。

根据场地条件调整后的烈度,在工程上称为场地烈度。通过专门的工程地质、水文地质工作,查明场地条件,确定场地烈度,对工程设计有重要的意义:a. 有可能避重就轻,选择对抗震有利的地段布设路线和桥位;b. 使设计所采用的烈度更切合实际情况,避免偏高偏低。

③ 设计烈度

在场地烈度的基础上,考虑工程的重要性、抗震性和修复的难易程度,根据规范进一步调整,得到设计烈度,亦称设防烈度。设防烈度是指国家审定的一个地区抗震设计实际采用的地震烈度,一般情况下可采用基本烈度。

《建筑抗震设计规范》(GB 50011—2010)将抗震设防烈度定为 6 度~9 度,并规定 6 度区建筑以加强结构措施为主,一般不进行抗震验算;设防烈度为 10 度地区的抗震设计宜按有关专门规定执行。

3) 场地及地基的评价

在地震基本烈度相同的地区内,经常会发现房屋的结构类型和建筑质量基本相同,但各建筑物的震害程度却有很大的差别。发生这种现象的主要原因是场地条件所造成的。

(1) 场地及其地质条件

① 地形

震害调查表明,地形对震害有明显的影响,如孤立突出的小丘和山脊地区,山地的斜坡地区、陡岸、河流、湖泊以及沼泽洼地的边缘地带等,均会使震害加剧、烈度提高。

② 断层

断层是地质构造上的薄弱环节,多数浅源地震均与断层活动有关。一些具有潜在地震活动的发震断层,地震时会出现很大错动,对工程建设的破坏很大。一些与发震断层有一定联系的非发震断层,由于受到发震断层的牵动和地震传播过程中产生的变异,也可能造成高烈度异常现象。

③ 场地土质条件

场地土是指在较大和较深范围内的土和岩石。场地土质对震害的影响是很明显的,主要是基岩上面覆盖土层的土质及其厚度。

根据日本在东京湾及新宿布置的4个不同深度的钻孔观测资料表明:地面的水平最大加速度大于地下深度110~150 m处的水平最大加速度。土层的放大系数与土层的土质密切相关,其比值为:岩土为1.5,砂土为1.5~3.0,软黏土为25~3.5。填土层对地表运动有较大的放大作用。

另外,震害程度随覆盖土层厚度的增加而加重。

(2) 场地土的类型

建筑所在场地土的类型,可根据土层剪切波速划分成4类(见表5-1)。

表5-1 场地土的类型划分

场地土的类型	土层剪切波速(m/s)
坚硬土或岩石	$v_s > 500$
中硬土	$500 \geqslant v_s > 250$
中软土	$250 \geqslant v_s > 150$
软弱土	$v_s < 150$

注:v_s为土层平均剪切波速,取地面以下15 m且不深于场地覆盖层厚度范围内各土层剪切波速,按土层厚度加权的平均值。

(3) 建筑场地类别

场地类别是根据土层等效剪切波速和场地覆盖层厚度进行划分的。

《建筑抗震设计规范》(GB 50011—2001)规定汶川、都江堰、什邡、绵竹、安县、北川、青川等地的抗震设计烈度是7度,但2008年汶川8级地震的实际烈度最高11度,差别甚大;随后,2012年《建筑抗震设计规范》明文规定玉树结古镇的抗震设计烈度为7度,玉树7.1级地震的烈度则是9度,已经远远偏离实际,导致了灾难性地质灾害的发生。

5.5.3 常见震害及防震原则

1) 建筑工程常见震害

地震时,由于土质因素使震害加重的现象主要有:地基的振动液化;软土的震陷;滑坡及地裂。

(1) 地基的液化

地基土的液化主要发生在饱和的粉砂、细砂和粉土中,其宏观现象是地表开裂、喷砂、冒水,从而引起滑坡和地基失效,引起上部建筑物下陷、浮起、倾斜、开裂等震害现象。产生液化的原因是由于在地震的短暂时间内,孔隙水压力骤然上升且来不及消散,有效应力降低至零,土体呈现出近乎液体的状态,强度完全丧失,即所谓液化。

(2) 软土的震陷

地震时,地面产生巨大的附加下沉,称为震陷,此种现象往往发生在松砂或饱和软黏土和淤泥质土层中。

产生震陷的原因有多种。A. 松砂的震密;B. 排水不良的饱和粉砂、细砂和粉土,由于振动液化而产生喷砂冒水,从而引起地面下陷;C. 淤泥质软黏土在振动荷载作用下,土中应力增加,同时土的结构受到扰动,强度下降,使已有的塑性区进一步开展,土体向两侧挤出而引起震陷。

土的震陷不仅使建筑物产生过大的沉降,而且产生较大的差异沉降和倾斜,影响建筑物的安全与使用。

(3) 地震滑坡和地裂

地震导致滑坡的原因,简单地可以这样认识:一方面是地震时边坡受到了附加惯性力,加大了下滑力;另一方面是土体受震趋密使孔隙水压力升高,有效应力降低,减小了阻滑力。地质调查表明,凡发生过滑坡的地区,地层中几乎都夹有砂层。在均质黏土中,尚未有过关于地震滑坡的实例。

地震时往往出现地裂。地裂有两种:一种是构造性地裂,这种地裂虽与发震构造有密切关系,但它并不是深部基岩构造断裂直接延伸至地表形成的,而是较厚覆盖土层内部的错动;另一种是重力式地裂,它是由于斜坡滑坡或上覆土层沿倾斜下卧层层面滑动而引起的地面张裂,这种地裂在河岸、古河道旁以及半挖半填场地最容易出现。

2) 建筑工程防震原则

(1) 建筑场地的选择

在地震区建筑,确定场地与地基的地震效应,必须进行工程地质勘察,从地震作用的角度将建筑场地划分为对抗震有利、不利和危险地段。这些不同地段的地震效应及防震措施有很大差异。进行工程地质勘察工作时,查明场地地基的工程地质和水文地质条件对建筑物抗震的影响,当设计烈度为7度或7度以上,且场地内有饱和砂土或粒径大于0.05 mm的颗粒占总重4%以上的饱和黏土时,应判定地震作用下有无液化的可能性;当设计烈度为8度或8度以上且建筑物的岩石地基中或其邻近有构造断裂时,应配合地震部门判定是否属于发震断裂(发震断层)。总之,勘探工作的重点在于查明对建筑物抗震有影响的土层性质、分布范围和地下水的埋藏深度。勘探孔的深度可根据场地设计烈度及建筑物的重要性确定,一般为15~20 m。利用工程地质勘察成果,综合考虑地形地貌、岩土性质、断裂以及地下水埋藏条件等因素,即可划分对建筑物抗震有利、不利和危险等地段。

对建筑物抗震有利的地段是地形平坦或地貌单一的平缓地、场地土属Ⅰ类或坚实均匀的Ⅱ类、地下水埋藏较深等地段。这些地段地震时影响较小,应尽量选择作为建筑场地和地基。

对建筑物抗震不利的地段:一般为非岩质(包括胶结不良的第三系)陡坡、带状突出的山脊、高耸孤立的山丘、多种地貌交接部位、断层河谷交叉处、河岸和边坡坡缘及小河曲轴心附近;地基持力层在平面分布上有软硬不均地段(如古河道、断层破碎带、暗埋的塘浜沟谷及半填半挖地基等);场地土属Ⅲ类;可溶化的土层;发震断裂与非发震断裂交会地段;小倾角发震断裂带上盘;地下水埋藏较浅或具有承压水地段。这些地段,地震时影响大,建筑物易遭破坏,选择建筑场地和地基应尽量避开。

对建筑物危险的地段:一般为发震断裂带及地震时可能引起山崩、地陷、滑坡等地段。这些地段,地震时可能造成灾害,不应进行建筑。

在一般情况下,建筑物地基应尽量避免直接用液化的砂土作持力层,不能做到时,可考虑采取以下措施:

① 浅基

如果可液化砂土层有一定厚度的稳定表土层,这种情况下可根据建筑物的具体情况采用浅基,用上部稳定表土层作持力层。

② 换土

如果基底附近有较薄的可液化砂土层,采用换土的办法处理。

③ 增密

如果砂土层很浅或露出地表且有相当厚度,可用机械方法或爆炸方法提高密度。

④ 采用筏片基础、箱形基础、桩基础

研究表明,整体较好的筏片基础、箱形基础,对于在液化地基及软土地基上提高基础的抗震性能有显著作用。它们可以较好地调整基底压力,有效地减轻因大量振陷而引起的基础不均匀沉降,从而减轻上部建筑的破坏。桩基也是液化地基上抗震良好的基础型式。桩长应穿过可液化的砂土层,并有足够的长度伸入稳定的土层。但是,对桩基应注意液化引起的负摩擦力,以及由于基础四周地基下沉使桩顶土体与桩顶脱开,桩顶受剪和嵌固点下移的问题。

(2) 软土及不均匀地基

软土地基地震时的主要问题是产生过大的附加沉降,而且这种沉降常是不均匀的。地震时,地基的应力增加,土的强度下降,地基土被剪切破坏,土体向两侧挤出,致使房屋大量沉降、倾斜、破坏。其次,厚的软土地基的卓越周期较长,振幅较大,振动持续的时间也较长,这些对自振周期较长的建筑物不利。

软土地基设计时要合理地选择地基承载力,基底压力不宜过大,同时应增加上部结构的刚度。软土地基上采用片筏基础、箱形基础、钢筋混凝土条形基础,抗震效果较好。不均匀地基一般指软硬不均的地基,如前面已提到的半挖半填、软硬不均的岩土地基以及暗埋的沟坑塘等,这类地基上建筑物的震害都比较严重,建筑应避开这些地区,否则应采取有效措施。

应当指出,建筑物的防震,在地震烈度小于5度的地区,建筑不需特殊考虑,因为在一般条件下影响不大。在6度的地震区(建造于Ⅳ类场地上较高的高层建筑与高耸结构除外),则要求建筑物施工质量要好,用质量较好的建筑材料,并满足抗震措施要求。在7～9度的地震区,建筑物必须根据《建筑抗震设计规范》(GB 50011—2010)进行抗震设计。

5.6 不良地质现象对地基稳定性的影响

5.6.1 地基承载力

1) 地基承载力的基本概念

地基承载力是指地基所能承受的由建(构)筑物基础传来的荷载能力。地基承载力必须满足两个基本条件:①保证地基受荷后不会使地基发生破坏而丧失稳定;②地基变形不超过建(构)筑物对地基要求的变形值。在建筑物的荷载作用下,地基产生变形。随着荷载的增加变形也增大,当荷载达到或超过某个临界值时,地基中产生塑性变形,最终导致地基破坏。显而易见,地基承受荷载的能力是有限的。我们把单位面积上地基能承受的最大极限荷载能力称为地基极限承载力。可以想象,在建筑物地基基础设计时,为了确保建筑物的安全和地基的稳定性,不能以地基能承受的最大极限荷载作为设计用地基承载力,必须限定建筑物基础底面的压力不超过规定的地基承载力,即地基承载力特征值。地基承载力特征值指由载荷试验测定的地基土压力变形曲线线性变形内规定的变形所对应的压力值,其最大值为比例界限值。

2) 持力层和地基均匀性

地基是直接支承建(构)筑物重量的地层,有天然地基与人工地基之分。天然地基是未经加固的地基,基础直接砌置其上;人工地基是经人工加固处理后的地基,若基础埋置深度小于5m时称为浅基,基础埋置深度等于或大于5m时称为深基。基础指的是建(构)筑物在地下直接与地基相接触的部分。图5-12给出了地基与基础的示意图。

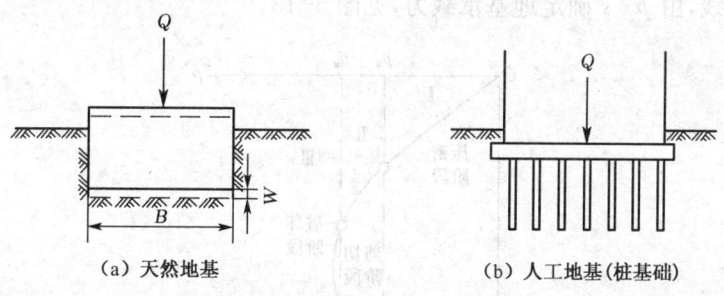

(a) 天然地基　　　　　　(b) 人工地基(桩基础)

图5-12　地基与基础的示意图

地基稳定性研究是各种建筑物与构筑物岩土工程勘察与设计中的最主要任务。

持力层是指地基中直接支持建(构)筑物荷载的岩土层。持力层应选择承载能力强、变形小以及有利于建(构)筑物和地基稳定的岩土层。

一般建(构)筑物承受均匀沉降不会有多大损坏。然而,过大的沉降量和不均匀沉降对建(构)筑物来说都是不利的。这要求地基具有一定的均匀性。地基均匀性的判定标准如下:

(1)当基础不能全部以人工填土作为持力层时,持力层层面变化较大,这时不能将基础一边放在填土上,一边放在天然土层上。当持力层层面坡度大于10%时,可视为不均匀地基,此时可加深基础埋深,使其超过持力层最低层面的深度。

(2)地基持力层和第一下卧层在基础宽度(b)方向上,地层厚度的差值小于$0.05b$时,可视为均匀地基;当大于$0.05b$时,应计算横向倾斜是否满足要求。

(3)衡量地基土压缩性的不均匀性,以压缩层内各土层压缩模量为评价依据。

① 当$\bar{E}_{S1}$、$\bar{E}_{S2}$的平均值小于10 MPa时,符合下式要求的为均匀地基。

$$\bar{E}_{S1} - \bar{E}_{S2} < (\bar{E}_{S1} + \bar{E}_{S2})/25$$

② 当$\bar{E}_{S1}$、$\bar{E}_{S2}$的平均值大于10 MPa时,符合下式要求的为均匀地基。

$$\bar{E}_{S1} - \bar{E}_{S2} < (\bar{E}_{S1} + \bar{E}_{S2})/20$$

式中:$\bar{E}_{S1}$、$\bar{E}_{S2}$——分别为基础宽度方向上压缩层范围内压缩模量按厚度加权平均值(MPa),取大者为$\bar{E}_{S1}$,小者为$\bar{E}_{S2}$。

③ 不满足上述两式要求时,为不均匀地基。

3) 地基承载力特征值的确定方法

《建筑地基基础设计规范》(GB 50007—2002)规定:地基承载力特征值可由载荷试验或其他原位测试、公式计算并结合工程实践经验等方法综合确定。

(1)载荷试验(浅层平板载荷试验和深层平板载荷试验)

载荷试验法是指在建筑物场址进行的原位试验方法。重要的建筑物多由载荷试验确定地基承载力,遇到地质条件复杂的场地,也多用载荷试验确定承载力,因为由试验测得的数据能真实反映地基的性质。

载荷试验是由载荷板向地基上传递压力,观测压力与地基土沉降之间的关系,得到压力p与沉降s曲线,由p-s确定地基承载力,见图5-13。

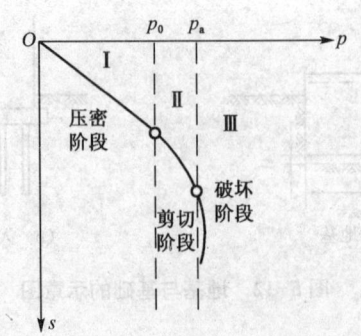

图5-13 载荷板荷载—沉降曲线图

地基土浅层平板载荷试验适用于确定浅部地基土层的承压板下应力主要影响范围内的承载力。承压板面积不应小于0.25 m^2,对于软土不应小于0.5 m^2。试验基坑宽度不应小于承压板宽度或直径的3倍。应保持试验土层的原状结构和天然湿度。宜在拟试压表面用粗砂或中砂层找平,其厚度不超过20 mm。加荷分级不应少于8级。最大加载量不应小于设计要求的2倍。每级加载后,按间隔10 min、10 min、10 min、15 min、15 min,以后每隔半小时测读一次沉降量。当在连续两小时内每小时的沉降量小于 0.1 mm 时,则认为已趋稳定,可加下一级荷载。

当出现下列情况之一时,即可终止加载:
① 承压板周围的土明显地侧向挤出。
② 沉降 s 急骤增大,荷载—沉降($p-s$)曲线出现陡降段。
③ 在某一级荷载下,24 小时内沉降速率不能达到稳定。
④ 沉降量与承压板宽度或直径之比大于或等于 0.06。
当满足前 3 种情况之一时,其对应的前一级荷载定为极限荷载。

承载力特征值的确定应符合下列规定:
① 当 $p-s$ 曲线上有比例界限时,取该比例界限所对应的荷载值。
② 当极限荷载小于对应比例界限的荷载值的 2 倍时,取极限荷载值的一半。
③ 当不能按上述两款要求确定时,当承压板面积为 0.25~0.50 m² 时,可取 s/b = 0.01~0.015 所对应的荷载,但其值不应大于最大加载量的一半。
④ 同一土层参加统计的试验点不应少于 3 点,当试验实测值的极差不超过其平均值的 30% 时,取此平均值作为该土层的地基承载力特征值 f_{ak}。

(2) 静力触探试验

静力触探试验是将一个特制的金属探头用压力装置压入土中,由于土层的阻力,使探头受到一定的压力;土层强度高,探头受到的压力大,通过探头内部的压力传感器,测出土层对探头的比贯入阻力(p_s)。探头贯入阻力的大小及变化反映了土层强度的大小与变化。

静力触探试验适用于软土、一般黏性土、粉土、砂土和含少量碎石的土。静力触探可根据工程需要采用单桥探头、双桥探头或带孔隙水压力量测的单、双桥探头,可测定比贯入阻力(p_s)、锥尖阻力(q_c)、侧壁摩阻力(f_s)和贯入时的孔隙水压力(u)。

为了利用静力触探试验确定地基承载力,实践中都是利用静力触探比贯入阻力(p_s)与载荷试验求得的比例界限值进行对比或者与后面叙述的按规范查表所得的承载力相对比,建立比贯入阻力与天然地基容许承载力的相关关系,再由静力触探测得土层的比贯入阻力即可确定该土层的承载力值。

(3) 公式计算

当偏心距 e 小于或等于 0.033 倍基础底面宽度时,根据土的抗剪强度指标确定地基承载力特征值可按下式计算,并应满足变形要求:

$$f_a = \gamma b M_b + \gamma_m d M_d + c_k M_c \tag{5-1}$$

式中:f_a——由土的抗剪强度指标确定的地基承载力特征值;

M_b, M_d, M_c——承载力系数,按《建筑地基基础设计规范》(GB 5008—2012)表 5.2.5 确定;

b——基础底面宽度,大于 6 m 时按 6 m 取值,对于砂土小于 3 m 时按 3 m 取值;

c_k——基底下 1 倍短边宽深度内土的黏聚力标准值;

γ——基础底面以下土的重度,地下水位以下取浮重度;

d——基础埋置深度(m);

γ_m——基础底面以上土的加权平均重度,地下水位以下取浮重度。

5.6.2 地基变形破坏的基本类型

1) 地基不均匀下沉和变形过大

地基不均匀下沉和变形过大是地基基础工程中最常见的两种变形。地基土强度低、压缩性大，通常是产生下沉的重要原因。特殊土的不良工程性质也是造成修建在该类土层上的工程建筑物下沉变形的重要原因。膨胀土具有遇水膨胀、失水收缩的特性，只要地基土中水分发生变化，膨胀土地基就产生胀缩变形，从而导致建筑物变形甚至破坏。湿陷性黄土质地疏松，大孔隙发育，富含可溶盐，浸水后结构迅速破坏而发生湿陷。饱水的粉砂地基在地震作用下突然液化也是引起地基下沉、变形的一个重要原因。地基土层厚度变化较大，或基础置于不同岩、土层地基上均可造成地基不均匀下沉，导致建筑物倾斜甚至倒塌。

2) 地基的滑移、挤出

发生地基滑移、挤出的实质是地基强度不足，出现剪切破坏。它们多发生在软弱的地基土或具有滑移条件、产状不利的软弱岩层中。

1941年修建的加拿大特朗斯康谷仓是建筑工程著名的软弱地基发生破坏的例子，因设计时忽略了持力层下部的软弱土层，在建成后第一次装料时就发生整体倾倒。

3) 地基的剪切破坏

工程实践表明，地基因强度不足而发生的破坏都是剪切破坏。土是由气体、水和固体碎屑颗粒构成的三相体，土颗粒之间的联结强度远低于颗粒自身的强度，不能承受拉力。

当地基岩、土层中某一点的任意一个平面上剪应力达到或超过它的抗剪强度时，这部分岩、土体将沿着剪应力作用方向相对于另一部分地基岩、土体发生相对滑动，开始剪切破坏。一般来说，在外荷载不太大时，地基中只有个别点位上的剪应力超过其抗剪强度，也就是局部剪切破坏常发生在基础边缘处。随着外荷载的增大，地基中的剪切破坏由局部点位扩大到相互贯通，形成一个连续的剪切滑动面地基变形增大，基础两侧或一侧地基向上隆起，基础突然下陷，地基发生整体剪切破坏，见图5-14。

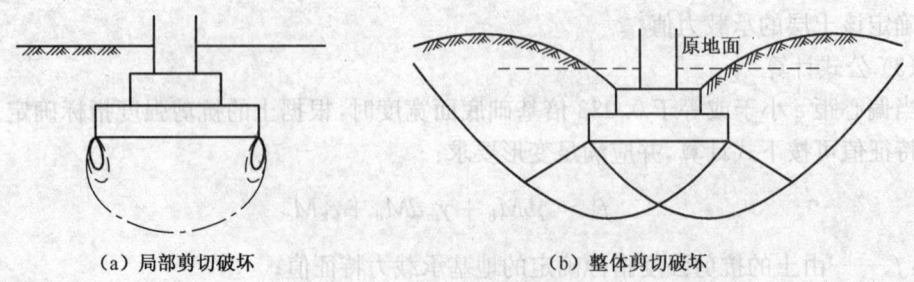

(a) 局部剪切破坏　　　　　　(b) 整体剪切破坏

图 5-14　地基剪切破坏

5.6.3 岩溶与土洞对地基稳定性的影响

岩溶与土洞对地基稳定性产生影响的主要问题是：在地基主要受力层范围内有溶洞或土洞等洞穴，当施加附加荷载或振动荷载后，洞顶坍塌，使地基突然下沉。对洞穴顶板稳定性评价可根据洞穴空间是否填满而定。

岩溶与土洞对地基稳定性的影响主要表现在以下3个方面：

（1）在地基主要受力层范围内有溶洞或土洞等洞穴，当施加附加荷载或振动荷载后，洞顶坍塌，使地基突然下沉，造成对地基承载能力的破坏。对洞穴顶板稳定性的评判可依据洞穴空间是否填满而定。主要表现在以下两个方面：

① 洞穴空间自行填满时，顶板厚度大于塌落厚度，地基是稳定的，常见有顶板为中厚层、薄层，裂隙发育、易风化的软弱岩层，顶板有坍塌可能的溶洞。

② 洞穴空间不能自行填满或洞穴顶板下面脱空时，则要验算顶板的力学稳定性。

（2）地表岩溶有溶槽、石芽、漏斗等，造成基岩起伏较大，并且在凹面处往往有软土层分布，因而使地基不均匀。老基础埋置在基岩上，其附近有溶沟、竖向岩溶裂隙、落水洞等，有可能使基础下岩层沿倾向临空面的软弱结构面产生滑动。

（3）凡是岩溶地区有第四纪土层分布地段，要注意土洞发育的可能性，应查明建筑场地内土洞成因、形成条件，土洞的位置、埋深、大小以及与土洞发育有关的溶洞、溶沟（槽）的分布，研究地表土层的塌陷规律。

在塌陷区选择建（构）筑物的地基时，应尽量遵循下列经验：

① 建筑场地应选择在地势较高的地段。

② 建筑场地应选择在地下水最高水位低于基岩面的地段。

③ 建筑场地应与抽、排水点有一定距离，建（构）筑物应设置在降落漏斗半径之外。如在降落漏斗半径范围内布置建筑物时，需控制地下水的降深值，使动水位不低于上覆土层底部或稳定在基岩面以下，即不使其在土层底部上下波动。

④ 建（构）筑物一般应避开抽水点地下水主要补给的方向，但当地下水呈脉状流时，下游亦可能产生塌陷。

5.6.4 地震液化与断裂对地基稳定性的影响

从我国多次强震中遭受破坏的建筑来看，发现有些房屋是因地基的原因而导致上部结构的破坏。这类出问题的地基多半为液化地基、易发生震陷的软弱黏土地基或不均匀地基，大量的一般性地基是具有良好的抗震能力的。冶金部建筑研究总院刘惠珊等（1980）曾对地基震害原因进行了研究，并将地基震害原因作了统计（见表5-2）。统计结果表明，在平原地区液化和软土震陷居多，在山区则以不均匀地基和液化为多。可见地基震害液化原因是最主要的。

1) 液化层的判别

饱和土液化的原因在于振动下土体积收缩和土体排水不畅，孔隙水压力上升，导致有效应力降低之故。因此影响液化的主要因素有振动强度、透水性、密度、黏性、静应力状态等。当地基内存在如下土层的特点时应注意：

表5-2 地基震害原因统计表

地基震害原因	在整个地基震害中所占百分比(%)	
	1962～1971年的8次地震	海城地震与唐山地震
液化	28.0	45.4

续表 5-2

地基震害原因	在整个地基震害中所占百分比(%)	
	1962~1971 年的 8 次地震	海城地震与唐山地震
软土震陷	11.6	20.4
不均匀地基	44.2	6.8
填土	7.0	11.4
地裂、地面运动或原因不明	9.2	16.0

(1) 若土的密度大,则振动下体积收缩的趋势小,不易液化。很密的土甚至会振松,体积有变大的趋势,此时土内的孔隙水压力不仅不增加,反而成为负值,土由外部向孔隙中吸水,土粒上的有效应力增大。

(2) 当土的渗透性不好,则不易排水,孔隙水压力得以增大,因此易于液化。

(3) 若土的黏性大,则在有效应力消失时土粒还可依赖黏聚力来联系,不致使骨架崩溃,因此黏性大的土不易液化。

(4) 若土受的有效应力大,或土层埋深大,则需要较高的孔隙水压力,故比受力小的土更难液化。

(5) 振动强度增大至一定程度时会产生液化。一般经验认为:地震烈度在 6 度及其以下的地区很少发现液化造成的喷水冒砂现象。

综上所述,在一般的地震强度下(烈度 6~9 度,地面最大振动加速度平均值为 0.1~0.4 g),饱和的松至中密的砂和粉土是最常见的液化土。因为这类土透水性差,黏性小,密度差且埋藏较浅。砾石、干砂、黏性土、黄土等在 7~9 度的地震烈度下通常不会液化,一般作为非液化土。

在工程地质勘察中,液化层通常采用原位测试方法来判别。

① 标准贯入试验判别

凡初判为可能液化或需考虑液化影响时,应采用标准贯入试验进一步确定其是否液化。当饱和砂土或粉土实测标准贯入锤击数 $N_{63.5}$ 值小于式(5-2)确定的临界值 N_{cr} 时,则应判为液化土,否则为不液化土。凡判别为可液化土层,应按照现行国家标准《建筑抗震设计规范》规定确定其液化指数和液化等级。

$$N_{cr} = N_0[0.9 + 0.1(d_s - d_w)]\sqrt{\frac{3}{\rho_c}} \quad (d_s \leqslant 15 \text{ m})$$

$$N_{cr} = N_0(2.4 + 0.1d_w)\sqrt{\frac{3}{\rho_c}} \quad (15 \leqslant d_s \leqslant 20 \text{ m})$$

(5-2)

式中:d_s——饱和土标准贯入点深度(m);

d_w——地下水位深度(m);

ρ_c——饱和土的粘粒含量百分率,当 $\rho_c(\%) < 3$ 时,取 $\rho_c = 3$;

N_0——饱和土液化判别的基准贯入击数,可按表 5-3 采用。

表 5-3 液化判别基准标准贯入锤击数 N_0 值

烈度	7度	8度	9度
远震	6	10	16
近震	8	12	—

② 静力触探试验判别

当采用静力触探试验时，饱和砂土和粉土进行液化判别可按式(5-3)和(5-4)来计算：

$$p_{scr} = p_{so} \cdot a_w \cdot a_u \cdot a_p \tag{5-3}$$

$$p_{ccr} = p_{co} \cdot a_w \cdot a_u \cdot a_p \tag{5-4}$$

式中：p_{scr}、p_{ccr}——分别为饱和土静力触探液化比贯入阻力临界值和锥尖阻力临界值(MPa)；

p_{so}、p_{co}——分别为地下水位深度 $d_w = 2$m，上覆非液化土层厚度 $d_u = 2$m 时，饱和土液化临界贯入阻力和临界锥尖阻力(MPa)，可按表 5-4 取值；

a_w——地下水位影响系数，按式(5-5)计算；

a_u——上覆非液化土层影响系数，按式(5-6)计算，对于深基础，$a_u = 1$；

$$a_w = 1 - 0.065(d_w - 2) \tag{5-5}$$

$$a_u = 1 - 0.05(d_u - 2) \tag{5-6}$$

d_u——上覆非液化土层厚度，计算时需将淤泥与淤泥质土层厚度扣除(m)；

a_p——土性综合影响系数，按表 5-5 取值。

表 5-4 液化判别 p_{so} 及 p_{co} 值

烈度	7度	8度	9度
p_{so}(Mpa)	5.0~6.0	11.5~13.0	18.0~20.0
p_{co}(Mpa)	4.6~5.5	10.5~11.8	16.4~18.2

表 5-5 土性综合影响系数 a_p 值

土性	砂土	粉土	
塑性指数	$I_p \leqslant 3$	$3 < I_p \leqslant 7$	$7 < I_p \leqslant 10$
a_p	1.0	0.6	0.46

2) 断层带对地基稳定性的影响

地震可能使地层内发生断裂或已有的断层复活，这对地基稳定性是有影响的。对于勘察和设计人员而言，必须关心与查清下列问题：断层是活动的还是非活动的；断层的类型及其活动方式；断层形成的时间；断层活动和破碎带对工程的影响等。

工程地质勘察中应提出场地和地基的断裂类型、特点及其活动性，并按下列断裂的地震影响进行分类：

(1) 全新活动断裂

全新活动断裂是指在全新世地质时期(1万年)内有过较强烈的地震活动或近期正在活

动,在将来(今后 100 年)可能继续活动的断裂。按其活动强度可将全新活动断裂分为强烈的、中等的和微弱的级别,其特征如表 5-6 所示。

表 5-6 全新活动断裂分级

断裂分级		活 动 性	平均活动速率 v(mm/a)	历史地震及震级
Ⅰ	强烈全新活动断裂	中期或晚期更新世以来有活动,全新世以来活动强烈	$v \geqslant 1$	$M \geqslant 7$
Ⅱ	中等全新活动断裂	中期或晚期更新世以来有活动,全新世以来活动较强烈	$v \geqslant 0.1$	$7 < M \geqslant 6$
Ⅲ	微弱全新活动断裂	全新世以来有活动	$v < 0.1$	< 6

(2) 发震断裂

发震断裂是指在全新活动断裂中,近期(近 500 年来)地震活动中,震级 $M \geqslant 5$ 的震源所在的断裂;在未来的 100 年内,可能发生 $M \geqslant 5$ 级地震的断裂。

(3) 非全新活动断裂

非全新活动断裂是指 1 万年以来没有发生过任何形式活动的断裂。

(4) 地裂

地裂可分为构造性地裂和重力性(非构造性)地裂两种。

① 构造性地裂

构造性地裂是指在强烈地震作用下,在地面出现或可能出现的以水平位错为主的构造性断裂,为强烈地震动的产物,与震源没有直接联系。地裂缝最大值出现在地表,并随深度增加而逐渐消失,受震源机制控制并与发震断裂走向吻合,具有明显的继承性和重复性。

② 重力性(非构造性)地裂

重力性地裂是指由于地基土地震液化、滑移、地下水位下降造成地面沉降等原因在地面形成沿重力方向产生的无水平错位的张性地裂缝。

非活动断裂对建筑的影响较小。在过去较长时期内,人们曾对破碎带附近的地震反应是否加强心存疑虑。经过国内外多次的震害调查,已弄清非活动断裂附近建(构)筑物的震害大多并不比其他地方明显加重,因此没有必要专门避开这一地区。但断层破碎带如果出现在距地表不远的深度,则带来地基上均匀性差的问题,要求对跨越破碎带的房屋地基与基础设计按不均匀地基来对待,以避免地震时的不均匀震陷和上部结构的地震反应复杂化等不利影响。如有可能,则不应将建筑物跨越断层破碎带。

对于活动(发震)断裂,可将其分为非破坏性的与破坏性的。非破坏性发震断裂的震级一般 $M < 5.5$,能产生小震与岩土的蠕动,在工程使用期间内可能会出现地表位移。故宜将建(构)筑物布置在一定距离以外。如为重要建筑物或高层建筑,避开距离应在 300 m 之外。但当第四纪覆盖层大于 20 m 时,其避开距离可适当缩小。破坏性发震断裂的震级一般 $M > 5.5$。由于断裂侧岩层的错动突然,且错动的距离大,一般以 1~2 m 者居多,这样大的错距使一般结构无法承受,故应避开至影响范围之外。若第四纪覆盖层厚度大于 50 m,则地表一般无错位,这对建(构)筑物的不利影响将大为减少。

5.6.5 斜坡岩土体移动对地基稳定性的影响

在山区建筑中，建(构)筑物经常选在斜坡上或斜坡顶或斜坡脚或邻近斜坡地区，斜坡的稳定性将会影响建(构)筑物的地基稳定和建(构)筑物的安全与使用。如图5-15所示，斜坡内潜伏有一弧形滑面，它是过去滑坡滑面的遗迹。目前从表面看来似乎是一个完整的斜坡。如果忽视了斜坡过去曾发生过岩土体滑动，或者没有勘察清楚斜坡的滑坡遗迹，设计人员将基础放在坡顶或坡脚，那么图5-15中基础Ⅰ和基础Ⅱ的安全性值得怀疑。如果滑坡复活，将导致基础失稳。基础Ⅰ无疑增加了滑坡的下滑力(或力矩)，对斜坡显然不利。基础Ⅱ虽然位于坡脚，但起到了压脚的作用，即增加了抗滑力(或力矩)，因此对斜坡稳定作用有利。但是，一旦滑坡复活，基础土也随着失效。由此可见，为确保基础稳定，最安全的方法是将基础位置移到滑弧影响带之外，即基础Ⅰ要增大距离 a 至滑弧之外，基础Ⅱ同样要增大距离 a 至滑弧之外，使其位于滑弧之外有足够的空间位置，使下滑的滑体对基础达不到推压的作用。可见，斜坡的稳定性是基础选址的关键。工程地质工作应对斜坡的稳定性作出评价。为此，工程地质勘察应对下列问题作出分析和评估。

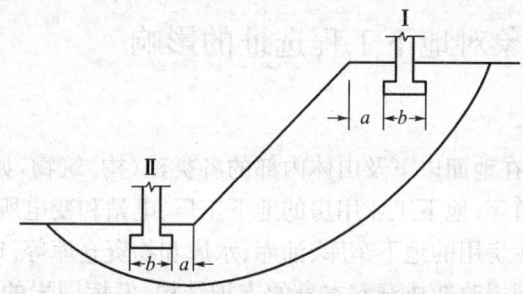

图5-15 基础位于坡顶和坡脚位置图

1) 斜坡稳定性因素分析

(1) 黏性土类斜坡

均一的黏性土类斜坡的稳定性，主要取决于黏性土的性质(密度、湿化性、抗剪强度)、地下水及地表水的活动。当为双层或多层结构时，还取决于层面的性质和软弱夹层的分布。当有裂隙存在时，裂隙的分布规律和发育程度对斜坡的稳定也有影响。

(2) 碎石类斜坡

碎石类斜坡的稳定性取决于碎石粒径的大小和形状及胶结情况和密实程度。在山区，碎石类土一般均含有黏性土或黏性土夹层，其稳定性主要取决于黏性土的性质与地下水活动情况。

当黏性土或碎石类土与基岩接触构成斜坡时，其稳定性取决于接触面的形状、坡度的大小、地下水在接触面的活动以及基岩面的风化情况。

(3) 黄土类斜坡

黄土类斜坡的稳定性取决于土层的密实程度和地层年代、成因，不同时期黄土的接触情况，地形地貌和水文地质条件，黄土本身陷穴、裂隙发育程度，主要力学指标的变化幅度，气候条件,地震影响以及河流冲刷等因素。

（4）岩石类斜坡

岩石类斜坡的稳定性主要取决于结构面的性质及其空间的组合以及结构体的性质及其立体形式。

2）边坡稳定性分析

边坡是指建（构）筑物近旁的天然斜坡或经人工开挖后的斜坡。边坡稳定性分析的目的在于根据工程地质条件确定边坡断面的合理尺寸（即容许坡度和高度），或验算拟定的断面尺寸是否稳定和合理。

边坡稳定分析中多采用稳定系数（K）来表征边坡的稳定程度,稳定系数一般都取大于1。新设计的边坡,对工程安全等级为一级的边坡工程,K 值宜采用 1.30～1.50；工程安全等级为二级的边坡工程,宜采用 1.15～1.30；工程安全等级为三级的边坡工程,宜采用 1.05～1.15。当边坡采用峰值抗剪强度参数设计时,K 取大值；采用残余抗剪强度参数设计时,K 取小值。在验算已有边坡的稳定性时,K 值可采用 1.10～1.25。

常用的边坡稳定分析方法有工程地质类比法及极限平衡计算法等。

5.7 不良地质现象对地下工程选址的影响

地下工程是指建筑在地面以下及山体内部的各类建（构）筑物,如地下交通运输用的铁道和公路隧道、地下铁道等；地下工业用房的地下工厂、电站和变电所及地下矿井巷道、地下输水隧洞等；地下储存库房用的地下车库、油库、水库和物资仓库等；地下生活用房利用周围介质的有利功能,如把围岩改造成洞室本身的支护结构,发挥围岩的自承能力。由此可见,为确保地下洞室的安全和使用,应研究围岩的稳定性和自承能力而出现的地质问题。一般来说,地下工程所要解决的主要工程地质问题有以下方面：

（1）在选择地下建筑工程位置时,判定拟建工程的区域稳定性和山体岩体的稳定性（包括洞口边坡稳定和洞身岩体的稳定）。这时,一般多从拟建洞室山体的地形、地貌、地层岩性、地质构造、水文地质条件以及其他影响建洞的不良地质现象等方面来判定岩体的稳定性。

（2）在已选定的工程位置上判定地下建筑工程所在岩体的稳定性。这个阶段除进行一般的岩体稳定评价以外,还要解决一些与土建设计有关的岩体稳定方面的问题。这些问题有：

① 洞室四周岩体的围岩压力的评价（即岩体本身对衬砌支护的压力评价）。

② 岩体内地下水压力的评价（即地下水对衬砌支护的压力）。

③ 提出保护围岩稳定性和提高稳定性的加固措施。

下面着重就建洞山体的基本工程地质条件、地下工程总体位置和洞口、洞轴线的选择要求分别加以分析和讨论。

5.7.1 地下工程总体位置的选择

在进行地下工程总体位置选择时,首先要考虑区域稳定性,此项工作的进行主要是向有关部门收集当地的有关地震、区域地质构造史及现代构造运动等资料,进行综合地质分析和评价。特别是对于区域性深大断裂交会处,近期活动断层和现代构造运动较为强烈的地段,尤其要引起注意。

一般认为,具备下列条件是宜于建洞的:
(1) 基本地震烈度一般小于8度,历史上地震烈度及震级不高,无毁灭性地震。
(2) 区域地质构造稳定,工程区无区域性断裂带通过,附近没有发震构造。
(3) 第四纪以来没有明显的构造活动。

区域稳定性问题解决以后,即地下工程总体位置选定后,下一步就要选择建洞山体。一般认为理想的建洞山体必须具有以下条件:
(1) 在区域稳定性评价基础上,将洞室选择在安全可靠的地段。
(2) 建洞区构造简单,岩层厚且产状平缓,构造裂隙间距大、组数少,无影响整个山体稳定的断裂带。
(3) 岩体完整,成层稳定,且具有较厚的单一的坚硬或中等坚硬的地层,岩体结构强度不仅能抵抗静力荷载,而且能抵抗冲击荷载;地形完整,山体受地表水切割破坏少,没有滑坡、塌方等早期埋藏和近期破坏的地形。无岩溶或岩溶很不发育,山体在满足进洞生产面积的同时,具有较厚的洞体顶板厚度作为防护地层;地下水影响小,水质满足建厂要求。
(4) 无有害气体及异常地热。

5.7.2 洞口选择的工程地质条件

洞口的工程地质条件,主要是考虑洞口处的地形及岩性、洞口底的标高、洞口的方向等问题。至于洞口数量和位置(平面位置和高程位置)的确定必须根据工程的具体要求,结合所处山体的地形、工程地质及水文地质条件等慎重考虑。因为出入口位置的确定,一般来说,基本上就决定了地下洞室轴线位置和洞室的平面形状。

1) 洞口的地形和地质条件

洞口宜设在山体坡度较大的一面(大于30°),岩层完整,覆盖层较薄,最好设置在岩层裸露的地段,以免切口刷坡时刷方太大,破坏原来的地形地貌。一般来说洞口不宜设在悬崖峭壁之下,以免岩块掉落堵塞洞口。特别是在岩层破碎地带,容易发生山崩和土石塌方,堵塞洞口和交通要道。

2) 洞口底标高的选择

洞口底的标高一般应高于谷底最高洪水位以上0.5~1.0 m的位置(千年或百年一遇的洪水位),以免在山洪暴发时洪水泛滥倒灌流入地下洞室;如果离谷底较近,易聚集泥石流和有害气体,各个洞口的高程不宜相差太大,要注意洞室内部工艺和施工时所要求的坡度,便于各洞口之间的道路联系。

3) 洞口边坡的物理地质现象

在选择洞口位置时，必须将进出口地段的物理地质现象调查清楚。洞口应尽量避开易产生崩塌、剥落和滑坡等地段，或易产生泥石流和雪崩的地区，以免对工程造成不必要的损失。

5.7.3 洞室轴线选择的工程地质条件

洞室轴线的选择主要是由地层岩性、岩层产状、地质构造以及水文地质条件等方面综合分析来考虑确定。

1) 布置洞室的岩性要求

洞室工程的布置对岩性的要求是：洞室布置尽可能选取地层岩性均一，层位稳定，整体性强，风化轻微，抗压与抗剪强度较大的岩层。一般来说，凡是没有经受剧烈风化及构造运动影响的大多数岩层都适宜修建地下工程。

岩浆岩和变质岩大部分属于坚硬岩石，如花岗岩、闪长岩、辉长岩、辉绿岩、安山岩、流纹岩、片麻岩、大理岩、石英岩等。在由这些岩石组成的岩体内建洞，只要岩石未受风化，且较完整，一般的洞室（地面下不超过 200～300 m，跨度不超过 10 m）的岩石强度是不成问题的。也就是说，在这些岩石所组成的岩体内建洞，其围岩的稳定性取决于岩体的构造和风化等方面，而不在于岩性。在变质岩中有部分岩石是属于半坚硬的，如黏土质片岩、绿泥石片岩、千枚岩和泥质板岩等，在这些岩组成的岩体内建洞容易崩塌，影响洞室的稳定性。

沉积岩的岩性比较复杂，总的来说比岩浆岩和变质岩差。在这类岩石中较坚硬的有岩溶不太发育的石灰岩、硅质胶结的石英砂岩、砾岩等，而岩性较为软弱的有泥质页岩、黏土岩、砾岩和部分凝灰岩等，这些较软弱的岩石往往具有易风化的特性。例如，四川红层软岩中的黏土页岩，从其中取出的新鲜岩石试件 2 个月后就碎裂成 0.5 cm 的碎块；辽宁某地采得的凝灰岩新鲜岩石试件 2 个月后裂成 1.0 cm 的碎块。在这类岩体中建洞，施工时围岩容易变形和崩塌，或只有短期的稳定性。

2) 地质构造与洞室轴线的关系

洞室轴线位置的确定，纯粹根据岩性好坏往往是不够的，通常与岩体所处的地质构造的复杂程度有着密切的关系。在修建地下工程时，岩层的产状及成层条件对洞室的稳定性有很大影响，尤其是岩层的层次多、层薄或夹有极薄层的易滑动的软弱岩层时，对修建地下工程很不利。

岩层无裂隙或极少裂隙的倾角平缓的地层中压力分布情况是：垂直压力大，侧压力小；相反，岩层倾角陡，则垂直压力小，而侧压力增大。

下面进一步分析有关洞室轴线与岩层产状要素及其与地质构造的关系。

(1) 当洞室轴线平行于岩层走向

根据岩层产状要素和厚度不同大体有如下 3 种情况：

① 在水平岩层中（岩层倾角<5°～10°），若岩层薄，彼此之间联结性差，又属不同性质的岩层，在开挖洞室（特别是大跨度的洞室）时常常发生塌顶，因为此时洞顶岩层的作用如同过梁，它很容易由于层间的拉应力到达极限强度而导致破坏。如果水平岩层具有各个方向的

裂隙，则常常造成洞室大面积的坍塌。因此，在选择洞室位置时，最好选在层间联结紧密、厚度大(即大于洞室高度2倍以上者)、不透水、裂隙不发育且无断裂破碎带的水平岩体部位，这样对于修建洞室是有利的(图5-16)。

② 在倾斜岩层中，一般来说是不利的。因为此时岩层完全被洞室切割，若岩层间缺乏紧密联结，又有几组裂隙切割，则在洞室两侧边墙所受的侧压力不一致，容易造成洞室边墙的变形(图5-17)。

图 5-16　水平岩层中洞址　　　　　　图 5-17　倾斜岩层中洞址

③ 在近似直立的岩层中，出现与上述倾斜岩层类似的动力地质现象，在这种情况下，最好限制洞室同时齐挖的长度，而应采取分段齐挖。若整个洞室位置处在厚层、坚硬、致密、裂隙又不发育的完整岩体内，其岩层厚度大于洞室跨度1倍或更大者则情况例外。但一定要注意不能把洞室选在软硬岩层的分界线上(图5-18)。特别要注意不能将洞室置于直立岩层厚度与洞室跨度相等或小于跨度的地层内(图5-19)。因为地层岩性不一样，在地下水作用下更易促使洞顶岩层向下滑动，破坏洞室，并给施工造成困难。

图 5-18　陡立岩层中洞址　　　　　　图 5-19　陡立岩层岩性分界面处洞址

(2) 当洞室轴线与岩层走向垂直正交

当洞室轴线与岩层走向垂直正交时，为较好的洞室布置方案。因为在这种情况下，当开挖导洞时，由于导洞顶部岩石应力再分布的结果，断面形成一抛物线形的自然拱，因而由于岩层被开挖对岩体稳定性的削弱要小得多，其影响程度取决于岩层倾角大小和岩性的均一性。

① 当岩层倾角较陡，各岩层可不需依靠相互间的内聚力联结而能完全稳定。因此，若岩性均一，结构致密，各岩层间联结紧密，节理裂隙不发育。在这些岩层中开挖地下工程最好(图5-20)。

② 当岩层倾角较平缓,洞室轴线与岩层倾斜的夹角较小,若岩性又属于非均质的、垂直或外交层面节理裂隙又发育时,在洞顶就容易发生局部石块坍落现象,洞室顶部常出现阶梯形特征(图5-21)。

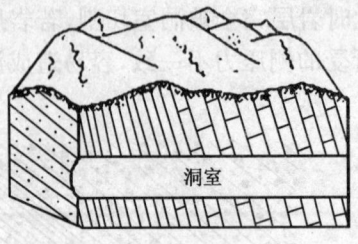

图5-20　单斜(陡倾立)构造中洞址

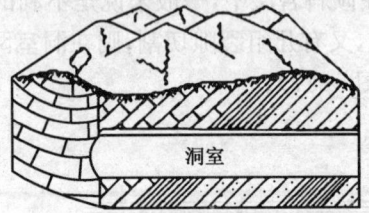

图5-21　单斜(缓倾斜)构造中洞址

(3) 洞室轴线穿过褶曲地层

洞室轴线穿过褶曲地层时,由于地层受到强烈褶曲后其外线被拉裂,内线被挤压破碎,加上风化营力作用,岩层往往破碎严重,因而在开挖时遇到的岩层岩性变化较大,有时在某些地段常遇到大量的地下水,而在另一些地段可能发生洞室顶板岩块大量坍落。一般洞室轴线穿越褶曲地层时可遇到以下几种情况:

① 洞室横穿向斜层。在向斜的轴部有时可遇到大量地下水的威胁和洞室顶板岩块崩落的危险。因轴部的岩层遭到挤压破碎常呈上窄下宽的楔形石块(图5-22),组成倒拱形,因而使其轴部岩层压力增加,洞顶岩块最容易突然坍落到洞室。另外,由于轴部岩层破碎且弯曲呈盆形,在这些地带往往是自流水储存的场所。当洞室开挖在多孔隙的岩层中,在高压力下,大量的地下水将突然涌入洞室;如果所处岩层是致密的坚硬岩石,则承压状态的地下水将出现于许多节理中,对洞室围岩稳定和施工将会造成很大的威胁(图5-23)。

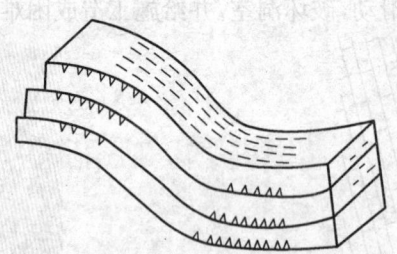

图5-22　褶曲构造中裂隙的分布

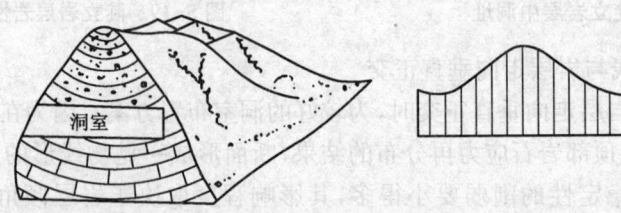

图5-23　向斜地段洞室轴线上压力强度分布示意图

② 洞室轴线横穿背斜层。由于背斜呈上拱形,虽岩层被破碎然犹如石砌的拱形结构,能很好地将上覆岩层的荷重传递到两侧岩体中去,因而地层压力既小又较少发生洞室顶部

坍塌事故。但是应注意若岩层受到剧烈的动力作用被压碎,则顶板破碎岩层容易产生小规模掉块。因此,当洞室穿过背斜层也必须进行支撑和衬砌(图 5-24)。

③ 当洞室轴线与褶曲轴线重合时,也可有几种不同情况。当洞室穿过背斜轴部时,从顶部压力来看,可以认为比通过向斜轴部优越,因为在背斜轴部形成了自然拱圈。但是另一方面,背斜轴部的岩层处于张力带,遭受过强烈的破坏,故在轴部设置洞室一般是不利的(图 5-25 中的 1 号洞室)。当洞室置于背斜的翼部(图 5-25 中的 2 号洞室)时,顶部及侧部均处于受剪切力状态,在发育剪切裂隙的同时,由于地下水的存在,将产生动水压力,因而倾斜岩层可能产生滑动而引起压力的局部加强。当洞室沿向斜轴线开挖(图 5-25 中的 3 号洞室),对工程的稳定性极为不利,应另选位置。若必须在褶曲岩层地段修建地下工程,可以将洞室轴线选在背斜或向斜的两翼,这时洞室的侧压力增加,在结构设计时应慎重分析,采取加固措施。

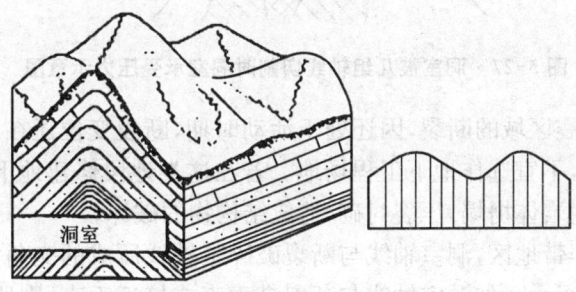

图 5-24 背斜地段洞室轴线上压力强度分布示意图

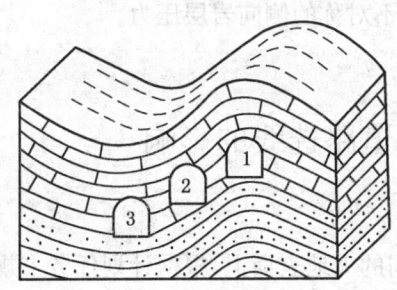

图 5-25 褶曲地区洞室轴线与褶曲轴线重合时位置比较示意图

(4) 在断裂破碎带地区洞室位置的布置

在断裂破碎带地区洞室位置的布置应特别慎重。一般情况下,应避免洞室轴线沿断层带的轴线布置,特别是在较宽的破碎带地段,当破碎带中的泥砂及碎石等尚未胶结成岩时,一般不允许建筑洞室工程,因为断层带的两侧岩层容易发生变位,导致洞室的毁坏;断层带中的岩石又多为破碎的岩块及泥土充填,且未被胶结成岩,最易崩落,同时亦是地表水渗漏的良好通道,故对地下工程危害极大,如图 5-26 中的 1 号洞室。

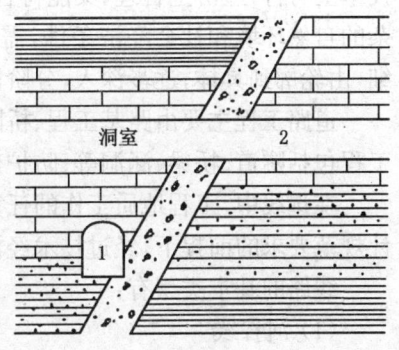

图 5-26 洞室轴线与断层轴线示意图

当洞室轴线与断层垂直时(图 5-26 中的 2 号洞

室),虽然断裂破碎带在洞室内属局部地段,但在断裂破碎带处岩层压力增加,有时还会遇到高压的地下水,影响施工。若断层两侧为坚硬致密的岩层,容易发生相对移动。特别是遇到有几组断裂纵横交错的地段,洞室轴线应尽量避开。因为这些地段除本身压力增高外,还应考虑压力沿洞室轴线及其他相应方向重新分布,这是由几组断裂切割形成的上大下小的楔形山体可能将其自重传给相邻的山体,而使这些部位的地层压力增加(图 5-27)。

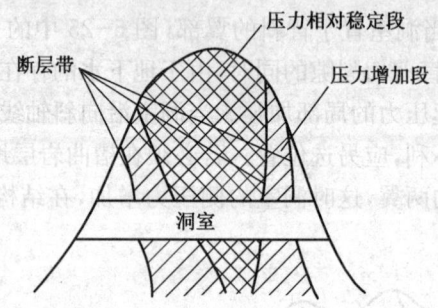

图 5-27 洞室被几组轴线切割时洞室承受压力示意图

在新生断裂或地震区域的断裂,因还处于活动时期,断裂变位还在复杂的持续过程中,这些地段是不稳定的,不宜选作地下工程场地。若在这类地段修建地下工程将会遇到巨大的岩层压力,且易发生岩体坍塌,压裂衬砌,造成结构物的破坏。

总之,在断裂破碎带地区,洞室轴线与断裂破碎带轴线所成的交角大小,对洞室稳定及施工的难易程度关系很大。如洞室轴线与断裂带垂直或接近垂直,则所需穿越的不稳定地段较短,仅是断裂带及其影响范围岩体的宽度;若断裂带与洞室轴线平行或交角甚小,则洞室不稳定地段增长,并将发生不对称的侧向岩层压力。

5.8 不良地质现象对道路选线的影响

选线是在路线起终点之间的大地表面上,根据计划任务书规定的使用任务和性质,结合当地自然条件,选定道路中线的位置的过程。选线是在道路规划路线起终点之间选定一条技术上可行,经济上合理,又能符合使用要求的道路中心线的工作,它面对的是一个十分复杂的自然环境和社会经济条件,需要综合考虑多方面因素。为达此目的,选线必须由粗到细,由轮廓到具体,逐步深入,分阶段、分步骤地加以分析比较,才能定出最合理的路线。

道路工程主要由路基工程、桥隧工程、防护建筑物组成;路基工程包括路堤和路堑;桥隧工程包括隧道、桥梁、涵洞等;防护建筑物包括明洞、挡土墙、护坡、排水盲沟等。

在选线中,工程地质工作的任务是查明各比较线路方案沿线的工程地质条件,在满足设计规范要求的前提下,经过技术经济比较选出最优方案。

线路的基本类型有:

(1)河谷线

优点是坡度缓,挖方少,施工方便。但在平原区河谷常发育有低地沼泽、洪水泛滥;丘陵山区河谷坡度大,流水冲刷路基,常遇有泥石流,桥隧工程量大。

(2) 山脊线

优点是地形平坦,挖方量少,桥隧工程量少。但山脊宽度小,不便施工。

(3) 山坡线

优点是可以任意选择线路坡度,路基多采用半填半挖。但线路曲折,土石方量大,桥隧工程多。

(4) 越岭线

优点是可以通过巨大山脉,缩短距离。但地形崎岖,不良地质现象发育。

(5) 跨谷线

需要造桥,可缩短距离和降低坡度。但工程量大,费用高。

如图 5-28 所示,AB 两点间共有 3 种基本选择方案,方案 1 需修 2 座桥和 1 座长隧道,费用高,施工难度大;方案 2 西段为不良地质现象发育地区,整治费用高,并需修 1 座短隧道;方案 3 需修 2 座桥梁,也不经济。综合上述方案,提出第 4 个方案,西段在河流弯曲地段距离最近处,改弯取直使河道迁移改道,可免建 2 座桥梁,改用路堤通过。东段连接方案 2 的沿河路线。方案 4 路线虽稍长,但工程地质条件好,施工方便,费用少,故为最优方案。

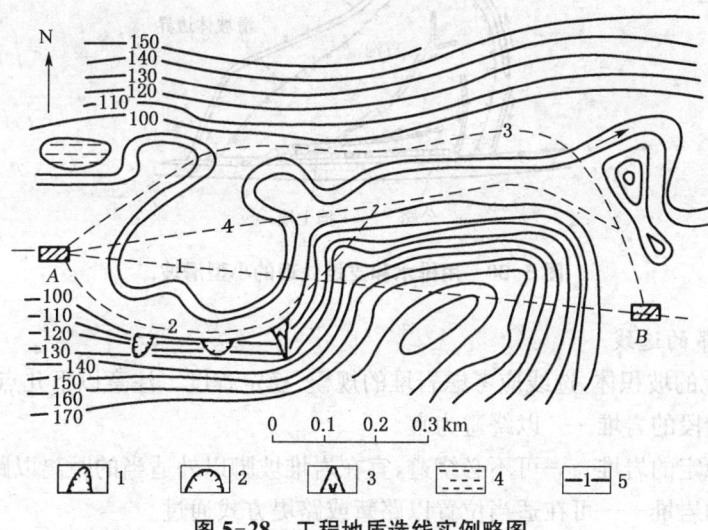

图 5-28 工程地质选线实例略图

1—滑坡群;2—崩塌区;3—泥石流堆积区;4—沼泽带;5—线路方案

1) 地质构造对选线的影响

地质构造对路基稳定性有极大的影响,在选线时对不利因素应有充分的估计。断裂带岩层破碎裂隙发育,选线时应尽量避开,不能避开时应尽量使线路垂直断裂带走向,在短距离内穿过。在岩层褶皱的地段,当线路方向与岩层走向大致平行时,若遇到向斜构造,向斜山两侧边坡对路基稳定皆有利(图 5-29(a));若为背斜山,则两侧边坡对路基稳定都不利(图 5-29(b));若为单斜山时(岩层倾角大于 10°),背向岩层倾向的山坡对路基稳定性有利,顺向岩层倾向的一侧山坡相对不利(图 5-29(c))。实际工作中还应结合岩层的岩性、裂隙、倾角和层间的结合紧密程度综合考虑。当线路方向与岩层走向交角大于 40°时,虽为倾斜岩层,但同属有利情况。

2) 滑坡地带选线

对于小型滑坡(滑体厚度小于 5 m),线路不必避让,根据滑坡的滑动类型采取排水、清方、支挡等防治措施处理(图 5-30)。

对于中型滑坡(滑体厚度 5～20 m),线路一般可以通过,但必须慎重考虑滑坡的稳定性,采取综合处理措施。线路一般从滑坡的上缘或下缘通过。上缘通过时路基宜设计成路堑以减轻滑体自重;下缘通过时宜设计成路堤以增加抗滑能力。总之,应避免大填、大挖,防止边坡失稳。对于大型滑坡(滑体厚度大于 20 m)应避开为好。

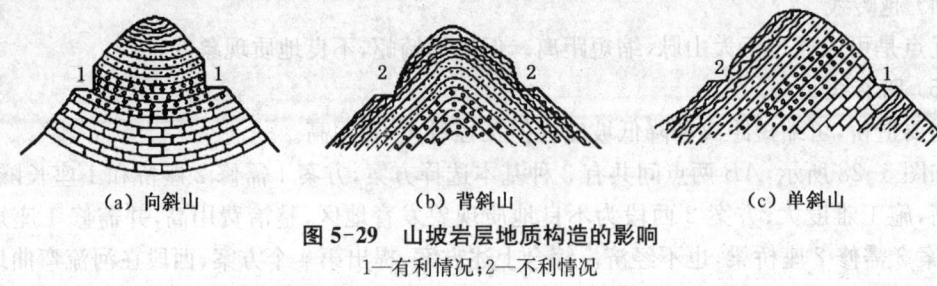

(a) 向斜山　　　　　(b) 背斜山　　　　　(c) 单斜山

图 5-29　山坡岩层地质构造的影响
1—有利情况;2—不利情况

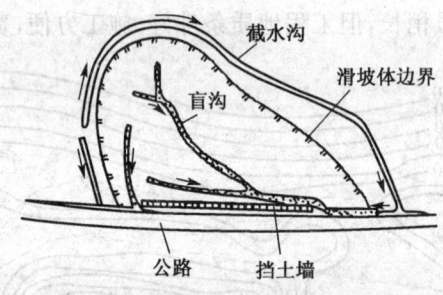

图 5-30　用排水和支挡处理的小型滑坡

3) 岩堆地带的选线

岩堆指风化的坡积体,选线应考虑岩堆的规模、稳定程度。注意以下几点:

(1) 发展阶段的岩堆——以绕避为宜。

(2) 趋于稳定的岩堆——可不必绕避,宜在岩堆坡脚以外适当的距离以路堤通过。

(3) 稳定的岩堆——可在适当位置以路堑或路堤方式通过。

4) 泥石流地段选线

泥石流是指在山区一些区域内,主要是在暴雨降落时形成的并由固体物质(石块、砂砾、粘粒)所饱和的暂时性山地洪流。具有爆发突然、运动速度快、历时短暂、破坏力极强大的特点。选线时应考虑泥石流的形成区、流通区、堆积区的划分,根据泥石流的规模大小、活动规律、处治难易、路线等级和使用性质,分析路线的布局。

(1) 通过流通区的路线

流通区地段一般常为槽形,沟壑比较稳定,沟床一般不淤积,以单孔桥跨越比较容易,也不受泥石流爆发的威胁。但这种方案平面线形可能较差,纵坡较大,沟口两侧路堑容易发生塌方滑坡。

(2) 通过洪积扇顶部的路线

若洪积扇顶部河床比较稳定,冲淤变化小,而两侧有较高的互通(通视)路线,则在洪积扇顶部布线比较理想,但应尽可能使路线靠近流通区。

(3) 通过洪积扇外缘的路线

当河谷比较开阔,泥石流沟距大河较远时,可考虑在洪积扇外缘布线。

(4) 绕道走对岸的路线

当泥石流规模较大,洪积扇已发展到大河边,整治困难,外缘布线不可能时,流通区或洪积扇顶部布线也不可能,应将路线用两桥饶走对岸或隧道穿越方案。

(5) 用隧道穿越洪积扇的方案

当绕道对岸比较困难,可考虑用隧道穿越洪积扇的方案。

(6) 通过洪积扇中部的方案

当泥石流分布很宽时,可考虑从洪积扇中部通过。一般应设计成路堤,用单孔桥通过,而不应用路堑,要预留一定的设计标高,以免受到回水和河床淤高的影响。

5) 岩溶地带选修线

(1) 尽可能将路线选择在较难溶解的岩石上。

(2) 在无难溶解的岩溶发育区,尽量选择地表覆盖厚度大、洞穴已被充填或岩溶发育相对微弱的地段,以最短路线通过。

(3) 尽可能避开构造破碎带、断层、裂隙密集带,当无法避免时,应使路线与主要构造线大角度相交。

(4) 应尽可能地避开可溶岩层与非可溶岩层的接触带,特别是与不透水层的接触带,以及低地、盆地和低谷地带等岩溶易发育地带,应尽量把线路选在分水岭和高台地上。

思考题

1. 如何确定地基承载力特征值?
2. 形成滑坡的条件是什么?影响滑坡发生的因素有哪些?
3. 什么是岩溶?岩溶有哪些主要形态?其发育的基本条件有哪些?
4. 什么是地震?天然地震按其成因可分为哪几种?
5. 何谓地震震级?震级如何确定?什么是地震烈度?根据什么确定地震烈度?
6. 震级和烈度之间的关系怎样?
7. 地震对工程建筑物的影响和破坏表现在哪些方面?

6 岩体的工程地质性质与分类

在漫长的地质历史时期内岩石经受了构造变动、风化作用和卸荷作用等各种内外力地质作用的破坏和改造,被各种地质界面(如层面、层理、节理、断层、软弱夹层)等切割,形成不连续的非均匀各向异性地质体,在工程建设中称为岩体。因此,岩体是指场地中经过变形和破坏后的岩石组合,是一种或多种岩石中的各种地质界面(结构面)和大小不同、形状不一的岩块(结构体)的总体。岩体与岩石是两个不同的概念,不能以小型完整的单块岩石来代表岩体,岩体中结构面的发育程度、性质、充填情况以及连通程度等对岩体的工程地质特性有很大的影响。

作为工业与民用建筑地基、道路与桥梁地基、地下洞室围岩、水工建筑地基的岩体,作为道路工程边坡、港口岸坡、桥梁岸坡、库岸边坡的岩体等都属于工程岩体。工程实践中遇到的岩体工程地质问题实质上就是岩(土)体的稳定问题。关于土体稳定问题,将在《土力学》课程中研究。

岩体稳定是指在一定的时间内,在一定的自然条件和人为因素的影响下,岩体不产生破坏性的剪切滑动、塑性变形或张裂破坏。岩体的稳定性,岩体的变形与破坏,主要取决于岩体内各种结构面的性质及其对岩体的切割程度。工程实践表明,边坡岩体的破坏,地基岩体的滑移,以及隧道岩体的塌落,大多数是沿着岩体中的软弱结构面发生的。岩体结构在岩体的变形与破坏中起到了主导作用。

岩体稳定分析有多种方法,但岩体结构分析是基础。通过对岩体结构的分析,可以为其他方法的分析提供边界条件。要从岩体结构的观点分析岩体的稳定性,首先要研究岩体的结构特征。

6.1 岩块的工程地质性质

岩块的工程地质性质包括物理性质、水理性质和力学性质。影响岩块工程地质性质的因素,主要是组成岩块的矿物成分,岩块的结构、构造和岩块的风化程度。

6.1.1 岩块的物理性质

岩块的物理性质是岩块的基本工程性质,主要是指岩块的重力性质和孔隙性。
1) 岩块的重力性质
(1) 岩块的相对密度(D)
岩块的相对密度是岩块固体部分(不含孔隙)的重力与同体积水在4℃时重力的比值,即

$$D = \frac{W_s}{V_s \gamma_w} \tag{6-1}$$

式中：W_s——岩块固体颗粒重量(N)；

V_s——岩块固体颗粒体积(cm^3)；

γ_w——4℃时水的密度(N/cm^3)。

岩块相对密度的大小，取决于组成岩块的矿物相对密度及其在岩块中的相对含量。组成岩块的矿物相对密度大、含量多，则岩块的相对密度就大。一般岩块的相对密度在2.65左右，相对密度大的可达3.3。

(2) 岩块的重度(γ)

岩块的重度是指岩块单位体积的重力。在数值上，它等于岩块试件的总重力(含孔隙中水的重力)与其总体积(含孔隙体积)之比，即

$$\gamma = \frac{W}{V} \tag{6-2}$$

式中：W——岩块样本总重量(N)；

V——岩块样本总体积(cm^3)。

岩块之重度大小，取决于岩块中的矿物相对密度、岩块的孔隙性及其含水情况。岩块孔隙中完全没有水存在时的重度，称为干重度。岩块中的孔隙全部被水充满时的重度，称为岩块的饱和重度。组成岩块的矿物相对密度大，或岩块中的孔隙性小，则岩块的重度大。对于同一种岩块，若重度有差异，则重度大的结构致密、孔隙性小，强度和稳定性相对较高。

(3) 岩块的密度(ρ)

岩块单位体积的质量称为岩块的密度。

岩块孔隙中完全没有水存在时的密度，称为干密度。岩块中孔隙全部被水充满时的密度，称为岩块的饱和密度。常见岩块的密度为2.3～2.8 g/cm^3。

2) 岩块的孔隙性

岩块中的空隙包括孔隙和裂隙。岩块的空隙性是岩块的孔隙性和裂隙性的总称，可用空隙率、孔隙率、裂隙率来表示其发育程度。但人们已习惯用孔隙性来代替空隙性。即用岩块的孔隙性反映岩块中孔隙、裂隙的发育程度。

岩块的孔隙率(或称孔隙度)是指岩块中孔隙(含裂隙)的体积与岩块总体积之比值，常以百分数表示，即

$$n = \frac{V_n}{V} \times 100\% \tag{6-3}$$

式中：n——岩块的孔隙率(%)；

V_n——岩块中空隙的体积(cm^3)；

V——岩块的总体积(cm^3)。

岩块孔隙率的大小主要取决于岩块的结构构造，同时也受风化作用、岩浆作用、构造运动及变质作用的影响。由于岩块中孔隙、裂隙发育程度变化很大，因此其孔隙率的变化也很大。例如，三叠纪砂岩的孔隙率为0.6%～27.7%。碎屑沉积岩的时代愈新，其胶结愈差，

则孔隙率愈高。结晶岩类的孔隙率较低,很少高于 3%。

常见岩块的物理性质指标见表 6-1。

表 6-1 常见岩块的物理性质

岩块名称	相对密度 d_s	重度(kN·m)	孔隙率 $n(\%)$
花岗岩	2.50~2.84	23.0~28.0	0.04~2.80
正长岩	2.50~2.90	24.0~28.5	—
闪长岩	2.60~3.10	25.2~29.6	0.18~5.00
辉长岩	2.70~3.20	25.5~29.8	0.29~4.00
斑岩	2.60~2.80	27.0~27.4	0.29~2.75
玢岩	2.60~2.90	24.0~28.6	2.10~5.00
辉绿岩	2.60~3.10	25.3~29.7	0.29~5.00
玄武岩	2.50~3.30	25.0~31.0	0.30~7.20
安山岩	2.40~2.80	23.0~27.0	1.10~4.50
凝灰岩	2.50~2.70	22.9~25.0	1.50~7.50
砾岩	2.67~2.71	24.0~26.6	0.80~10.00
砂岩	2.60~2.75	22.0~27.1	1.60~28.30
页岩	2.57~2.77	23.0~27.0	0.40~10.00
石灰岩	2.40~2.80	23.0~27.7	0.50~27.00
泥灰岩	2.70~2.80	23.0~25.0	1.00~10.00
白云岩	2.70~2.90	21.0~27.0	0.30~25.00
片麻岩	2.60~3.10	23.0~30.0	0.70~2.20
花岗片麻岩	2.60~2.80	23.0~33.0	0.30~2.40
片岩	2.60~2.90	23.0~26.0	0.02~1.85
板岩	2.70~2.90	23.1~27.5	0.10~0.45
大理岩	2.70~2.90	26.0~27.0	0.10~6.00
石英岩	2.53~2.84	28.0~33.0	0.10~8.70
蛇蚊岩	2.40~2.80	26.0	0.10~2.50
石英片岩	2.60~2.80	28.0~29.0	0.70~3.00

6.1.2 岩块的水理性质

岩块的水理性质,是指岩块与水作用时所表现的性质,主要有岩块的吸水性、透水性、溶解性、软化性、抗冻性等。

1) 岩块的吸水性

岩块吸收水分的性能称为岩块的吸水性,常以吸水率、饱水率两个指标来表示。

(1) 岩块的吸水率(ω_1)

岩块的吸水率是指在常压下岩块的吸水能力。以岩块所吸水分的重力与干燥岩块重力之比的百分数表示,即

$$\omega_1 = \frac{W_{\omega_1}}{W_s} \times 100\% \tag{6-4}$$

式中：ω_1——岩块的吸水率(%);

W_{ω_1}——岩块常压下所吸水分的重力(kN);

W_s——干燥岩块的重力(kN)。

岩块的吸水率与岩块的孔隙数量、大小、开闭程度和空间分布等因素有关。岩块的吸水率愈大,则水对岩块的侵蚀、软化作用就愈强,岩块强度和稳定性受水作用的影响也就愈显著。

(2) 岩块的饱水率(ω_2)

岩块的饱水率是指在高压(15 MPa)或真空条件下的吸水能力。仍以岩块所吸水分的重力与干燥岩块重力之比的百分数表示,即

$$\omega_2 = \frac{W_{\omega_2}}{W_s} \times 100\% \tag{6-5}$$

式中：ω_2——岩块的饱水率(%);

W_{ω_2}——岩块在高压(15 MPa)或真空条件下所吸水分的重力(kN);

W_s——干燥岩块的重力(kN)。

岩块的吸水率与饱水率的比值,称为岩块的饱水因数(k_s),其大小与岩块的抗冻性有关,一般认为饱水因数小于0.8的岩块是抗冻的。

2) 岩块的透水性

岩块的透水性,是指岩块允许水通过的能力。岩块的透水性大小,主要取决于岩块中孔隙、裂隙的大小和连通情况。岩块的透水性用渗透系数(K)来表示。

3) 岩块的溶解性

岩块的溶解性,是指岩块溶解于水的性质,常用溶解度或溶解速度来表示。常见的可溶性岩块有石灰岩、白云岩、石膏、岩盐等。岩块的溶解性,主要取决于岩块的化学成分,但和水的性质有密切关系,如富含CO_2的水具有较大的溶解能力。

4) 岩块的软化性

岩块的软化性,是指岩块在水的作用下,强度和稳定性降低的性质。岩块的软化性主要取决于岩块的矿物成分和结构构造特征。岩块中黏土矿物含量高、孔隙率大、吸水率高,则易与水作用而软化,使其强度和稳定性大大降低甚至丧失。

岩块的软化性常以软化因数(K_d)来表示。软化因数等于岩块在饱水状态下的极限抗压强度与岩石风干状态下极限抗压强度的比值,用小数表示。其值愈小,表示岩块在水的作用下的强度和稳定性愈差。未受风化影响的岩浆岩和某些变质岩、沉积岩,软化因数接近于1,是弱软化或不软化的岩块,其抗水、抗风化和抗冻性强;软化因数小于0.75的岩块,认为是强软化的岩块,工程性质较差,如黏土岩类。

5）岩块的抗冻性

岩块的孔隙、裂隙中有水存在时，水结成冰体积膨胀，则产生较大的压力，使岩块的构造等遭到破坏。岩块抵抗这种冰冻作用的能力，称为岩块的抗冻性。在高寒冰冻地区，抗冻性是评价岩块工程地质性质的一个重要指标。

岩块的抗冻性，与岩块的饱水因数、软化因数有着密切关系。一般是饱水因数愈小，岩块的抗冻性愈强；易于软化的岩块，其抗冻性也低。温度变化剧烈，岩块反复冻融，则降低岩块的抗冻能力。

岩块的抗冻性有不同的表示方法，一般用岩块在抗冻试验前后抗压强度的降低率表示。抗压强度降低率小于20%～25%的岩块，认为是抗冻的；大于25%的岩块，认为是非抗冻的。

常见岩块的水理性质的主要指标见表6-2、表6-3。

表6-2　常见岩块的吸水性

岩块名称	吸水率 ω_1(%)	饱水率 ω_2(%)	饱水因数 k_s(%)
花岗岩	0.46	0.84	0.55
石英闪长岩	0.32	0.54	0.59
玄武岩	0.27	0.39	0.69
基性斑岩	0.35	0.42	0.83
云母片岩	0.13	1.31	0.10
砂岩	7.01	11.99	0.60
石灰岩	0.09	0.25	0.36
白云质石灰岩	0.74	0.92	0.80

表6-3　常见岩块的渗透系数值

岩块名称	岩块的渗透系数(m/d)	
	室内实验	野外实验
花岗岩	$10^{-7} \sim 10^{-11}$	$10^{-4} \sim 10^{-9}$
玄武岩	10^{-12}	$10^{-2} \sim 10^{-7}$
砂岩	$3 \times 10^{-3} \sim 8 \times 10^{-8}$	$10^{-3} \sim 3 \times 10^{-8}$
页岩	$10^{-9} \sim 5 \times 10^{-13}$	$10^{-8} \sim 10^{-11}$
石灰岩	$10^{-5} \sim 10^{-13}$	$10^{-3} \sim 10^{-7}$
白云岩	$10^{-5} \sim 10^{-13}$	$10^{-3} \sim 10^{-7}$
片岩	10^{-8}	2×10^{-7}

6）岩块的膨胀性

岩块的膨胀性是指岩石遇水体积发生膨胀的性质，由岩石膨胀性试验按下列公式计算岩块自由膨胀率(V_H)、侧向约束膨胀率(V_D)、膨胀压力(P_S)，即

$$V_H = \frac{\Delta H}{H} \times 100\% \tag{6-6}$$

$$V_D = \frac{\Delta D}{D} \times 100\% \tag{6-7}$$

$$V_{HP} = \frac{\Delta H_1}{H} \times 100\% \tag{6-8}$$

$$P_S = \frac{F}{A} \tag{6-9}$$

式中：ΔH——试件轴向变形值(mm)；
　　H——试件高度(mm)；
　　ΔD——试件径向平均变形值(mm)；
　　D——试件直径或边长(mm)；
　　ΔH_1——有侧向约束试件的轴向变形值(mm)；
　　F——轴向荷载(N)；
　　A——试件截面积(m^2)。

6.1.3 岩块的力学性质

1) 岩块的变形指标

岩块的变形指标主要有弹性模量、变形模量和泊松比。

(1) 弹性模量

弹性模量是应力与弹性应变的比值，即

$$E = \frac{\sigma}{\varepsilon_e} \tag{6-10}$$

式中：E——弹性模量(kPa)；
　　σ——应力(kPa)；
　　ε_e——弹性应变。

(2) 变形模量

变形模量是应力与总应变的比值，即

$$E_0 = \frac{\sigma}{\varepsilon_e + \varepsilon_p} \tag{6-11}$$

式中：E_0——变形模量(Pa)；
　　ε_p——塑性应变；
　　σ、ε_e 意义同上。

(3) 泊松比

岩块在轴向压力的作用下，除产生纵向压缩外，还会产生横向膨胀，则由均匀分布的纵向应力所引起的横向应变与相应的纵向应变之比的绝对值称为泊松比，即

$$\mu = \frac{\varepsilon_1}{\varepsilon} \tag{6-12}$$

式中：μ——泊松比；
　　ε_1——横向应变；
　　ε——纵向应变。

泊松比越大，表示岩块受力作用后的横向变形越大。岩块的泊松比一般在 0.2～0.4 之间。

2) 岩块的强度指标

岩块受力作用破坏有压碎、拉断及剪断等形式,故岩块的强度可分为抗压、抗拉及抗剪强度。岩块的强度单位用 Pa 表示。

(1) 抗压强度

抗压强度是岩块在单向压力作用下抵抗压碎破坏的能力,即

$$\sigma_n = \frac{P}{A} \tag{6-13}$$

式中:σ_n——岩块抗压强度(Pa);
  P——岩块破坏时的压力(N);
  A——岩块受压面面积(m^2)。

各种岩块抗压强度值差别很大,主要取决于岩块的结构和构造,同时受矿物成分和岩块生成条件的影响。《岩土工程勘察规范》(GB 50021—2001)(2009 年版)中按单轴饱和抗压强度将岩石分为坚硬岩(>60 MPa)、较坚硬岩(30~60 MPa)、较软岩(15~30 MPa)、软岩(5~15MPa)、极软岩(<5 MPa)等。

(2) 抗剪强度

抗剪强度是岩块抵抗剪切破坏的能力,以岩块被剪破时的极限应力表示。根据试验形式不同,岩块抗剪强度可分为:

① 抗剪断强度

抗剪断强度是指在垂直压力作用下的岩块剪断强度,即

$$\tau_b = \sigma\tan\varphi + c \tag{6-14}$$

式中:τ_b——岩块抗剪断强度(Pa);
  σ——破裂面上的法向应力(Pa);
  φ——岩块的内摩擦角(°);
  $\tan\varphi$——岩块摩擦因数;
  c——岩块的内聚力(Pa)。

坚硬岩块因有牢固的结晶联结或胶结联结,故其抗剪断强度一般都比较高。

② 抗剪强度

抗剪强度是沿已有的破裂面发生剪切滑动时的指标,即

$$\tau_c = \sigma\tan\varphi \tag{6-15}$$

显然,抗剪强度大大低于抗剪断强度。

③ 抗切强度

抗切强度是压应力等于零时的抗剪断强度,即

$$\tau_y = C \tag{6-16}$$

(3) 抗拉强度

抗拉强度是岩块单向拉伸时抵抗拉断破坏的能力,以拉断破坏时的最大张应力表示。抗拉强度是岩块力学性质中的一个重要指标。岩块的抗压强度最高,抗剪强度居中,抗拉强度最

小。岩块越坚硬,其值相差越大,软弱的岩块差别较小。岩块的抗剪强度和抗压强度是评价岩块(岩体)稳定性的指标,是对岩块(岩体)的稳定性进行定量分析的依据。由于岩块的抗拉强度很小,所以当岩层受到挤压形成褶皱时,常在弯曲变形较大的部位受拉破坏,产生张性裂隙。

常见岩块的力学性质指标及部分强度对比值见表6-4。

表6-4 常见岩块力学性质的经验数据

岩类	岩石名称	抗压强度(MPa)	抗拉强度(MPa)	弹性模量 E(10 MPa)	泊松比
岩浆岩	花岗岩	75～110 120～180 180～200	2.1～2.3 3.4～5.1 5.1～5.7	1.4～5.6 5.43～6.9	0.16～0.36 0.10～0.16 0.02～0.10
	正长岩	80～100 120～180 150～180	2.3～2.8 3.4～5.1 5.1～5.7	1.5～11.4	0.16～0.36 0.1～0.16 0.02～0.10
	闪长岩	120～200 200～250	3.4～5.7 5.7～7.1	2.2～11.4	0.10～0.25 0.02～0.10
	斑岩	160	5.4	6.6～7.0	0.16
	安山岩 玄武岩	120～160 160～250	3.4～4.5 4.5～7.1	4.3～10.6	0.16～0.2 0.02～0.16
	辉绿岩	160～180 200～250	4.5～5.7 5.7～7.1	6.9～7.9	0.10～0.16 0.02～0.10
	流纹岩	120～250	3.4～7.1	2.2～11.4	0.02～0.16
变质岩	花岗片麻岩	180～200	5.1～5.7	7.3～9.4	0.05～0.2
	片麻岩	84～100 140～180	2.2～2.8 4.0～5.1	1.5～7.0	0.2～0.3 0.05～0.2
	石英岩	87 200～360	2.5 5.7～10.2	4.5～14.2	0.16～0.2 0.10～0.15
	大理岩	70～140	2.0～4.0	1.0～3.4	0.16～0.36
	千枚岩 板岩	120～140	3.4～4.0	2.2～3.4	0.16
沉积岩	凝灰岩	120～250	3.4～7.1	2.2～11.4	0.02～0.16
	火山角砾岩 火山集块岩	120～250	3.4～7.1	1.0～11.4	0.05～0.16
	砾岩	40～100 120～160 160～250	1.1～2.8 3.4～4.5 4.5～7.1	1.0～11.4	0.20～0.36 0.16～0.2 0.15～0.16
	石英砂岩	68～102.5	1.9～3.0	0.39～1.25	0.05～0.25
	砂岩	4.5～10 47～180	0.2～0.3 1.4～5.2	2.78～5.4	0.25～0.30 0.05～0.2
	片状砂岩 碳质砂岩 碳质页岩 黑页岩 带状页岩	80～130 50～140 25～80 66～130 6～8	2.3～3.8 1.5～4.1 1.8～5.6 4.7～9.1 0.4～0.6	6.1 0.6～2.2 2.6～5.5 2.6～5.5	0.05～0.25 0.08～0.25 0.16～0.20 0.16～0.20 0.25～0.30

续表 6-4

岩类	岩石名称	抗压强度(MPa)	抗拉强度(MPa)	弹性模量 E(10 MPa)	泊松比
沉积岩	砂质页岩 云母页岩	60～120	4.3～8.6	2.0～3.6	0.16～0.30
	软页岩	20	1.4	1.3～2.1	0.25～0.30
	页岩	20～40	1.4～2.8	1.3～2.1	0.16～0.25
	泥灰岩	3.5～20 40～60	0.3～1.4 2.8～4.2	0.38～2.1	0.30～0.40 0.20～0.30
	黑泥灰岩	2.5～30	1.8～2.1	1.3～2.1	0.25～0.30
	石灰岩	10～17 25～55 70～128 180～200	0.6～1.0 1.5～3.3 4.3～7.6 10.7～11.8	2.1～8.4	0.31～0.50 0.25～0.31 0.15～0.25 0.04～0.16
	白云岩	40～120 120～140	1.1～3.4 3.2～4.0	1.3～3.4	0.16～0.36 0.16

6.1.4 影响岩块工程地质性质的因素

影响岩块工程地质性质的因素主要有岩石的矿物成分、结构、构造及成因、水的作用及风化作用等。

1) 矿物成分

岩块是由矿物组成的,岩块的矿物成分对岩块的物理力学性质产生直接的影响,例如辉长岩的比重比花岗岩大,这是因为辉长岩的主要矿物成分辉石和角闪石的比重比石英和正长石大;又如石英岩的抗压强度比大理岩要高得多,这是因为石英的强度比方解石高。但也不能简单地认为含有高强度矿物的岩块其强度一定就高。因为岩块受力作用后,内部应力是通过矿物颗粒的直接接触来传递的,如果强度较高的矿物在岩块中互不接触,则应力的传递必然会受中间低强度矿物的影响,岩块不一定就能显示出高的强度。所以,在对岩块的工程地质性质进行分析和评价时,更应该注意那些可能降低岩块强度的因素,如花岗岩中的黑云母含量是否过高,石灰岩、砂岩中黏土类矿物的含量是否过高等。黑云母是硅酸盐类矿物中硬度低、解理最发育的矿物之一,它容易遭受风化而剥落,也易于发生次生变化,最后成为强度较低的铁的氧化物和黏土类矿物。石灰岩和砂岩,当黏土类矿物的含量大于20%时,就会直接降低岩块的强度和稳定性。

2) 结构

岩块的结构特征,是影响岩块物理力学性质的一个重要因素。根据岩块的结构特征,可将岩块分为两类:一类是结晶联结岩块,如大部分的岩浆岩、变质岩和一部分沉积岩;另一类是由胶结物联结的岩块,如沉积岩中的碎屑岩等。

结晶联结是由岩浆或溶液结晶或重结晶形成的。矿物的结晶颗粒靠直接接触产生的力牢固地联结在一起,结合力强,孔隙率小,比胶结联结的岩块具有较高的强度和稳定性。结晶联结的岩块,结晶颗粒的大小对岩块的强度有明显影响。如粗粒花岗岩的抗压强度一般在 120～140 MPa,而细粒花岗岩有的则可达 200～250 MPa。又如大理岩的抗压强度一般在 100～120 MPa,而最坚固的石灰岩则可达 250 MPa。这说明矿物成分和结构类型相同的岩块,其矿物结晶颗粒的大小对强度的影响是显著的。

胶结联结是矿物碎屑由胶结物联结在一起的。胶结联结的岩块,其强度和稳定性主要取决于胶结物的成分和胶结的形式,同时也受碎屑成分的影响,变化很大。就胶结物的成分来说,硅质胶结的强度和稳定性高,泥质胶结的强度和稳定性低,铁质和钙质胶结的介于两者之间。如泥质胶结的砂岩,其抗压强度一般只有 60～80 MPa,钙质胶结的可达 120 MPa,而硅质胶结的则可高达 170 MPa。

3) 构造

构造对岩块物理力学性质的影响,主要是由矿物成分在岩块中分布的不均匀性和岩块结构的不连续性所决定的。前者是指某些岩块所具有的片状构造、板状构造、千枚状构造、片麻构造以及流纹构造等。岩块的这些构造,往往使矿物成分在岩块中的分布极不均匀。一些强度低、易风化的矿物多沿一定方向富集,或呈条带状分布,或成局部的聚集体,从而使岩块的物理力学性质在局部发生很大变化。观察和实验证明,岩块受力破坏和岩块遭受风化,首先都是从岩块的这些缺陷中开始发生的。后者是指不同的矿物成分虽然在岩块中的分布是均匀的,但由于存在着层理、裂隙和各种成因的孔隙,致使岩块结构的连续性与整体性受到一定程度的影响,从而使岩块的强度和透水性在不同的方向上发生明显的差异。一般来说,垂直层面的抗压强度大于平行层面的抗压强度,平行层面的透水性大于垂直层面的透水性。假如上述两种情况同时存在,则岩块的强度和稳定性将会明显降低。

4) 水

岩块饱水后强度降低,已为大量的实验资料所证实。当岩块受到水的作用时,水就沿着岩块中可见和不可见的孔隙、裂隙侵入,浸湿岩块表面上的矿物颗粒,并继续沿着矿物颗粒间的接触面向深部侵入,削弱矿物颗粒间的联结,使岩块的强度受到影响。如石灰岩和砂岩被水饱和后,其极限抗压强度会降低 25%～45%。即使花岗岩、闪长岩及石英岩等类的岩块,被水饱和后,其强度也均有一定程度的降低。降低程度在很大程度上取决于岩块的孔隙度。当其他条件相同时,孔隙度大的岩块,被水饱和后其强度降低的幅度也大。

5) 风化

风化作用促使岩块矿物颗粒间的联结松散和使矿物颗粒沿解理面崩解。风化作用的这种物理过程,能促使岩块的结构、构造和整体性遭到破坏,孔隙率增大,容重减小,吸水性和透水性显著增高,强度和稳定性大为降低。随着风化作用的加强,会引起岩块中的某些矿物发生次生变化,从根本上改变岩块原有的工程地质性质。

6.2 岩体的结构特性

结构面是指存在于岩体中的各种不同成因、不同特征的地质界面,包括各种破裂面(如劈理、断层面、节理等)、物质分异面(如层理、层面、不整合面、片理等)、软弱夹层及泥化夹层等。结构体是由结构面切割后形成的岩石块体。结构面和结构体的排列与组合特征便形成了岩体结构(图6-1)。

图 6-1　野外岩体形态

6.2.1　岩体结构概念

岩体结构指岩体中不同成因、形态、规模、性质的结构面和结构体在空间的排列分布和组合状态,它既表达岩体中结构面的发育程度及组合,又反映了结构体的大小、几何形状及排列方式。

这个定义内有3个因素:第一个因素是"岩体结构单元"。结构面和结构体统称为结构单元或结构要素。结构单元在岩体内组合、排列的方式不同,就构成不同类型的岩体结构。第二个因素是"组合"。"组合"是指不同类型的岩体结构单元在岩体内的搭配,如坚硬结构面与块状结构体"组合"构成碎裂结构,软弱结构面与块状结构体"组合"构成块裂结构,而软弱结构面与板状结构体"组合"构成板裂结构。第三个因素是"排列"。岩体结构单元是有序的还是无序的,是贯通的还是断续的,都是排列的表现形式。这3个因素限定了岩体结构的差别。以此为依据,形成多种多样的岩体结构类型。

6.2.2　结构面

由于结构面是在建造和改造过程中形成的,其空间性状和界面特征与其成因和演变历史关系密切,因而其基本分类可按地质成因分为原生结构面、构造结构面和次生结构面三大类,其主要特征如表6-5所示。

1)原生结构面

原生结构面是在成岩过程中形成的,分为沉积结构面、火成结构面和变质结构面3种类型。

(1)沉积结构面

沉积结构面是指沉积岩层在沉积、成岩过程中形成的结构面,包括层理、层面、假整合面(沉积间断层)、不整合面、原生软弱夹层等。陆相沉积岩层在沉积过程中往往发生沉积间断,在沉积间断期,由于岩层遭受风化剥蚀,其后又为新的沉积物所覆盖,因而在不整合面上下两套岩层之间形成软弱夹层。在火山岩流或喷发间歇期,也会形成古风化夹层。它们一般含泥质物质较多,胶结松散,且多为地下水的通道,易软化或泥化,强度较低。原生软弱夹层,一般有碎屑岩类中的各类页岩夹层,碳酸盐岩体中的泥质灰岩、钙质页岩夹层,陆相碎屑岩及泻湖相岩层中的石膏等可溶盐类夹层以及火山碎屑岩系中的凝灰质页岩夹层等。它们当中多数强度较低、水稳性差。

表 6-5 岩体结构面的类型及其特征

成因类型		地质类型	主要特征			工程地质评价
			产状	分布	性质	
原生结构面	沉积结构面	(1) 层理、层面 (2) 软弱夹层 (3) 不整合面、假整合面、沉积间断面	一般与岩层产状一致,为层间结构面	海相岩层中此类结构面分布稳定;陆相岩层中呈交错状,易尖灭	层面、软弱夹层等结构面较为平整;不整合面及沉积间断面多由碎屑泥质物构成,且不平整	国内外较大的坝基滑动及滑坡很多是由此类结构面所造成的,如奥斯汀、圣佛兰西斯、马尔巴赛坝的破坏,瓦依昂坝附近的巨大滑坡等
	火成结构面	(1) 侵入体与围岩接触面 (2) 岩脉岩墙接触面 (3) 原生冷凝节理	岩脉受构造结构面控制,而原生节理受岩体接触面控制	接触面延伸较远,比较稳定,而原生节理往往短小密集	与围岩的接触面,可具熔合及破坏两种不同的特征,原生节理一般为张裂面,较粗糙不平	一般不造成大规模的岩体破坏,但有时与构造断裂配合,也可形成岩体的滑移,如有的坝肩局部滑移
	变质结构面	(1) 片理 (2) 片岩软弱夹层	产状与岩层或构造方向一致	片理短小,分布极密,片岩软弱夹层延展较远,具固定层次	结构面光滑平直,片理在岩层深部往往闭合成隐蔽结构面,片岩、软弱夹层、片状矿物,呈鳞片状	在变质较浅的沉积岩区,如千枚岩等路堑边坡常见塌方。片岩夹层有时对工程及地下洞体稳定也有影响
构造结构面		(1) 节理(X形节理、张节理) (2) 断层(冲断层,张性断层,横断层) (3) 层间错动 (4) 羽状裂隙劈理	产状与构造线有一定关系,层间错动与岩层一致	张性断裂较短小,剪切断裂延展较远,压性断裂规模巨大,但有时为横断层切割成不连续状	张性断裂不平整,常具次生充填,呈锯齿状,剪切断裂较平直,具羽状裂隙,压性断裂具多种构造岩,成带状分布,往往含断层泥、糜棱岩	对岩体稳定影响很大,在上述许多岩体破坏过程中大都有构造结构面的配合作用。此外常造成边坡及地下工程的塌方、冒顶
次生结构面		(1) 卸荷裂隙 (2) 风化裂隙 (3) 风化夹层 (4) 泥化夹层 (5) 次生夹泥层	受地形及原始结构面控制	分布上往往呈不连续状透镜体,延展性差,且主要在地表风化带内发育	一般为泥质物充填,水理性质很差	在天然及人工边坡上造成危害,有时对坝基、坝肩及浅埋隧洞等工程亦有影响,但一般在施工中予以清基处理

(2) 火成结构面

火成结构面是指岩浆侵入活动及冷凝过程中所形成的结构面,包括岩浆岩体与围岩的接触面、冷凝原生节理、流纹面、凝灰岩夹层及侵入挤压破碎结构面等。冷凝原生节理具张性破裂面的特征,一般粗糙不平。岩浆岩体与围岩接触面往往胶结不良,或形成小型破碎带。

(3) 变质结构面

变质结构面是指变质作用过程中矿物定向排列形成的结构面,包括片理、片麻理、片岩软弱夹层等。片理在岩体深部往往闭合成隐蔽结构面,沿片理面一般片状矿物富集,对岩体强度起控制作用,如薄层云母片岩、绿泥石片岩、滑石片岩等。由于片理极为发育,岩性软弱,矿物易受风化,所以也会形成相对的软弱夹层。

2) 构造结构面

构造结构面是指岩体中受构造应力作用所产生的破裂面、错动面或破碎带,包括构造节理、劈理、断层面及层间错动面等。构造结构面的特点是延展性较强,规模较大,分布有一定规律,对岩体稳定影响很大。其工程地质性质与力学成因、规模及次生变化等有密切关系。它们的产状和分布情况主要受当地构造应力场的控制。

3) 次生结构面

次生结构面是指岩体受卸荷、风化、地下水等次生作用所形成的结构面,包括卸荷节理、风化节理、风化夹层、泥化夹层、次生夹泥层等。次生结构面的产状及分布受地形影响较大,对河谷及岸坡岩体稳定的影响较为显著。卸荷节理在块状脆性岩体中较为常见。风化节理一般仅限于表层风化带内,产状无规律,短小密集。而风化夹层则可能延至岩体较深部位,如断层风化、岩脉风化、夹层风化等。地下水可以使原来的软弱夹层形成摩阻力很低的可塑性黏土,并可产生次生夹泥,泥化作用在黏土岩、黏土质页岩、泥质灰岩等隔水的软弱夹层顶部最为发育,其上覆岩层往往坚硬、断裂发育、地下水循环剧烈。次生夹泥是由地下水携带细粒黏土物质沿层面、节理、断层面重新沉积充填而成的,在地下水活动带内、河槽两侧常见。

6.2.3 结构面特征及力学性质

各类结构面的规模、形态、连通性、充填物的性质、分布规律、发育密度以及它们的空间组合形式等对结构面的物理力学性质有很大影响。

1) 结构面的规模

实践证明,结构面对岩体力学性质及岩体稳定的影响程度,首先取决于结构面的延展性及其规模。中国科学院地质研究所将结构面的规模分为5级(表6-6)。

表6-6 结构面分级及其特征(据孙广忠,1988)

级序	分级依据	力学效应	力学属性	地质构造特征
Ⅰ级	结构面延展长达几千米至几十千米以上,破碎带宽度达数十米	(1) 形成岩体力学作用边界 (2) 岩体变形和破坏的控制条件 (3) 构成独立的力学介质单元 (4) 属于软弱结构面	构成独立的力学模型——软弱夹层	较大的断层

续表 6-6

级序	分级依据	力学效应	力学属性	地质构造特征
Ⅱ级	延展规模与研究的岩体比较,破碎带宽度比较窄,几厘米至数米	(1) 形成块裂岩体边界 (2) 控制岩体变形和破坏方式 (3) 构成次级地应力场边界	属于软弱结构面	小断层、层间错动面
Ⅲ级	延展长度短,从十几米至几十米,无破碎带,面内不夹泥,有的具有泥膜	(1) 参与块裂岩体切割 (2) 构成次级地应力场边界	少数属于软弱结构面	不夹泥、大节理或小断层、开裂的层面
Ⅳ级	延展短,未错动,不夹泥,有的呈弱结合状态	(1) 是岩体力学性质、结构效应的基础 (2) 有的为次级地应力场边界		节理、劈理、层面、次生裂隙
Ⅴ级	结构面小且连续性差	(1) 岩体内形成应力集中 (2) 岩体力学性质、结构效应的基础		不连续的小节理、隐节理、层面、片理面

(1) Ⅰ级结构面

区域性的断裂破碎带,延展数十千米以上,破碎带的宽度从数米至数十米。它直接关系到工程所在区域的稳定性。

(2) Ⅱ级结构面

二级结构面一般指延展性较强,贯穿整个工程地区或在一定工程范围内切断整个岩体的结构面,其长度可从数百米至数千米,宽 1 m 至数米。它控制了山体及工程岩体的破坏方式及滑动边界。

(3) Ⅲ级结构面

三级结构面一般在数十米至数百米范围内的小断层、大型节理、风化夹层和卸荷裂隙等。这些结构面控制着岩体的破坏和滑移机理,常常是工程岩体稳定的控制性因素及边界条件。

(4) Ⅳ级结构面

四级结构面延展性差,一般在数米至数十米范围内的节理、片理等,它们仅在小范围内将岩体切割成块状。这些结构面的不同组合,可以将岩体切割成各种形状和大小的结构体,它是岩体结构研究的重点问题之一。

(5) Ⅴ级结构面

五级结构面是延展性极差的一些微小裂隙,它主要影响岩块的力学性质。岩块的破坏由于微裂隙的存在而具有随机性。

2) 结构面形态

结构面的几何形状非常复杂,大体上可分为 4 种类型:①平直形,包括大多数层理、层面、片理和剪切破裂面等;②波状起伏形,如波痕的层面、轻度揉曲的片理、呈舒缓波状的压性及压扭性结构面等;③锯齿状形,如多数张性和张扭性结构面;④不规则形,其结构面曲折不平,如沉积间断面、交错层理及沿原有裂隙发育的次生结构面等。结构面的形态对结构面抗剪强度有很大的影响,一般平直光滑的结构面抗剪强度较低,粗糙起伏的结构面则有较高的抗剪强度。

结构面的形态特征一般用起伏差(h)及起伏角(i)表示(图6-2)。起伏差的力学效应常与充填度相联系。起伏角 i 是指迎着受力方向结构面的仰角,又称为爬坡角。结构面具有爬坡角为 i 的起伏时,其抗剪强度中的摩擦角 φ_i 将增加 i,即

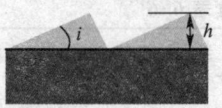

图6-2 结构面起伏度

$$\varphi_i = \varphi_j + I \tag{6-17}$$

式中:φ_j——平直结构面的基本摩擦角。

3) 结构面物质构成

有些结构面上物质软弱松散,含泥质物及水理性质不良的黏土矿物,抗剪强度很低,对岩体稳定性的影响较大。如黏土岩或页岩夹层,假整合面(包括古风化夹层)及不整合面,断层夹泥、层间破碎夹层、风化夹层、泥化夹层及次生夹泥层等。对于这些结构面,除进行一般物理力学性质的试验研究外,还应对其矿物成分及微观结构进行分析,预测结构面可能发生的变化(如泥化作用是否会发展等),比较可靠地确定抗剪强度参数。

4) 结构面的延展性

结构面的延展性也称连续性。有些结构面延展性较强,在一定工程范围内切割整个岩体,对稳定性影响较大。但也有一些结构面比较短小或不连续,岩体强度一部分仍为岩石(岩块)强度所控制,稳定性较好。因此,在研究结构面时,应注意调查研究其延展长度及规模。结构面的延展性可用线连续性系数及面连续性系数表示。

5) 结构面的密集程度

结构面的密集程度反映了岩体的完整性,它决定岩体变形和破坏的力学机制。有时在岩体中,虽然结构面的规模和延展长度均较小,但却平行密集,或是互相交织切割,使岩体稳定性大为降低,且不易处理。试验表明,岩体内结构面愈密集,岩体变形愈大,强度愈低,而渗透性愈高。通常用结构面间距和线密度($k = 1/M_1 + 1/M_2$ 或 $k = n/L$,单位为条/m)来表示结构面的密集程度(图6-3)。

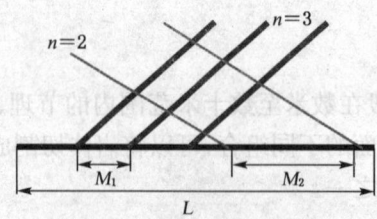

图6-3 结构面线密度的确定

6) 结构面的连通性

结构面的连通性是指一定范围的岩体中各结构面的连通程度,如图6-4。结构面的抗剪强度与其连通性有关,连通的结构面其抗剪强度低;非连通的短小结构面,抗剪强度大,岩体强度仍受岩块强度控制。

7) 结构面的张开度和填充胶结特征

结构面的张开度是指结构面的两壁离开的距离,分为密闭(<0.2 mm)、微张($0.2\sim1$ mm)、张开($1\sim5$ mm)和宽张(>5 mm)4级。有些张性断裂面为次生充填和地下水活动

提供了条件,不仅显著降低其抗剪强度,而且会产生静、动水压力,大量涌水和增加山岩压力,对斜坡岩体稳定性和隧道围岩稳定性影响很大。

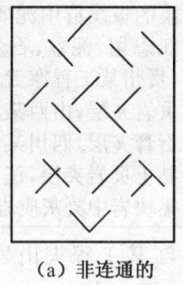 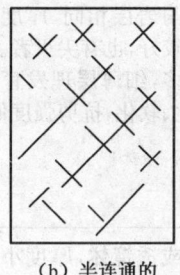 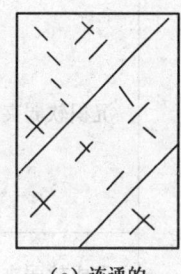

(a) 非连通的　　　　　(b) 半连通的　　　　　(c) 连通的

图 6-4　岩体内结构面连通性

充填物质及其胶结情况对岩体稳定性的影响也很显著。结构面经胶结后力学性质有所改善,改善的程度因胶结物成分不同而异,以硅质胶结的强度最高,往往与岩块强度差别不大,甚至超过岩块强度;钙质、铁质次之;泥质及易溶盐类胶结的结构面强度最低,且抗水性差。

未胶结且具有一定张开度的结构面往往被外来物质所充填,其力学性质取决于充填物成分、厚度、含水性及壁岩性质等。充填物成分以砂质、角砾质的性质最好,黏土质、易溶盐类性质最差。按充填物厚度和连续性可分为薄膜充填、断续充填、连续充填及厚层充填几类,不同的充填类型,结构面的变形与强度性质不同。

8) 软弱夹层

软弱夹层是具有一定厚度的特殊的岩体软弱结构面。它与周围岩体相比,具有显著的低强度和显著的高压缩性,或具有一些特有的软弱特性。它是岩体中最薄弱的部位,常构成工程中的隐患,应予以特别注意。从成因上,软弱夹层可划分为原生的、构造的和次生的软弱夹层。

原生软弱夹层是与周围岩体同期形成,但性质是软弱的夹层。构造软弱夹层主要是沿原有的软弱面或软弱夹层经构造错动而形成的,也有的是沿断裂面错动或多次错动而成,如断裂破碎带等。次生软弱夹层是沿薄层状岩石、岩体间接触面、原有软弱面或软弱夹层,由次生作用(主要是风化作用和地下水作用)参与形成的。各种软弱夹层的成因类型及其基本特征如表 6-7 所示。

软弱夹层危害很大,常是工程的关键部位。研究软弱夹层最为重要的是那些粘粒和黏土矿物含量较高,或浸水后黏性土特性表现较强的岩层、裂隙充填、泥化夹层等。这些泥质的软弱夹层分为松软的,如次生充填的夹泥层、泥化夹层、风化夹层;固结的,如页岩、黏土岩、泥灰岩;浅变质的,如泥质板岩、千枚岩等。岩石的状态不同,其软弱的程度也不同,这主要取决于它们与水作用的程度,这是黏性土最突出的特征。

地下水对于泥质软弱夹层的作用主要表现在泥化和软化两个方面。软化是指泥岩夹层在水的作用下失去干黏土坚硬的状态而成为软黏土状态。泥化是软化的继续,使软弱夹层的含水量增大到大于塑限的程度,表现为塑态,原生结构发生改变,强度很低,c、ϕ 值很小,摩擦系数 f 值一般在 0.3 以下。

表 6-7 软弱夹层类型及其特征(李宗惕)

成因类型	地质类型		基本特征	实 例
原生软弱夹层	沉积软弱夹层		产状与岩层相同,厚度较小,延续性较好,也有尖灭者。含黏土矿物多,细薄层理发育,易风化、泥化、软化,抗剪强度低	板溪的板溪群中泥质板岩夹层,新安江志留、泥盆、石炭系中页岩夹层,贵州某工程寒武系中泥质灰岩及页岩夹层,山西某坝奥陶系灰岩中石膏夹层,四川某坝陆相碎屑岩中黏土页岩夹层,辽宁浑河某坝凝灰集块岩中凝灰质岩
	火成软弱夹层		成层或透镜体,厚度小,易软化,抗剪强度低	浙江某工程火山岩中的凝灰质岩
	变质软弱夹层		产状与层理一致,层薄,延续性较差,片状矿物多,呈鳞片状,抗剪强度低	甘肃某工程、佛子岭工程的变质岩中云母片岩夹层
构造软弱夹层	多为层间破碎软弱夹层		产状与岩层相同,延续性强,在层状岩体中沿软弱夹层发育。物质破碎,呈鳞片状,往往含呈条带状分布的泥质	沅水某坝板溪群中板岩破碎层,犹江泥盆系板岩破碎泥化夹层,四川某坝侏罗系砂页岩中层间错动破碎夹层
次生软弱夹层	风化夹层	夹层风化	产状与岩层一致,或受岩体产状制约,风化带内延续性好,深部风化减弱,夹层松软,破碎,含泥,抗剪强度低	磨子潭工程黑云母角闪片岩风化夹层,表弋江某工程砂页岩中风化煌斑,福建某工程石英脉与花岗岩接触风化面
		断裂风化	沿节理、断层发育,产状受其控制,延续性不强,一般仅限于地表附近,物质松散,破碎含泥,抗剪强度低	许多工程的风化断层带及节理
	泥化夹层	夹层泥化	产状与岩层相同,沿软弱层表部发育,延续性强,但各段泥化程度不一。软弱面泥化,呈塑性,面光滑,抗剪强度低	沅水某坝板溪群泥化泥质板岩夹层;四川某电站泥化黏土页岩
		次生夹层 层面	产状受岩层制约,延续性差。近地表发育,常呈透镜体,物质细腻,呈塑性,甚至呈流态,强度甚低	四川某坝砂页岩层面夹泥;安徽某坝不整合面上斑脱土夹层
		次生夹层 断裂面	产状受原岩结构面制约,常较陡,延续性差,物质细腻,结构单一,物理力学性质差	福建某坝花岗裂隙夹泥;四川某坝砂岩岸坡裂隙夹泥;四川某坝砂岩反倾向裂隙夹泥

软弱夹层的泥化是有条件的,泥化成因是:黏土质岩石是物质基础,构造作用使其破坏形成透水通道,水的活动使其泥化,三者必不可少。

泥化夹层的力学强度比原岩大为降低,特别是抗剪强度降低很多,压缩性增大。压缩系数约为 $0.5\sim1.0~\mathrm{MPa}^{-1}$,属高压缩性。根据研究,泥化夹层的抗剪指标可按下述情况参考确定:受层间错动有连续光滑面,以蒙脱石为主时,$c=50\text{ kPa}$,$f=0.17$;以伊利石为主时,$c=50\text{ kPa}$,$f=0.20$,具微层理,粘粒含量最高,$f=0.17$;其他局部泥化的 $f=0.25$。

9) 结构面的力学性质

(1) 结构面的变形特性

结构面的变形分为法向变形和切向变形,根据弹性力学观点,结构面在压应力作用下发生弹性压缩变形(图6-5),造成接触面齿顶接触并被压碎乃至闭合;结构面在剪应力作用下发生剪切变形(图6-6)和剪胀(扩容)现象(图6-7)。

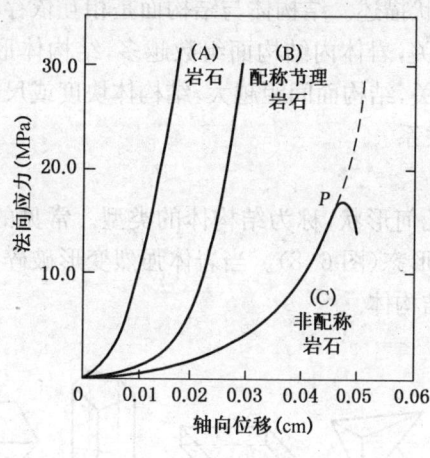
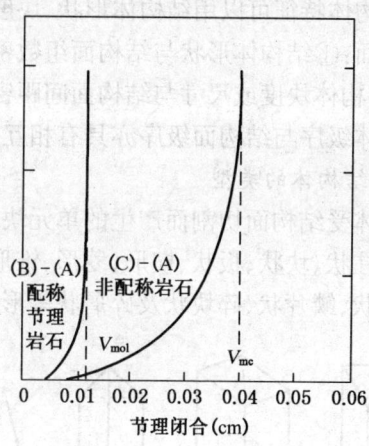

图 6-5 结构面弹性压缩变形曲线

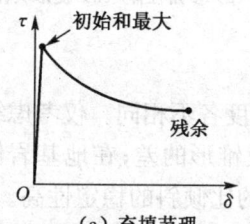
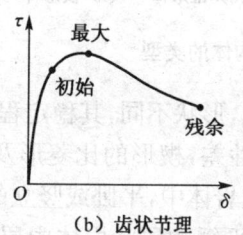
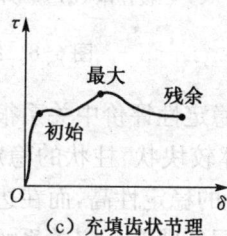
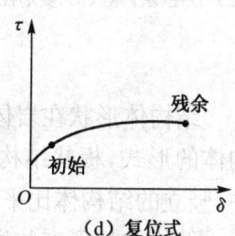

(a) 充填节理　　(b) 齿状节理　　(c) 充填齿状节理　　(d) 复位式

图 6-6 结构面剪切变形曲线

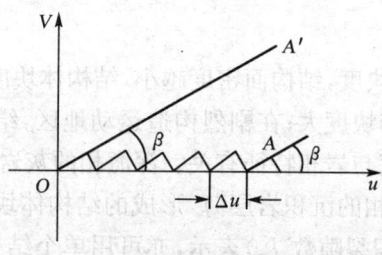

图 6-7 结构面剪胀(扩容)曲线

(2) 结构面的强度特征

结构面的抗拉强度很低,没有充填物的结构面可认为没有抗拉强度,主要表现为抗剪强度。结构面的抗剪强度取决于结构面的表面形态和附着物。张性结构面抗剪强度较高,扭性结构面抗剪强度低;表面粗糙强度高,表面光滑或呈镜面强度低。闭合结构面的力学性质取决于结构面两侧的岩块性质和结构面的粗糙程度,微张的结构面两壁岩块多有点接触,抗剪强度比张开的结构面大。张开和宽张的结构面抗剪强度则取决于充填物的成分和厚度。泥质充填物厚度变化对抗剪强度影响极大,厚度薄强度较高,厚度增加强度迅速降低,厚度达到一定值后充填物强度则起控制作用,强度趋于稳定。

6.2.4 结构体

结构体特征可以用结构体形状、块度及产状描述。结构体与结构面是相互依存的,表现在三方面:①结构体形状与结构面组数密切相关,岩体内结构面组数越多,结构体形状越复杂;②结构体块度或尺寸与结构面间距密切相关,结构面间距越大,结构体块度或尺寸越大;③结构体级序与结构面级序亦具有相互依存关系。

1) 结构体的类型

岩体受结构面切割而产生的单元块体的几何形状,称为结构体的类型。常见的结构体类型有柱状、块状、板状、楔形、菱形、锥形 6 种形态(图 6-8)。当岩体强烈变形破碎时,还可形成片状、鳞片状、碎块状及碎屑状等形态的结构体。

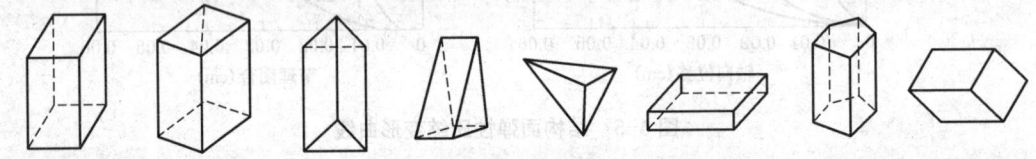

(a) 方柱(块)体 (b) 菱形柱体 (c) 三棱柱体 (d) 楔形体 (e) 锥形体 (f) 板形体 (g) 多角柱体 (h) 菱形块体

图 6-8 结构体的类型

结构体形状在岩体稳定性评价中关系很大,形状不同,其稳定程度各不相同。仅考虑结构体的形式,板状结构体较块状、柱状的稳定性差,楔形的比菱形及锥形的差;在地基岩体中,竖立的结构体比平卧的稳定性高,而在边坡岩体中,平卧或竖立的比倾斜的稳定性高。

结构体的形态与岩层产状有一定关系,如平缓的层状岩体中层面与平面"X"形断裂组合,将岩体切割成三角形柱体和立方体;陡峭岩层中层面与剖面"X"形断裂组合,将岩体切割成块体、锥形体和各种柱体。

2) 结构体块度

结构面密度控制结构体块度,结构面密度越小,结构体块度越大。一般在轻微构造作用区节理密度小,形成的结构体块度大;在剧烈构造运动地区,结构面密度大,结构体块度小。除了构造作用外,结构体块度与岩相特征有关。深海相的灰岩岩层厚度大,形成的结构体块度也大。浅海相和海陆交互相的沉积岩层薄,形成的结构体块度也小。结构体块度可以用 1 m³ 内含有的总裂隙数(体积裂隙数 J_v)表示,亦可用单个结构体尺寸表示,这对研究岩体结构的力学效应很有用。根据 J_v 值可将结构体的块度分为 5 类,见表 6-8。

表 6-8 结构体块度分类

块体名称	J_v值(裂隙数/m³)	块体名称	J_v值(裂隙数/m³)
巨型块体	<1	小型块体	10~30

续表 6-8

块体名称	J_v值（裂隙数/m³）	块体名称	J_v值（裂隙数/m³）
大型块体	1～3	碎块体	>30
中型块体	3～10		

3）结构体的产状

结构体产状可以用结构体表面上最大结构面的长轴方向表示，它对岩体稳定性的影响需结合临空面及工程荷载来分析。

6.2.5 岩体结构的类型

不同形式的结构体的组合方式决定着岩体结构类型。常见的岩体结构类型可划分为整体块状结构、层状结构、碎裂结构及散体结构等，详见图 6-9 及表 6-9。

不同结构类型岩体的工程地质性质差异很大。

1）整体块状结构岩体

结构面稀疏、延展性差、结构体块度大且常为硬质岩石，故整体强度高，变形特征接近于各向同性的均质弹性体，变形模量、承载能力与抗滑能力均较高，抗风化能力一般也较强，故这类岩体具有良好的工程地质性质，是较理想的各类工程建筑地基、边坡岩体及洞室围岩。

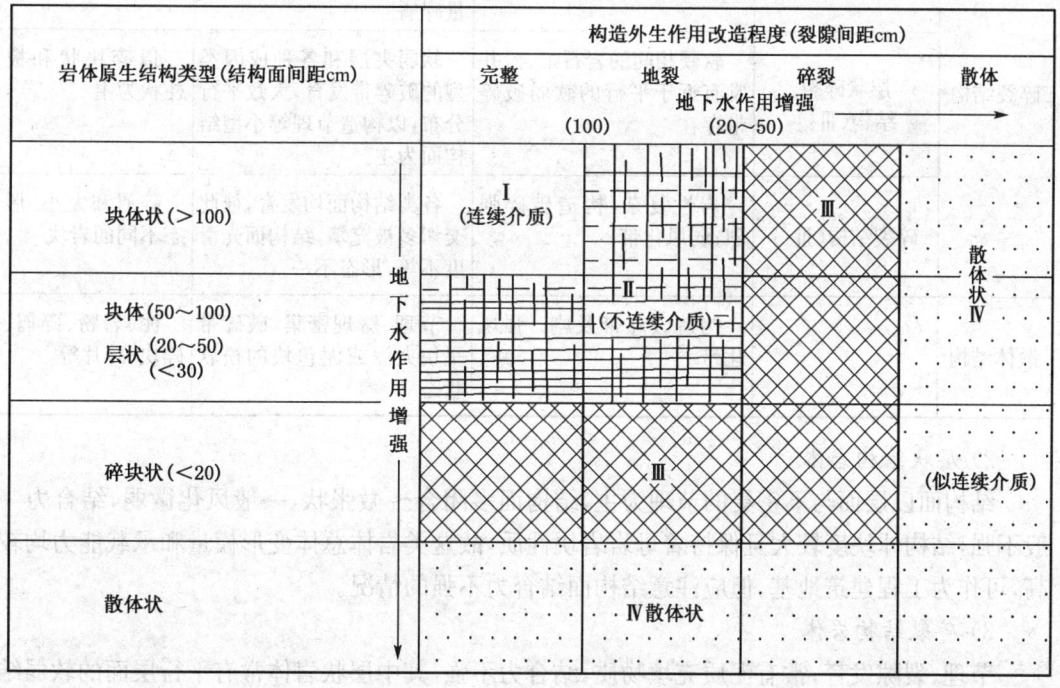

图 6-9 岩体结构类型分析图解

表 6-9 岩体结构的基本类型(谷德振)

结构类型		地质背景	结构面特征	结构体形态
类	亚类			
整体块状结构	整体结构(I_1)	岩性单一,构造变形轻微的巨厚层沉积岩、变质岩和火成岩体	结构面少,一般不超过3组,延展性极差,多闭合,无充填或夹少量碎屑	巨型块状
	块状结构(I_2)	岩性单一,构造变形轻—中等的厚层沉积岩、变质岩和火成岩体	结构面一般2~3组,多闭合,层间有一定的结合力	各种形状的块状
层状结构	层状结构(II_1)	构造变形轻—中等的中—厚层的层状岩体	以层面、片理、节理为主,延展性较好,一般有2~3组,层间结合力较差	厚板状、块状、柱状
	薄层状结构(II_2)	同II_1,但厚度小(<30cm),在构造作用下表现为相对强烈褶曲和层间错动	层理、片理发育,原生软弱夹层层间错动和小断层不时出现,结构面多为泥膜、碎屑和泥质物充填,一般结合力差	板状或薄板状
碎裂结构	镶嵌结构(III_1)	一般发育于脆硬岩层,节理、劈理组数多,密度大	以节理、劈理等小结构面为主,组数多,密度大,但延展性差,闭合无充填或夹少量碎屑	形态、大小不一,棱角显著
	层状碎裂结构(III_2)	软硬相间的岩石组合,并常有近于平行的软弱破碎带存在	软弱夹层和各种成因类型的破碎带发育,大致平行分布,以构造节理等小型结构面为主	以碎块状和板柱状为主
	碎裂结构(III_3)	岩性复杂,构造破碎强烈;弱风化带	各类结构面均发育,彼此交切多被充填,结构面光滑度不等,形态不一	碎屑和大小、形态不同的岩块
散体结构		构造破碎带及剧—强风化带	节理、劈理密集,破碎带呈块夹泥或泥包块的松软状态	泥、岩粉、碎屑、碎块、碎片等

2) 层状结构岩体

结构面以层面与不密集的节理为主,结构面多闭合~微张状,一般风化微弱,结合力一般不强,结构体块度较大且保持着母岩岩块性质,故这类岩体总体变形模量和承载能力均较高,可作为工程建筑地基,但应注意结构面结合力不强的情况。

3) 碎裂结构岩体

节理、裂隙发育,常有泥质充填物质,结合力不强,其中层状岩体常有平行层面的软弱结构面发育,结构体块度不大,岩体完整性破坏较大,其中镶嵌结构岩体因其结构体为硬质岩石,尚具较高的变形模量和承载能力,工程地质性能尚好;而层状碎裂结构和碎裂结构岩体则变形模量、承载能力均不高,工程地质性质较差。

4）散体结构岩体

节理、裂隙很发育，岩体十分破碎，岩石手捏即碎，属于碎石土类，可按碎石土类研究。

6.2.6　岩体的地质特征

岩体的工程性质首先取决于结构面的性质，其次才是组成岩体的岩石性质。因此，在工程实践中，研究岩体的特征比研究单一岩石的特征更为重要。从工程地质观点出发，可以把岩体的主要特征概括为以下几点：

(1) 由于岩体是地质体的一部分，因此，岩石、地质构造、地下水及岩体中的天然应力状态对岩体稳定有很大的影响。研究岩体时不仅要研究它的现状，还要研究它的历史。

(2) 岩体中的结构面通常是岩体力学强度相对薄弱的部位，它导致岩体力学性能的不连续性、不均一性和各向异性。岩体中的软弱结构面常常成为岩体稳定性的控制面。

(3) 岩体在工程荷载作用下的变形与破坏，主要受各种结构面的性质及其组合形式的控制。岩体结构特征不同，岩体的变形与破坏机制也不同。

(4) 岩体中存在着复杂的天然应力场。在多数情况下，岩体中不仅存在自重应力，而且还有构造应力。由于这些应力的存在，使岩体的工程地质性质复杂化。

6.3　岩体力学性质与工程分类

6.3.1　岩体的力学性质

结构面和软弱夹层的存在影响了岩体的工程性质，使岩体显著的不均匀、各向异性和不连续，岩体强度明显低于岩块强度，导致应力集中、应力集中轨迹转折、弯曲和应力分布的不连续现象。

岩体变形是岩块变形和结构面变形叠加的结果(图6-10)。在长期静荷载作用下岩体应力（应变）随时间发生变化，表现出流变特性。当应力一定时，岩体变形随时间持续而增长称为蠕变，如图6-11所示。初始蠕变阶段岩体变形逐渐减小，平缓变形阶段变形速度接近常量，加速变形阶段变形速度加快直至岩体破坏。岩体发生蠕变破坏时的最低应力值成为长期强度。当岩体变形一定时，岩体应力随时间持续而减小，称为松弛。

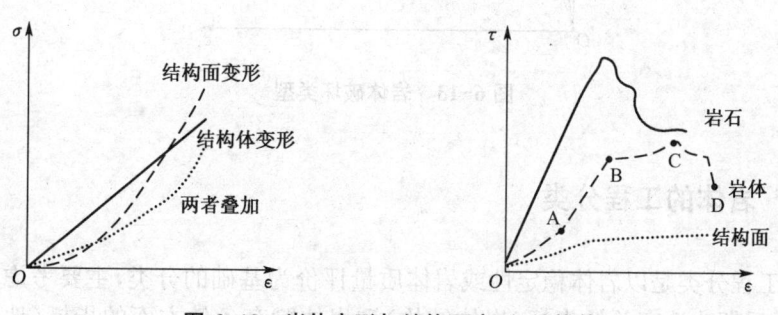

图6-10　岩体变形与结构面变形、结构体

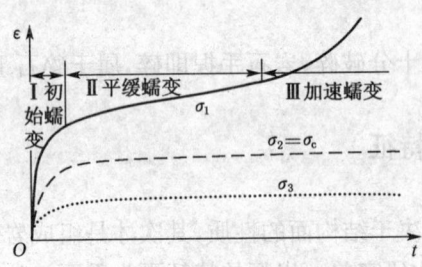

图 6-11 岩体蠕变变形关系

岩体的破坏方式受岩体结构类型控制(图 6-12),块状岩体主要发生脆性破裂和块体滑移,属于重剪破坏;碎裂岩体发生追踪破裂,属于复合剪切破坏;层状岩体发生弯折,散体结构岩体破坏以塑性流动为主,属于剪断破坏。

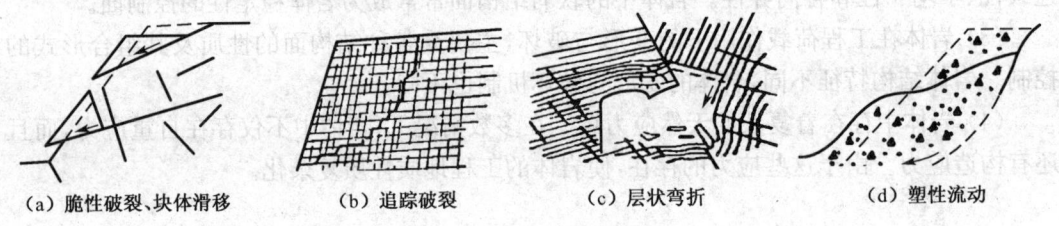

（a）脆性破裂、块体滑移　　（b）追踪破裂　　（c）层状弯折　　（d）塑性流动

图 6-12 岩体破坏方式

如图 6-13 所示,按剪切破坏类型划分,坚硬完整岩体发生脆性破坏,峰值破坏前剪切位移小,破坏后应力下降显著;半坚硬或软弱破碎岩体发生塑性破坏,峰值破坏前剪切位移大,破坏后剪应力不变,岩体沿剪切面发生滑移。图中点 0~1 间应力应变成正比,点 2 处为岩体屈服极限,点 3 处为破坏极限,点 4 处为残余强度。

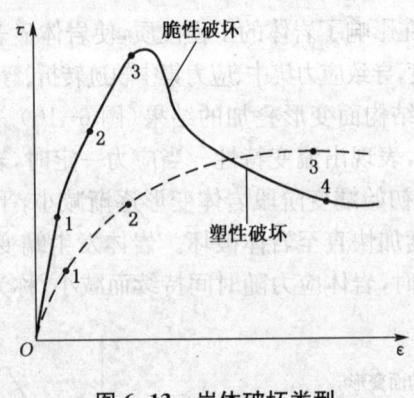

图 6-13 岩体破坏类型

6.3.2 岩体的工程分类

岩体的工程分类是以岩体稳定性或岩体质量评价为基础的分类,主要考虑岩体力学性质指标、岩体后期改造有关的指标(岩体结构)和岩体赋存条件方面的指标(地下水或地应力)等。

1) 单因素指标分类

(1) 岩体质量指标(RQD)分类

用直径为 75 mm 的金刚石钻头和双层岩芯管在岩层中钻进,连续取芯(图 6-14),将长度不小于 10 cm 的完整岩芯段长度之和与统计段钻孔总进尺的比值定义为 RQD(Rock Quality Designation),以去掉百分号的百分比值来表示。《岩土工程勘察规范》(GB 50021—2001)(2009 版)根据 RQD 值将岩体分为好(90~100)、较好(75~95)、较差(50~75)、差(25~50)和极差(0~25)5 类。

图 6-14 岩芯样品

(2) 岩体弹性波速(v_p)分类

根据弹性波在坚硬完整岩体中传播速度快、在软弱破碎岩体中传播速度慢的特点对工程岩体进行分类,如表 6-10。

表 6-10 隧道围岩分类

围岩类别	Ⅰ	Ⅱ	Ⅲ	Ⅳ	Ⅴ	Ⅵ
围岩弹性波速度 v_p(km/s)	<1.0	1.0~2.0	1.5~3.0	2.5~4.0	3.5~4.5	>4.5

(3) 岩体完整性系数(k_v)分类

岩体完整性系数(k_v)定义为岩体纵波波速与同类完整岩块纵波波速的比值的平方。根据 k_v 值对岩体进行分类,如表 6-11。当岩体中不止一个岩性组时,应选择有代表性的点、段分别评价。当无法实测岩体完整性系数时可用单位体积内岩体的节理数(J_v)与 k_v 对照取值,已被硅质、钙质、铁质胶结的节理不应统计在内。

表 6-11 岩体完整性系数分类(据铁道部科学研究院西南分院)

岩体完整程度	完整	较完整	较破碎	破碎	极破碎
k_v	0.75~1.0	0.55~0.75	0.35~0.55	0.15~0.35	<0.15
J_v(条·m³)	<3	3~10	10~20	20~35	>35

2) 多因素综合指标分类

国内外岩体分类方法有数十种之多,其中应用最广、最具代表性的是岩体结构质量分类(RSR)、节理化岩体地质力学分类(RMR)、岩体质量 Q 值系统分类和岩体质量系数 Z 分类法,详见表 6-12。

表 6-12　多因素综合分类代表性方法

分数方案	岩体质量指标计算公式及方法	参 数	等级划分
RMR 系统	$RMR = A+B+C+D+E+F$ 和差综合法（并联系统）(T. Bieniawski, 1973)	A—岩石强度（点荷载、单轴压）分数 3~15 B—RQD（岩石质量指标）分数 3~20 C—不连续面间距（>2~<6 m）分数 5~20 D—不连续面性状（粗糙—夹泥）分数 0~3 E—地下水（干燥—流动）分数 0~15 F—不连续面产状条件（很好—很差）分数 −12~0	Ⅰ 很好　RMR81~100 Ⅱ 好　　RMR61~80 Ⅲ 中等　RMR41~60 Ⅳ 差　　RMR21~40 Ⅴ 很差　RMR≤20
RSR 系统	$RSR = A+B+C$ 和差综合法（并联系统）(G. E. Wickham, 1974)	A—地质（岩石类型：按三大岩类由硬质至使碎划为 4 个等级。构造由整体—强烈断裂褶皱分为 4 等），分数 6~30 B—节理裂隙特征（按整体至极密集分为 6 个等级，按走向倾角与掘进方向关系折减）分数 7~45 C—地下水（无至大量）分数 6~25	RSR 变化范围 25~100
Q 系统	$Q = \dfrac{RQD}{J_n} \cdot \dfrac{J_r}{J_n} \cdot \dfrac{J_m}{SRF}$ 乘积法（串联系统）(Barton, 1974)	RQD—岩石质量指标 0~100 J_n—裂隙组数，无裂—碎裂 0.5~20 J_r—裂隙粗糙度，粗糙—镜面，0.5~4 J_m—裂隙水折减系数干燥—特大水流，0.05~1 SRF—应力折减系数，表示洞室开挖中岩性和地应力对围岩抗变能力的折减，高者可达 20（高应力状态岩石趋于流动），低者 2.5（接近地表的坚固岩石）	特好　Q400~1000 极好　Q100~400 很好　Q40~100 好　　Q10~40 一般　Q4~10 坏　　Q1~4 很坏　Q0.1~1 极坏　Q0.01~0.1 特坏　Q0.001~0.01
Z 系统	$Z = l \cdot f \cdot R$ 乘积法（串联系统）(谷德振, 1979)	l—完整性系数，$l = v_m^2/v_r^2$ v_m—岩体中纵波速 v_r—岩石中纵波速 f—结构面抗剪强度系数 R—岩石坚固系数 $R = [\delta]_湿/100$，$[\delta]_湿$ 为岩石湿单轴抗压强度	Z 变化范围为 0.01~20

6.4　岩体稳定性分析

1) 岩体稳定性的影响因素

岩体的稳定性主要受到地质环境、岩体特征、地下水作用、初始应力状态、工程荷载、施工及运营管理水平的影响。

地貌条件决定了边坡形态，坡度越陡、坡高越大则稳定性越差，平面呈凹形的边坡较呈凸形的边坡稳定。岩性是影响边坡稳定的基本因素，不同的岩层组合有不同的变形破坏形式。例如，坚硬完整的块状或厚层状岩组，易形成高达数百米的陡立斜坡；而在软弱地层的岩石中形成的边坡在坡高一定时其坡度较缓。泥岩、页岩等一经水浸强度就大大降低。

岩体结构类型、结构面性状及其与坡面的关系是岩体稳定的控制因素。同向缓倾边坡的稳定性较反向坡要差;同向缓倾坡中,结构面的倾角越陡,稳定性越好;水平岩层组成的边坡稳定性亦较好。结构面走向与坡面走向之间的关系,决定了失稳边坡岩体运动的临空程度。当倾向不利的结构面走向和坡面平行时,整个坡面都具有临空自由滑动的条件。岩体受多组结构面切割时,切割面、临空面和滑动面就多些,整个边坡变形破坏的自由度就大些,组成滑动块体的机会较大。

地质构造是影响岩质边坡稳定性的重要因素,这包括区域构造特点、斜坡地段的褶皱形态、岩层产状、断层与节理裂隙的发育程度及分布规律、区域新构造运动等。在区域构造较复杂、褶皱较强烈、新构造运动较活跃区域,斜坡岩体的稳定性较差。斜坡地段的褶皱形态、岩层产状、断层及节理等本身就是软弱结构面,经常构成滑动面或滑坡周界,直接控制斜坡岩体变形破坏的形式和规模。

地下水对岩体稳定性的影响是十分显著的,大多数岩体的变形和破坏与地下水活动有关。一般情况下,地下水位线以下的透水岩层受到浮力的作用,而不透水岩层的坡面受到静水压力的作用;充水的张开裂隙承受裂隙水静水压力的作用;地下水的运动,对岩坡产生动水压力。另外,地下水对岩体还具有软化、冻胀、溶解作用,地表水对斜坡坡面具有冲刷作用等等。

地震作用、爆破震动、气候条件、岩石的风化程度、工程荷载作用以及施工程序和方法等都会起到重要作用。

2) 岩体稳定性分析方法

岩体稳定性分析方法可分为定性分析、定量分析和实验分析等,其中定性分析主要是工程地质类比法和工程地质分析法,定量分析主要是极限平衡法、力学解析法和数值计算法。

(1) 工程地质类比法

工程地质类比法是生产实践中最常用、最实用的岩体稳定性分析方法。它主要是应用自然历史分析法认识和了解已有边坡岩体的工程地质条件,并与将要设计的边坡岩体工程地质条件相对比;把已有边坡的研究或设计经验,用到条件相似的新边坡的研究或设计中去。一般情况下,在工程地质比拟所要考虑的因素中,岩石性质、地质构造、岩体结构、水的作用和风化作用是主要的,其他如坡面方位、气候条件等是次要的。

(2) 工程地质分析法

地质分析主要是通过岩体结构分析,对岩体抗滑稳定性的定性分析。岩体的破坏,往往是一部分不稳定的结构体沿着某些结构面拉开,并沿着另一些结构面向着一定的临空面滑移的结果。这就揭示了岩体稳定性破坏所必须具备的边界条件(切割面、滑动面和临空面)。所以,通过对岩体结构要素(结构面和结构体)的分析,明确岩体滑移的边界条件是否具备,就可以对岩体的稳定性作出判断。其分析步骤:①对岩体结构面的类型、产状及其特征进行调整、统计、研究;②对各种结构面及其空间组合关系、结构体的立体形式采用赤平极射投影并结合实体比例投影来进行分析;③对岩体的稳定性作出评价。

(3) 极限平衡法

极限平衡理论一般都遵循一些基本假设:将滑体作为均质刚性体,不考虑其本身变形;遵循库仑—摩尔定律准则;认为下滑力等于抗滑力时边坡处于极限(临界)稳定状态。岩体稳定性分析步骤如下：

① 根据边坡的地质条件，分析边坡破坏的类型与特点，确定可能失稳的边界条件（切割面、滑动面、临空面），以圈定失稳体（滑体）的形态、规模和范围。

② 进行失稳体的受力分析。除自重外，应根据失稳体的具体工程地质条件和工程荷载特点，确定失稳体各部分受力状态和大小。

③ 根据可能构成滑移的结构面特性、边坡工程地质条件及有关的试验资料，选择结构面的内摩擦角（φ）和内聚力（c）、岩体的重度（γ）、地下水位标高及失稳体几何形态等参数。

④ 稳定性判别，一般常用剩余下滑力（亦称推力）或安全系数两种指标。剩余下滑力是指沿滑移面的下滑力与抗滑力的代数和。当剩余下滑力为正值时，说明岩体处于不稳定状态；沿最危险滑动面上的总抗滑力与该面上的实际下滑力的比值，称为安全系数（K）。若计算得到的 K 等于1时，岩体处于极限状态；K 大于1，则岩体稳定。

（4）其他方法

块体力学分析是假定岩体的滑移体都是刚性体的前提条件下，用刚体极限平衡法计算岩体抗滑稳定系数的一种方法。该法简单实用，便于工程上应用。但它不能完全反映岩体滑移的机制、岩体内和滑移面上应力和变形的真正分布情况，因而所得的稳定性指标不可能完全反映实际情况。

数值计算法是将岩体地质模型概化为数学模型计算分析结构内力和岩体中不同部位的应力状态和变形情况。由于地质体是一种复杂的介质，参数和边界条件确定等问题都有待进一步研究。

模型试验法可以直接观察滑移面的破坏过程，并对其他计算方法提供参考。它的基本要求是模型与原型的线性尺寸成比例，材料、荷载条件和边界条件都相似。如何准确地反映和模拟岩体复杂的地质条件及其力学特征，提高模型精度和确定应用范围，有待进一步研究。

思考题

1. 岩石和岩体有何区别与联系？
2. 岩块的物理力学水理指标有哪些？其含义是什么？
3. 什么是岩体结构？有哪些类型？
4. 何谓结构面？有哪些成因类型？
5. 结构面的特征指标有哪些？
6. 说明结构面对岩体力学性质的影响。
7. 岩体强度有什么特点？
8. 岩体蠕变可分为哪几个阶段？各有何特征？
9. 岩体稳定性受哪些因素影响？
10. 何谓工程岩体？工程岩体有哪些分类方法？
11. 解释 RQD 的含义。

7 工程地质勘察

工程地质勘察(也称岩土工程勘察)是土木工程建设的基础工作。工程地质勘察必须符合国家、行业制定的现行有关标准、规范的规定。工程地质勘察的目的是查明建设地区的工程地质条件，提出工程地质(岩土工程)评价，为选择设计方案、设计各类建筑物、制定施工方法、整治地质病害提供可靠依据。

7.1 工程地质勘察的任务和方法

7.1.1 工程地质勘察的目的和方法简述

工程地质勘察是工程建设的前期准备工作，在拟建场地及其附近进行调查研究，以获取工程建设场地原始工程地质资料，为工程建设制定技术可行、经济合理和明显综合效益的设计和施工方案，达到合理利用自然资源和保护自然环境的目的，以免因工程的兴建而恶化地质环境，甚至引起地质灾害。

根据建设场地明确性与否，工程地质勘察的任务可分为两大类：

一类是具有明确指定建设场地的工程地质勘察任务。这类场地已经过技术条件、经济效益、资源环境等多方面综合论证，已经明确建设的具体场地，不需要建设场地的方案比选，如三峡工程就在长江三峡地段，上海金茂大厦就在陆家嘴，故这类场地的工程勘察任务主要是：查明建设地区或地点的工程地质条件，如地形、地貌和地层分布情况，同时指出对工程建设有利的和不利的条件，以便工程设计"扬长避短"；测定地基土的物理力学性质指标，如土的天然密度、含水量、孔隙比、渗透系数、压缩系数、抗剪强度、塑性指标、液性指标等，并研究这些指标在工程建设施工和使用期间可能发生的变化及提出有效预防和治理措施的建议。

另一类是需要方案比选建设场地的工程地质勘察任务。这类场地还没有具体确定，尚需进行初步试勘后经过方案比选才能确定，如高速公路的选线、大型桥梁桥位的选址，故这类场地的工程勘察任务主要是：分析研究可供建设场地有关的工程地质问题，作出定性与定量评价；选出建设工程地质条件比较合适的工程建筑场地。所谓工程地质条件，是指与工程结构物相关的各种地质因素的综合，主要包括岩石(土)类型、地质结构与构造、地形地貌条件、水文地质条件、物理地质作用或现象(如地震、泥石流、岩溶等)和天然建筑材料等方面。值得一提的是，良好优越的工程地质条件并不一定是方案最好的建设场地，因为选择这类场地往往以牺牲大片良田沃土为代价。

工程地质勘察常用的主要方法有：①工程地质测绘；②工程地质勘探；③工程地质试验；④工程地质现场观测。各种方法在各个工程勘察阶段中使用的数量、深度与广度也各不相同。

7.1.2 工程地质勘察阶段

虽然各类建设工程对勘察设计阶段划分的名称不尽相同,但是勘察设计各个阶段的实质内容则是大同小异。一般将工程地质勘察阶段分为可行性研究勘察阶段、初步勘察阶段、详细勘察阶段和施工勘察阶段。

1) 可行性研究勘察阶段

可行性研究勘察阶段,主要满足选址或者确定场地的要求,该阶段应对拟建场地的稳定性和适宜性作出客观评价。为此,在确定拟建工程场地时,在方案允许时,宜避开以下区段:①不良地质现象发育且对场地稳定性有直接危害或潜在威胁的地段;②地基土性质严重不良的地段;②不利于抗震地段;③洪水或地下水对场地有严重不良影响且又难以有效预防和控制的地段;④地下有未开采的有价值矿藏地段;⑤埋藏有重要意义的文物古迹或未稳定的地下采空区的地段。

可行性研究勘察阶段的主要勘察方法是:①对拟建地区大、中比例尺工程地质测绘;②进行较多的勘探工作,包括在控制工程点作少量的钻探;③进行较多的室内试验工作,并根据需求进行必要的野外现场试验;④应在重要的工程地段及可能发生不利地质作用的地址进行长期观测工作;⑤进行必要的物探。

2) 初步勘察阶段

初步勘察阶段应对场地内建设地段的稳定性作出岩土工程定量分析。本阶段的工程地质勘察工作有:①收集项目的可行性研究报告、场址地形图、工程性质、规模等文件资料;②初步查明地层、构造、岩性、透水性、是否存在不良地质现象,当场地条件复杂,还应进行工程地质测绘与调查;③对抗震设防烈度不小于7度的场地,应初步判定场地或地基能否发生液化。

初步勘察应在收集分析已有资料的基础上,根据需要进行工程地质测绘、勘探及测试工作。

3) 详细勘察阶段

详细勘察应密切结合工程技术设计或施工图设计,针对不同的工程结构提供详细的工程地质资料和设计所需的岩土技术参数,对拟建物的地基作出岩土工程分析评价,为路基路面或基础设计、地基处理、不良地质现象的预防和整治等具体方案进行具体论证并得出结论和提出建议。详细勘察的具体内容应视拟建物的具体情况和工程要求来定。

4) 施工勘察阶段

施工勘察主要是与设计、施工单位相结合进行的地基验槽,深基础工程与地基处理的质量和效果的检测,施工中的岩土工程监测和必要的补充勘察,解决与施工有关的岩土工程问题,并为施工阶段路基路面或地基基础设计变更提供相应的地基资料,具体内容视工程要求而定。

需要指出的是,并不是每项工程都严格遵守上述阶段进行勘察,有些工程项目的用地有限,没有场地选择的余地,如遇到地质条件不是很好时,则通过采取地基处理或其他措施来改善,这时施工阶段的勘察尤为重要。此外,有些建筑等级要求不高的工程项目,可根据邻近的已建工程的成熟经验,根本就不需要任何勘察亦可兴建,如1~3层的工业与民用建筑工程项目。

7.1.3 工程地质测绘

工程地质测绘是工程地质勘察中最基本的方法，也是工程地质勘察最先进行的综合基础工作。它运用地质学原理，通过野外调查，对有可能选择的拟建场地区域内地形地貌、地层岩性、地质构造、不良地质现象进行观察和描述，将所观察到的地质要素按要求的比例尺填绘在地形图和有关图表上，并拟建场地区域内的地质条件作出初步评价，为后续布置勘探、试验和长期观测打下基础。工程地质测绘贯穿于整个勘察工作的始终，只是随着勘察设计阶段的不同，要求测绘的范围、内容、精度不同而已。

1) 工程地质测绘的范围

工程地质测绘的范围应根据工程建设类型、规模并考虑工程地质条件的复杂程度等综合确定。一般工程跨越地段越多、规模越大、工程地质条件越复杂测绘范围就相对越广。例如，京珠高速公路的线路测绘，横亘南北，穿山越岭，跨江过海，测绘范围就比三峡大坝选地址工程测绘范围要广阔。

2) 工程地质测绘的内容

工程地质测绘的内容主要有以下6个方面：

（1）地层岩性

明确一定深度范围地层内各岩层的性质、厚度及其分布变化规律，并确定其地质年代、成因类型、风化程度及工程地质特性。

（2）地质构造

研究测区内各种构造形迹的产状、分布、形态、规模及其结构面的物理力学性质，明确各类构造岩的工程地质特性，并分析其对地貌形态、水文地质条件、岩石风化等方面的影响及其近、晚期构造活动情况，尤其是地震活动情况。

（3）地貌条件

如果说地形是研究地表形态的外部特征，如高低起伏、坡度陡缓和空间分布，那么地貌则是研究地形形成的地质原因和年代及其在漫长的地质历史中不断演变的过程和将来发展的趋势，即从地质学和地理学的观点来考察地表形态。因此，研究地貌的形成和发展规律，对工程建设的总体布局有着重要意义。

（4）水文地质

调查地下水资源的类型、埋藏条件、渗透性，并测试分析水的物理性质、化学成分及动态变化对工程结构建设期间和正常使用期间的影响。

（5）不良地质

查明岩溶、滑坡、泥石流及岩石风化等分布的具体位置、类型、规模及其发育规律，并分析其对工程结构的影响。

（6）可用材料

对测区内及附近地区短程可以用来利用的石料、砂料及土料等天然构筑材料资源进行附带调查。

3) 工程地质测绘的精度

工程地质测绘的精度是指对野外观察得到的工程地质现象和获取的地质要素信息标

记、描述和表示在有关图纸上的详细程度。所谓地质要素,即场地的地层、岩性、地质构造、地貌、水文地质条件、物理地质现象、可利用天然建筑材料的质量及其分布等。测绘的精度主要取决于单位面积上观察点的多少,在地质复杂地区,观察点的分布多一些,简单地区则少一些,观察点应布置在反映工程地质条件各因素的关键位置上。一般应反映在图上大于 2 mm 的一切地质现象,对工程有重要影响的地质现象,在图上不足 2 mm 时,应扩大比例尺表示,并注明真实数据,如溶洞等。

4) 工程地质测绘的方法和技术

工程地质测绘的方法有像片成图法和实地测绘法。随着科学技术的进步,遥感新技术也应用于工程地质测绘。

(1) 像片成图法

像片成图法是利用地面摄影或航空(卫星)摄影的像片,先在室内根据判释标志,结合所掌握的区域地质资料,确定地层岩性、地质构造、地貌、水系和不良地质现象等,描绘在单张像片上,然后在像片上选择需要调查的若干布点和路线,以便进一步实地调查、校核并及时修正和补充,最后将结果转绘成工程地质图。

(2) 实地测绘法

顾名思义,实地测绘法就是在野外对工程地质现象进行实地测绘的方法。实地测绘法通常有路线穿越法、布线测点法和界线追索法 3 种。

路线穿越法是沿着在测区内选择的一些路线,穿越测绘场地,将沿途遇到的地层、构造、不良地质现象、水文地质、地形、地貌界线和特征点等填绘在工作底图上的方法。路线可以是直线也可以是折线。观测路线应选择在露头较好或覆盖层较薄的地方,起点位置应有明显的地物,例如村庄、桥梁等。同时,为了提高工作成效,方向应大致与岩层走向、构造线方向及地貌单元相垂直。

布线测点法就是根据地质条件复杂程度和不同测绘比例尺的要求,先在地形图上布置一定数量的观测路线,然后在这些线路上设置若干观测点的方法。观测线路力求避免重复,尽量使之达到最优效果。

界线追索法就是为了查明某些局部复杂构造,沿地层走向或某一地质构造方向或某些不良地质现象界线进行布点追索的方法。这种方法常是在上述两种方法的基础上进行的,是一种辅助补充方法。

(3) 遥感技术应用

遥感技术就是根据电磁波辐射理论,在不同高度的观测平台上,使用光学(电子学)或电子光学等探测仪器,对位于地球表面的各类远距离目标反射、散射或发射的电磁波信息进行接收并用图像胶片或数字磁带形式记录,然后将这些信息传送到地面接收站,接收站再把这些信息进一步加工处理成遥感资料,最后结合已知物的波谱特征,从中提取有用信息,识别目标和确定目标物之间相互关系的综合技术。简言之,遥感技术是通过特殊方法对地球表层地物及其特性进行远距离探测和识别的综合技术方法。遥感技术包括传感器技术,信息传输技术,信息处理、提取和应用技术,目标信息特征的分析和测量技术等。

遥感技术应用于工程地质测绘,可大量节省地面测绘时间及工作量,并且完成质量较高,从而节省工程勘察费用。

7.1.4 工程地质勘探

工程地质勘探是在工程地质测绘的基础上,为了详细查明地表以下的工程地质问题,取得地下深部岩土层的工程地质资料而进行的勘察工作。

常用的工程地质勘探手段有开挖勘探、钻孔勘探和地球物理勘探。

1) 开挖勘探

开挖勘探就是对地表及其以下浅部局部土层直接开挖,以便直接观察岩土层的天然状态以及各地层之间的接触关系,并能取出接近实际的原状结构岩土样进行详细观察和描述其工程地质特性的勘探方法。根据开挖体空间形状的不同,开挖勘探可分为坑探、槽探、井探和洞探等。

坑探就是用锹镐或机械挖掘在空间上3个方向的尺寸相近的坑洞的一种明挖勘探方法。坑探的深度一般为1~2 m,适于不含水或含水量较少的较稳固的地表浅层,主要用来查明地表覆盖层的性质和采取原状土样。

槽探就是在地表挖掘成长条形(两壁常为倾斜的上宽下窄)沟槽进行地质观察和描述的明挖勘探方法。探槽的宽度一般为0.6~1.0 m,深度一般小于3 m,长度则视情况确定。探槽的断面有矩形、梯形和阶梯形等多种形式,一般采用矩形。当探槽深度较大时,常用梯形的;当探槽深度很大且探槽两壁地层稳定性较差时,则采用阶梯形断面,必要时还要对两壁进行支护。槽探主要用于追索地质构造线、断层、断裂破碎带宽度、地层分界线、岩脉宽度及其延伸方向,探查残积层、坡积层的厚度和岩石性质及采取试样等。

井探是指勘探挖掘空间的平面长度方向和宽度方向的尺寸相近,而其深度方向则大于长度和宽度的一种挖探方法。探井的深度一般大于3~20 m,其断面形状有方形的(1 m×1 m、1.5 m×1.5 m)、矩形的(1 m×2 m)和圆形的(直径一般为0.6~1.25 m)。掘进时遇到破碎的井段须进行井壁支护。井探用于了解覆盖层厚度及性质、构造线、岩石破碎情况、岩溶、滑坡等,当岩层倾角较缓时效果较好。

洞探是在指定标高的指定方向开挖地下洞室的一种勘探方法。这种勘探方法一般将探洞布置在平缓山坡、山坳处或较陡的基岩坡坡底,多用于了解地下一定深处的地质情况并取样,如查明坝底两岸地质结构,尤其在岩层倾向河谷并有易于滑动的夹层,或层间错动较多、断裂较发育及斜坡变形破坏等,更能观察清楚,可获较好效果。

2) 钻孔勘探

钻孔勘探简称钻探。钻探就是利用钻进设备打孔,通过采集岩芯或观察孔壁来探明深部地层的工程地质资料,补充和验证地面测绘资料的勘探方法。钻探是工程地质勘探的主要手段,但是钻探费用较高,因此,一般是在开挖勘探不能达到预期目的和效果时才采用这种勘探方法。

钻探方法较多,钻孔口径不一。一般采用机械回转钻进。常规孔径为:开孔168 mm,终孔91 mm。由于行业部门及设计单位的不同要求,孔径的取值也不一样。如水电部使用回转式大口径钻探的最大孔径可达1 500 mm,孔深30~60 m,工程技术人员可直接下孔观察孔壁。而有的部门采用孔径仅为36 mm的小孔径,钻进采用金刚石钻头,这种钻探方法对于硬质岩而言,可提高其钻进速度和岩芯采取率或成孔质量。

一般情况下，钻探通常采用垂直钻进方式。对于某些工程地质条件特殊的情况，如被调查的地层倾角较大，则可选用斜孔或水平孔钻进。

钻进方法有4种：冲击钻进、回转钻进、综合钻进和振动钻进。

(1) 冲击钻进

该法采用底部圆环状的钻头，钻进时将钻具提升到一定高度，利用钻具自重迅猛放落，钻具在下落时产生冲击力，冲击孔底岩土层，使岩土达到破碎而进一步加深钻孔。冲击钻进可分为人工冲击钻进和机械冲击钻进。人工冲击钻进所需设备简单，但是劳动强度大，适于黄土、黏性土和砂性土等疏松覆盖层；机械冲击钻进省力省工，但是费用相对较高，适于砾石、卵石层及基岩。冲击钻进一般难以取得完整岩芯。

(2) 回转钻进

该法利用钻具钻压和回转，使嵌有硬质合金的钻头切削或磨削岩土进行钻进。根据钻头的类别，回转钻进可分为螺旋钻探、环形钻探(岩芯钻探)和无岩芯钻探。螺旋钻探适用于黏性土层，可干法钻进，螺纹旋入土层，提钻时带出扰动土样；环形钻探适用于土层和岩层，对孔底作环形切削研磨，用循环液清除输出岩粉，环形中心保留柱状岩芯，然后进行提取；无岩芯钻探适用于土层和岩层，对整个孔底做全面切削研磨，用循环液清除输出岩粉，不提钻连续钻进，效率高。

(3) 综合钻进

此法是一种冲击与回转综合作用下的钻进方法。它综合了前两种钻进方法在地层钻进中的优点，以达到提高钻进效率的目的，在工程地质勘探中应用广泛。

(4) 振动钻进

此法采用机械动力将振动器产生的振动力通过钻杆和钻头传递到圆筒形钻头周围土中，使土的抗剪强度急剧减小，同时利用钻头依靠钻具的重力及振动器重量切削土层进行钻进。圆筒形钻头主要适用于粉土、砂土、较小粒径的碎石层以及黏性不大的黏性土层。

3) 地球物理勘探

地球物理勘探简称物探，是利用专门仪器来探测地壳表层各种地质体的物理场，包括电场、磁场、重力场、辐射场、弹性波的应力场等，通过测得的物理场特性和差异来判明地下各种地质现象，获得某些物理性质参数的一种勘探方法。由于组成地壳的各种不同岩层介质的密度、导电性、磁性、弹性、反射性及导热性等方面存在差异，这些差异将引起相应的地球物理场的局部变化，通过测量这些物理场分布和变化特性，结合已知的地质资料进行分析和研究，就可以推断地质体的性状。这种方法兼有勘探和试验两种功能。与钻探相比，物探具有设备轻便、成本低、效率高和工作空间广的优点。但是，物探不能取样直接观察，故常与钻探配合使用。

物探按照利用岩土物理性质的不同可分为声波探测、电法勘探、地震勘探、重力勘探、磁力勘探及核子勘探等。在工程地质勘探中采用得较多的主要是前3种方法。

最普遍的物探方法是电法勘探与地震勘探，常在初期的工程地质勘察中使用，配合工程地质测绘，初步查明勘察区的地下地质情况，此外，常用于查明古河道、洞穴、地下管线等具体位置。

(1) 声波探测

声波探测是指运用声波段在岩土或岩体中传播特性及其变化规律来测试其物理力学性质的一种探测方法。在实际工程中，还可利用在应力作用下岩土或岩体的发声特性对其进行长期稳定性观察。

(2) 电法勘探

电法勘探简称电探,是利用天然或人工的直流或交流电场来测定岩土体导电学性质的差异,勘察地下工程地质情况的一种物探方法。电探的种类很多,按照使用电场的性质,可分为人工电场法和自然电场法,而人工电场法又可分为直流电场法和交流电场法。工程勘察使用较多的是人工电场法,即人工对地质体施加电场,通过电测仪测定地质体的电阻率大小及其变化,再经过专门的图板对比(理论曲线对比),区分地层、岩性、构造以及覆盖层、风化层厚度、含水层分布和深度、古河道、主要充水裂隙方向以及天然建筑材料分布范围、储量等。

地质雷达(又称探地雷达,Ground Penetrating Radar,简称 GPR)检测技术是一种高精度、连续无损、经济快速、图像直观的高科技检测技术。它是通过地质雷达向物体内部发射高频电磁波并接收相应的反射波来判断物体内部异常情况。作为目前精度较高的一种物理探测技术,地质雷达检测技术已广泛应用于工程地质、岩土工程、地基工程、道路桥梁、文物考古、混凝土结构探伤等领域。地质雷达仪器主要由控制单元、发射天线、接收天线、笔记本电脑等部件组成。工作人员通过操纵笔记本电脑,向控制单元发出命令;控制单元接收到命令后,向发射天线和接收天线同时发出触发信号;发射天线触发后,向地面发射频率为几十至几千兆赫的高频脉冲电磁波;电磁波在地下传播过程中,遇到电性不同的界面、目标或局域介质不均匀体时,一部分电磁波反射回地面,由接收天线接收,并以数据的形式传输到控制单元,再由控制单元传输到笔记本电脑,以图像的方式显示。对图像进行处理分析,便可得出地下介质分布情况,从而实现检测的目的。

(3) 地震勘探

地震勘探是利用地质介质的波动性来探测地质现象的一种物探方法。其原理是利用爆炸或敲击方法向岩体内激发地震波,根据不同介质弹性波传播速度的差异来判断地质情况。根据波的传递方式,地震勘探又可分为直达波法、反射波法和折射波法。直达波就是由地下爆炸或敲击直接传播到地面接收点的波。直达波法就是利用地震仪器记录直达波传播到地面各接收点的时间和距离,然后推算地基土的动力参数,如动弹性模量、动剪切模量和泊松比等。而反射波或折射波则一般由地面产生激发的弹性波在不同地层的分界面发生反射或折射而返回到地面的波。反射波法或折射波法就是利用反射波或折射传播到地面各接收点的时间,并研究波的振动特性,确定引起反射或折射的地层界面的埋藏深度、产状岩性等。地震勘探直接利用地下岩石的固有特性,如密度、弹性等,较其他物探方法准确,且能探测地表以下很大的深度,因此该勘探方法可用于了解地下深部地质结构,如基岩面、覆盖层厚度、风化壳、断层带等地质情况。

物探方法的选择,应根据具体地质条件,常用多种方法进行综合探测,如重力法、电视测井等新技术、新方法的运用。但由于物探的精度受到限制,因而是一种辅助性的方法。

7.1.5 现场原位测试

1) 静力触探试验

静力触探试验是通过一定的机械装置,将某种规格的金属探头用静力压入土层中,同时用传感器或直接量测仪表测试土层对触探头的贯入阻力,以此来判断、分析、确定地基土的物理力学性质。静力触探试验适用于黏性土、粉土和砂土,主要用于划分土层、估算地基土的物理力学指标参数、评定地基土的承载力、估算单桩承载力及判定砂土地基的液化等级等。

(1) 静力触探试验的技术要求

静力触探试验使用的静力触探仪主要由三部分组成:

① 贯入装置(包括反力装置)。其基本功能是可控制等速压贯入。

② 传动系统。主要有液压和机械两种系统。

③ 量测系统。主要有探头、电缆和电阻应变仪等。

常用的静力触探探头分为单桥探头和双桥探头(图 7-1),其规格见表 7-1 所示。

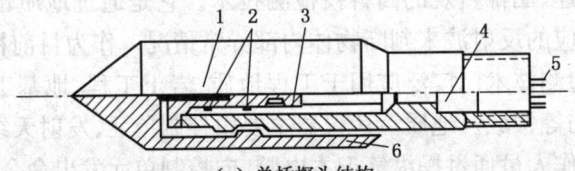

(a) 单桥探头结构

1—顶柱;2—电阻应变片;3—传感器;4—密封垫圈套;5—四芯电缆;6—外套筒

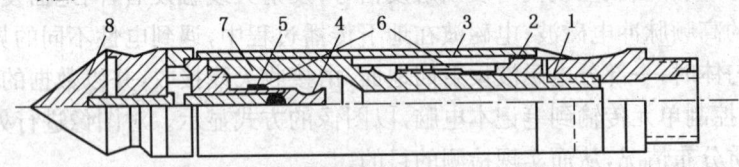

(b) 双桥探头结构

1—传力杆;2—摩擦传感器;3—摩擦筒;4—锥尖传感器;5—顶柱;6—电阻应变片;7—钢珠;8—锥尖头

图 7-1 静力触探探头示意图

表 7-1 单桥和双桥触探头的规格

锥底截面积 $A(cm^2)$	锥底直径 $d(mm)$	锥角(°)	单桥探头 有效侧壁长度 (mm)	双桥探头 摩擦筒侧壁面积 (cm^2)	双桥探头 摩擦筒长度 (mm)
10	35.7	60	57	200	179
15	43.7		70	300	219
20	50.4		81	300	189

① 单桥探头

单桥探头能测定一个触探指标——比贯入阻力 p_s。p_s 值是指探头锥尖底面积 A 与总贯入阻力 P 的比值,即

$$p_s = \frac{P}{A} \tag{7-1}$$

这一贯入阻力对应于一定几何形状的探头,因此是相对贯入阻力。经大量试验研究,按表 7-1 确定的探头规格,触探结果不受其规格尺寸的影响。

② 双桥探头

双桥探头能测定两个触探指标——锥尖阻力 q_c 和侧壁摩阻力 f_s，其定义如下：

$$q_c = \frac{Q_c}{A} \tag{7-2}$$

$$f_s = \frac{P_f}{F} \tag{7-3}$$

式中：Q_c、P_f——分别为锥尖总阻力和侧壁摩阻力(MPa)；

A、F——分别为锥底截面积和摩擦筒表面积(cm^2)。

在静力触探的整个过程中，探头应匀速、垂直地压入土层中，贯入速率一般控制在 (1.2 ± 0.3)m/min。

静力触探探头传感器必须事先进行率定，室内率定非线性误差、重复性误差、滞后误差、温度漂移，归零误差范围应为±0.5%~1.0%。在现场试验时，应检验现场的归零误差不得超过3%，它是试验质量的重要指标。触探时，深度记录误差一般为±0.1%。当贯入深度大于50 m时，应量测触探孔的偏斜度，校正土的分层界线。

(2) 静力触探试验成果的应用

① 根据贯入阻力曲线的形态特征或数值变化幅度划分土层在建筑物的基础设计中，对于地基土，按土的类型及其物理力学性质，结合地质成因进行分层是十分重要的。特别是在桩基础设计中，桩端持力层的标高及其起伏程度和厚度变化，是确定桩长的重要设计依据。

根据静力触探曲线(图7-2)对地基土进行力学分层，或参照钻孔分层结合静力触探 p_s 或 q_c 及 f_s 值的大小和曲线形态特征进行地基土的力学分层，并确定分层界线。

由于地基土层特性变化的复杂性，在划分土层的界线时，应注意以下两个问题。一是在探头贯入不同工程性质的土层界线时 p_s 或 q_c 及 f_s 值的变化一般是显著的，但并不是突变的，而是在一段距离内逐渐变化的。二是工程实践中经常发现，静力触探所划分的土层界线与实际分界线在深度不大时两者相差不多，约差 20~40 cm。当触探深度较大，超过 40 m，而且下部有硬土层存在时，静力触探定出的分层深度往往比钻探所定的分层深度大。产生这种误差的原因是在触探中深度记录误差过大和细长的探杆发生挠曲，探杆弯曲后就沿弯曲方向继续贯入，使触探深度大于实际深度。产生深度误差的这两个因素，通过严格认真的操作，并在探头内附设测斜装置，是能够将误差控制在规定的范围内的。

综上所述，用静力触探曲线划分土层界线的方法如下：

A. 上下层贯入阻力相差不大时，取超前深度和滞后深度的中心，或中心偏向小阻力土层 5~10 cm 处作为分层界线。

B. 上下层贯入阻力相差1倍以上时，取软土层最后一个(或第一个)贯入阻力小值偏向硬土层 10 cm 处作为分层界线。

C. 上下层贯入阻力没有变化时，可结合 f_s 或 R_f (摩阻比 = f_s/q_c) 的变化确定分层界线。

② 评定地基土的强度参数

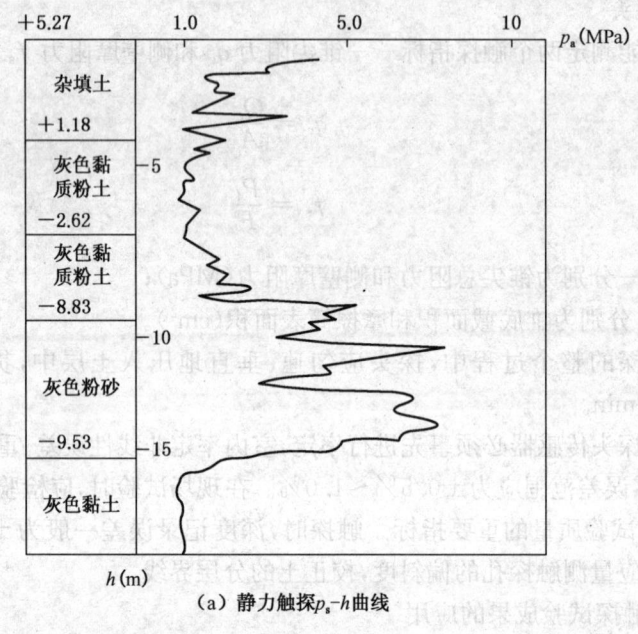

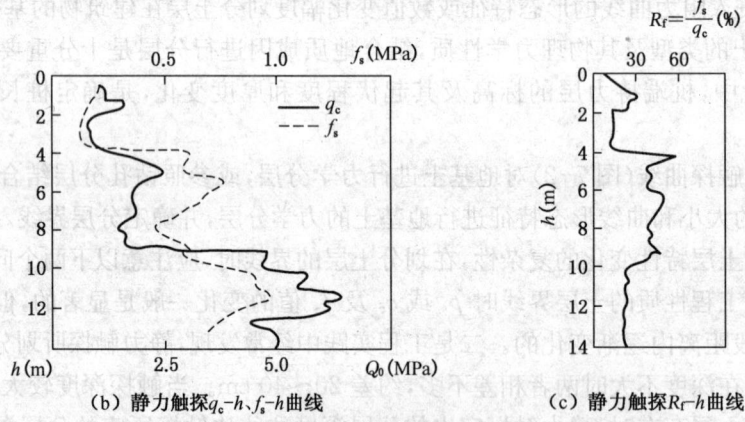

(b) 静力触探q_c-h、f_s-h曲线   (c) 静力触探R_f-h曲线

图 7-2   静力触探曲线

对于黏性土，由于静力触探试验的贯入速率较快，因此对量测黏性土的不排水抗剪强度是一种可行的方法。经过大量的试验和研究，探头锥尖阻力基本上与黏性土的不排水抗剪强度呈某种确定的函数关系，而且将大量的测试数据经数理统计分析，其相关性都很理想。其典型的实用关系式如表 7-2 所示。

砂土的重要力学参数是内摩擦角 φ。我国铁道部《静力触探技术规则》提出按表 7-3 估算砂土的内摩擦角。

表 7-2   用静力触探估算黏性土的不排水抗剪强度(kPa)

实用关系式	适用条件	来源
$C_u = 0.071 q_c + 1.28$	$q_c < 700$ kPa 的滨海相软土	同济大学
$C_u = 0.039 q_c + 2.7$	$q_c < 800$ kPa	铁道部

续表 7-2

实用关系式	适用条件	来　源
$C_u = 0.308 p_s + 4.0$	$p_s = 100 \sim 1\,500$ kPa 新港软黏土	一般设计研究院
$C_u = 0.069\,6 p_s - 2.7$	$p_s = 300 \sim 1\,200$ kPa 饱和软黏土	武汉静探联合组
$C_u = 0.1 q_c$	$\varphi = 0°$ 纯黏土	日本
$C_u = 0.105 q_c$		Meyerhof

表 7-3　用静力触探比贯入阻力 p_s 估算砂土内摩擦角 φ

p_s(MPa)	1.0	2.0	3.0	4.0	6.0	11.0	15	30
$\varphi(°)$	29	31	32	33	34	36	37	39

砂土的密实状态是判定其工程性质的重要指标,它综合反映了砂土的矿物组成、粒径组成、颗粒形状等对其工程性质的影响。可利用静力触探评定砂土密实度的分级界限值。

③ 评定土的变形指标

大量研究成果表明,在临界深度以下贯入时,土体压缩变形起着重要作用。无论是从理论上还是从 q_c 或 p_s 与 E_s 和 E_0 的数理统计分析方面,都反映了 q_c 或 p_s 与 E_s 和 E_0 等一些土的压缩变形指标存在良好的函数关系。表 7-4 给出了黏性土的压缩模量 E_s 和变形模量 E_0 与静力触探比贯入阻力 p_s 的实用关系表达式。也可用静力触探试验锥尖阻力 q_c 或比贯入阻力 p_s 值估算砂土的变形模量 E_0 的关系表达式。

表 7-4　用 p_s 评定黏性土的压缩模量 E_s 和变形模量 E_0

实用关系式	适用条件		来　源
$E_s = 3.11 p_s - 1.14$	上海黏性土		同济大学
$E_s = 4.13 p_s^{0.687}$	黏性土($I_P > 7$)和软土	$p_s \leqslant 1.3$	铁道部四院
$E_s = 2.14 p_s + 2.17$	黏性土($I_P > 7$)和软土	$p_s \leqslant 1.3$	
$E_s = 6.03 p_s^{1.45} + 2.87$	软土、一般黏性土	$0.085 \leqslant p_s < 2.5$	
$E_s = 3.63 p_s + 1.20$	软土、一般黏性土	$p_s < 5$	交通部一航院
$E_s = 3.72 p_s + 1.26$	软土、一般黏性土	$0.3 \leqslant p_s < 3$	武汉联合试验组
$E_0 = 9.79 p_s - 2.63$	软土、一般黏性土	$0.3 \leqslant p_s < 3$	
$E_0 = 11.77 p_s - 4.69$	老黏性土	$3 \leqslant p_s < 6$	
$E_0 = 6.06 p_s - 0.90$	软土、一般黏性土	$p_s < 1.6$	建设部综勘院
$E_0 = 3.55 p_s - 6.65$	粉土	$p_s > 4$	

④ 评定地基土的承载力

关于用静力触探的比贯入阻力 p_s 确定地基土的承载力的方法,我国开展了大量的研究工作,已取得了许多可靠、合理的实用成果。但是,由于我国疆域辽阔,土层成因类型和结构复杂,差异很大,因此不能形成一个统一的公式来确定各地区的地基承载力。表 7-5、表 7-6、表 7-7 为《南京地区建筑地基基础设计规范》(DG J32/J12—2005)规定的方法。

表 7-5 粉细砂地基承载力特征值(kPa)

p_s(kPa)	1 500~3 500	3 500~6 000	6 000~12 000	>12 000
地基承载力特征值	110~140	140~180	180~240	240~330

表 7-6 粉土地基承载力特征值(kPa)

p_s(kPa)	1 300~2 000	2 000~4 000	4 000~6 000
地基承载力特征值	100~130	130~160	160~200

表 7-7 黏性土地基承载力特征值(kPa)

p_s(kPa)	700	1 200	1 700	2 100	2 600	3 000	3 200	3 700	4 200
地基承载力特征值	85	115	150	190	225	240	260	300	335

⑤ 估算单桩承载力

静力触探试验可以看作是一个小直径桩的现场载荷试验。对比结果表明,用静力触探成果估算单桩极限承载力是行之有效的,在国内已有比较成熟的经验公式。下面分别介绍《高层建筑岩土工程勘察规程》(JGJ 72—2004)用静力触探试验成果计算单桩承载力的方法,该方法适用于一般黏性土和砂土,其公式如下:

$$R_k = \frac{1}{k}(\alpha \bar{q}_c A_p + U_p \sum_{i=1}^{n} f_{si} l_i \beta_i) \tag{7-4}$$

式中:R_k——预制桩单桩承载力标准值(kN);

α——桩端阻力修正系数,对于黏性土 $\alpha = \frac{2}{3}$,对于饱和砂土 $\alpha = \frac{1}{2}$;

$\bar{q}_c$——桩端上、下静力触探锥尖阻力平均值(kPa),取桩尖平面以上 4 倍桩径 d 范围内按厚度加权的平均值,然后再和桩尖平面以下 1 倍桩径 d 范围的 q_c 值进行算术平均;

A_p——桩端横截面面积(m^2);

U_p——桩身截面周长(m);

f_{si}——第 i 层土的静力触探侧壁摩阻力(kPa);

l_i——第 i 层土的厚度(m);

β_i——第 i 层土桩身侧壁摩阻力修正系数,黏性土 $\beta_i = 10.043 f_{si}^{-0.55}$,砂土 $\beta_i = 10.043 f_{si}^{-0.55}$;

k——安全系数,应根据工程的性质、使用要求、荷载特性、上部结构对变形的敏感程度、地基土的均匀程度、桩的入土深度和实际沉桩施工质量等因素确定,一般取 $k = 2$。

2) 标准贯入试验

(1) 标准贯入试验设备及技术要求

标准贯入试验是动力触探类型之一。它利用规定重量的穿心锤,从恒定高度上自由落下,将一定规格的探头打入土中,根据打入的难易程度判别土的性质。

标准贯入试验的仪器设备如图 7-3 所示,主要由三部分组成。

① 触探头

标准贯入试验探头为两个一定规格的半圆合成的圆筒,称为标准贯入器。它的最大优点是在触探过程中配合取土样,以便室内试验分析。

② 触探杆

国内统一使用直径为 42 mm 的圆形钻杆,国外有使用直径为 50 mm 或 60 mm 的钻杆。

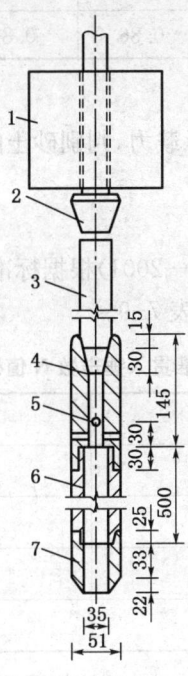

图 7-3 标准贯入试验设备(单位:mm)
1—穿心锤;2—锤垫;3—钻杆;4—贯入器头;
5—出水孔;6—由两半圆形管并合而成的贯入器身;7—贯入器靴

③ 穿心锤

标准贯入试验穿心锤质量为 63.5 kg,自由落距为 76 cm。

该试验按上述规定的穿心锤质量和落距,将贯入器连续贯入土中 30 cm 所需的锤击数,称为标准贯入试验锤击数,记为 $N_{63.5}$。遇到硬土层,贯入击数较大而且仍未贯入 30 cm 时,可按下式换算为 $N_{63.5}$,即

$$N_{63.5} = 30\frac{n}{\Delta S} \tag{7-5}$$

式中:n——实际试验锤击数;

ΔS——与 n 次试验锤击数相对应的贯入量(cm)。

标准贯入试验所得的指标 $N_{63.5}$ 表示探头贯入土中的难易程度,因此可以依据它判别土的性质。随着触探深度的加大,所得锤击数 $N_{63.5}$ 实际上受到了触探杆质量及杆壁摩擦力的影响,因此,应根据触探杆长度对锤击数进行修正:

$$N = \alpha N_{63.5}$$

式中：N——按触探杆长度修正后的标准贯入试验锤击数；

$N_{63.5}$——实际贯入 30 cm 所需锤击数；

α——触探杆长度校正系数，见表 7-8。

表 7-8 触探杆长度校正系数

触探杆长(m)	≤3	6	9	12	15	18	21
校正系数(α)	1.00	0.92	0.86	0.81	0.77	0.73	0.70

（2）标准贯入试验成果的应用

标准贯入试验可确定地基土的承载力，判别砂土的密实状态、振动液化及细粒土的稠度状态等。下面分别加以简单介绍。

① 评定砂土的密实度

《岩土工程勘察规范》(GB 50021—2001)根据标准贯入试验锤击数 N 将砂土的密实度划分为密实、中密、稍密和松散，详见表 7-9。

表 7-9 按标准贯入锤击数 N 值确定砂土密实度

N 值	密实度
$N \leqslant 10$	松散
$10 < N \leqslant 15$	稍密
$15 < N \leqslant 30$	中密
$N \geqslant 30$	密实

② 确定地基土承载力

《南京地区建筑地基基础设计规范》(DGJ 32/J12—2005)是根据标准贯入经杆长修正后的锤击数 N 查表 7-10、表 7-11 及表 7-12 确定粉细砂、中粗砂和黏性土的地基承载力特征值。

表 7-10 粉细砂地基承载力特征值

N(击数)	3~10	10~15	15~30	>30
f_a(kPa)	110~140	140~180	180~240	240~330

注：N 为经杆长修正后的锤击数统计标准值。

表 7-11 中粗砂地基承载力特征值

N(击数)	10	15	30	50
f_a(kPa)	180	250	340	500

表 7-12 黏性土地基承载力特征值

N(击数)	3	5	7	9	11	13	15	17	19
f_a(kPa)	85	115	150	190	225	240	260	300	335

③ 评定黏性土的状态

武汉勘察公司提出的标准贯入试验锤击数 N 与黏性土的状态关系见表 7-13。

表 7-13 标准贯入击数 N 与黏性土液性指数 I_L 的关系

N	<3	2～4	4～7	7～18	18～35	>35
I_L	>1	0.75～1	0.5～0.75	0.25～0.5	0～0.25	<0
稠度状态	流塑	软塑	软可塑	硬可塑	硬塑	坚硬

④ 评定砂土抗剪强度指标

佩克的经验公式：

$$\varphi = 0.37N + 27 \tag{7-6}$$

式中：φ——砂土的内摩擦角；

N——标准贯入试验锤击数。

太沙基和佩克的经验公式为：

$$C_u = (6 \sim 6.5)N \tag{7-7}$$

式中：C_u——黏性土的不排水抗剪强度(kPa)；

N——标准贯入试验锤击数。

⑤ 地基土的液化判别

⑥ 评定土的变形模量 E_0 和压缩模量 E_s

⑦ 估算单桩承载力

3) 多波列浅层地震勘探技术

多波列浅层地震勘探技术是一种新兴的岩土原位测试勘察方法,它充分利用了地震波传播中产生的折射波、反射波、直达波、面波及转换波的特性,根据不同的勘察对象,可选择采用其中一种波或综合采用多种波进行解释、推断,使得浅层工程物探勘察手段能够真正达到高精度、高分辨、定量化。我国自行研制的高分辨、高精度、智能型仪器——SWS-1&2型多波列数字图像工程勘察与测试仪及其配套的先进数据处理软件的开发成功,使多波列浅层地震勘探技术在岩土工程勘察中崭露头角。

浅层高分辨反射波技术、多道瞬态面波技术和高密度地震图像技术等勘察新技术、新方法的试验研究与应用,不但能在初勘阶段作为一种普查的方法,而且在多层或高层建筑地基详勘中也能作为钻探的重要辅助手段,减少了钻孔、测试数量,降低了勘察费用,提高了勘察工作效率,为城市岩土工程勘察提供了一种快速、廉价和较为有效的手段。

浅层高分辨反射波技术是利用横波的波速低、波长短、分辨率高,不受潜水面影响,在不同介质的分界面上不产生转换波等诸多优点,采用小道距、小偏移距共反射点多次叠加方法追踪层位,并在数据处理中进行岩土介质速度扫描。

瞬态面波技术是利用瑞利波的频散特性和传播速度与岩土物理力学性质的相关性进行土层划分,研究岩土的工程性质,评价软土地基加固处理效果,探测地下空洞和掩埋物,并为抗震设计提供岩土力学参数等,可以解决诸多的岩土工程问题。如为工程提供抗震设计参数,查明工程场地暗埋的砂坑、空洞、塌陷体等不良地质体的形态和分布,采用多波列数字图像工程勘察仪 SWS-2 型,利用多道瞬态面波技术和高密度地震图像技术、高分辨地震反射波技术获得土层情况和波速值,完成对土层工程特性的评价,基本上能够满足设计要求。

高密度地震图像技术是近两年来随着我国高新技术成果 SWS-2 型智能化多波列数字图像工程勘察仪的开发应用发展起来的一种新兴的勘察测试技术。它采用纵波反射法单点激震多点接收和数据连续快速采集与存储以及相应软件支持的施测方法,使地下剖面经彩色图像表示出来。这种方法效率高,反映的地下地质体形态逼真。该方法还弥补了地质雷达不适应低阻环境勘察的不足,获得的弹性物理资料方便工程判断,对缩短勘察周期、降低工程造价、提高勘察成果质量作出了重大贡献。

近年来由于我国高新技术成果 SWS-2 及 SWS-3C 型多波列数字图像工程勘探仪和先进的工程检测支持软件系统的开发应用,浅层地震勘探方法有了长足进步和实践性发展。

该技术可应用于各行业各类工程物探勘察与检测,交通场道(公路、铁路、机场、港口码头、桥址、隧道)勘察与施工检测,水利(江、河、湖、海、水库)堤坝建设勘察,隐患治理检测,环境地质灾害调查与评价(滑坡、岩溶、泥石流、采空区、活动断裂),冻土层检测与研究,地下埋设物调查,地基、路基加固效果检测与评价,国土资源调查,地质构造调查与水文物探勘察,地基动力特性测试与评价,电站(核、水、火)建设勘察、检测,爆破震动监测,桩基与混凝土构筑物质量检测。

因此,可以认为高分辨反射波、瞬态面波和高密度地震图像 3 种技术方法不失为当前很好的岩土工程勘察新方法,在评价建筑场地岩土工程问题中具有很好的应用前景,今后将取得更大的社会效益和经济效益。

7.2 工程地质勘察报告书和图件

7.2.1 工程地质勘察报告书

工程地质勘察报告书是在工程勘察工作结束时,将直接和间接获得的各种工程资料,经过分析整理、检查校对和归纳总结后文字记录及相关图表汇总的正式书面材料。工程地质勘察报告书是工程地质勘察的最终成果,也是向规划、设计、施工等部门直接提交和使用的文件性资料。

工程地质勘察报告书的任务在于阐明工作地区的工程地质条件,分析存在的工程地质问题,并作出正确的工程地质评价,得出结论。工程地质勘察报告书的内容一般分为绪论、通论、专论和结论 4 个部分,各部分前后呼应,密切联系,融为一体。

绪论部分主要介绍工程地质勘察的工作任务、采用的方法及取得的成果,同时还应说明工程建设的类型、拟定规模及其重要性、勘察阶段及迫切需要解决的问题等。

通论部分是阐述勘察场地的工程地质条件,如自然地理、区域地质、地形地貌、地质构造、水文地质、不良地质现象及地震基本烈度、场地岩土类型等。在编写通论时,既要符合地质科学的要求,又要达到工程实用的目的,使之具有明确的针对性和目的性。

专论是整个报告的主体中心。该部分主要结合工程项目对所涉及的各种可能发生的有关工程地质问题,如场地岩土层分布、岩性、地层结构、岩土的物理力学性质、地基承载力、地下水的埋藏与分布规律、含水层的性质、水质及侵蚀性等提出论证和回答任务书中所提出的各项要求及问题。在论证时,应该充分利用工程勘察所得到的实际资料和数据,在定性分析的基础上作出定量评价。

结论部分在专论的基础上对任务书中所提出的各项要求作出结论性的回答。结论部分应对场地的适宜性、稳定性、岩土体特性、地下水、地震等作出综合性工程地质评价。结论必须简明扼要,措辞必须准确无误,切不可空泛模糊。此外,还应指出存在的问题和解决问题的具体方法、措施、建议以及进一步研究的方向。

7.2.2 工程地质图件

工程地质报告书除了文字资料部分外,还有一整套与文字内容密切相关的图表,如平面图、剖面图、柱状图等。工程地质报告书还有各种附图,如分析图、专门图、综合图等。

1) 综合工程地质平面图

在选定的比例尺地形图上以图形的形式标出勘察区的各种工程地质勘察的工作成果,例如工程地质条件和评价,预测工程地质问题等,即成为工程地质图。地质图主要内容有:①地形地貌、地形切割情况、地貌单元的划分;②地层岩性种类、分布情况及其工程地质特征;③地质构造、褶皱、断层、节理和裂隙发育及破碎带情况;④水文地质条件;⑤滑坡、崩塌、岩溶化等物理地质现象的发育和分布情况等。

如果在工程地质图上再加上建筑物布置、勘探点、线的位置和类型以及工程地质分区图,即成为综合工程地质图。这种图在实际工程中编制较多。

2) 勘察点平面位置图

当地形起伏时,该图应绘在地形图上。在图上除标明各勘察点(包括浅井、探槽、钻孔等)的平面位置、各现场原位测试点的平面位置和勘探剖面线的位置外,还应绘出工程建筑物的轮廓位置,并附场地位置示意图、各类勘探点、原位测试点的坐标及高程数据表。

3) 工程地质剖面图

工程地质剖面图以地质剖面图为基础,是勘察区在一定方向垂直面上工程地质条件的断面图,其纵横比例一般是不一样的。地质剖面图反映某一勘探线地层沿竖直方向和水平方向的分布变化情况,如地质构造、岩性、分层、地下水埋藏条件、各分层岩土的物理力学性质指标等。其绘制依据是各勘探点的成果和土工试验成果。由于勘探线的布置是与主要地貌单元的走向垂直,或与主要地质构造轴线垂直,或与建筑物的轴线相一致,故工程地质剖面图能最有效地揭示场地的工程地质条件,是工程勘察报告中最基本的图件。

4) 工程地质柱状图

工程地质柱状图是表示场地或测区工程地质条件随深度变化的图件。图中内容主要包括地层的分布,对地层自上而下进行编号和地层特征进行简要描述。此外,图中还应注明钻进工具、方法和具体事项,并指出取土深度、标准贯入试验位置及地下水水位等资料。

5) 岩土试验成果总表

岩土的物理力学指标和状态指标以及地基承载力是工程设计和施工的重要依据,应将室外原位测试和室内试验(包括模型试验)的成果汇总列表。主要是载荷试验、标准贯入试验、十字板剪切试验、静力触探试验、土的抗剪强度、土的压缩曲线等成果图件。

6) 其他专门图件

对于特殊土、特殊地质条件及专门性工程，根据各自的特殊需要，绘制相应的专门图件，如各种分析图等。

7.3 工业与民用建筑的工程地质勘察

工业建筑是指供工业生产使用的建筑物，包括专供生产使用的各种车间、厂房、电站、水塔、烟囱和栈桥等。民用建筑是居民住宅建筑和公共事业建筑的总称。居民住宅建筑是指供居民生活起居使用的建筑物，如住宅、宿舍等；公共事业建筑是指供人们进行社会公共活动的非生产性建筑物，例如办公楼、图书馆、学校、医院、影剧院、体育馆、展览馆、大会堂、车站等。

万丈高楼平地起，一切建筑物都是由上部结构和基础组成，其全部荷载最终都是通过基础传递给地基并由地基来承担的。根据地基的复杂程度、建筑物规模和功能特征以及由于地基问题可能造成建筑物破坏或影响正常使用的程度，国家新标准《建筑地基基础设计规范》(GB 50007—2002)将地基基础设计分为3个设计等级，如表7-14。显然，不同设计等级的建筑物对地基的工程地质条件的评价要求是不相同的。

表 7-14　地基基础设计等级

设计等级	建筑和地基类型
甲级	重要的工业与民用建筑物 30层以上的高层建筑 体型复杂、层数相差超过10层的高低连成一体的建筑物 大面积的多层地下建筑物（地下车库、商场、运动场） 对地基变形有特殊要求的建筑物 复杂地质条件下的坡上建筑物（包括高边坡） 对原有工程影响较大的新建建筑物 场地和地基条件复杂的一般建筑物 位于复杂地质条件及软土地区的2层及2层以上地下室的基坑工程
乙级	除甲级、丙级以外的工业与民用建筑物
丙级	场地和地基条件简单、荷载分布均匀的7层及7层以下的民用建筑物及一般工业建筑物；次要的轻型建筑物

7.3.1 工业与民用建筑的主要工程地质问题

工业与民用建筑所遇到的主要工程地质问题有：地基稳定性问题、地下水的侵蚀性问题、建筑物的合理配置问题，地基的施工条件问题等。

1) 地基稳定性问题

地基稳定性问题即地基对上部荷载安全承担的可靠性问题。地基稳定性问题一般包括地基的强度和变形两方面的内容,对于斜坡地区而言,还应考虑抗滑稳定性问题。地基的强度是指地基抵抗上部结构及其基础荷载作用不使其发生剪切破坏的承载能力;地基变形是指在上部结构及其基础荷载的作用下在地基土中产生附加应力,是地基土体被压缩而产生相应的变形。一般研究的变形主要是竖直方向的变形,即沉降。各种地基土都有自身的强度取值范围,即总有一定限度,若超过这一限度,可能引起地基变形过大,即使建筑物不出现裂缝、倾斜或地基剪切滑动破坏,也不能满足正常的使用要求。因此,地基的稳定性必须同时满足强度和变形两方面的要求。

地基强度过去通常以地基容许承载力来表示,是指在建筑物的沉降量不超过容许值条件下,地基单位面积所能承受的最大荷载,在数值上等于地基极限承载力除以一个安全系数。由于地基位于地表以下,影响其强度的很多因素都是随机变量,基于概率理论,目前国家新规范以地基承载力特征值来表示地基的强度。地基承载力特征值是指地基稳定有保证可靠度的承载力。影响地基强度主要有两个方面的因素:首先是地基岩土的特性,包括成因类型、堆积年代、结构特征、各岩土层的物理力学性质及其分布情况以及水文地质条件;其次是基础的类型、大小、形状、埋置深度和上部结构及其型式的特点等。

若地基的变形沉降量过大,即使沉降是均匀的且满足承载力要求,也会影响建筑物的正常使用,会给工程结构带来严重危害,因此也是不允许的。因此在软弱地基上修建建筑物时,地基的变形与地基的强度具有同等重要的意义。黏性土地基的变形沉降一般由瞬时沉降、固结沉降和蠕变沉降组成。在一般工程中,蠕变沉降所占的比重很小,可忽略不计。但是当地基土中含有大量有机物的厚层黏土时,其蠕变沉降则要考虑。

地基的均匀沉降在一定范围内对建筑物不会带来太大的危害,而不均匀沉降则往往导致建筑物产生裂缝、倾斜,严重影响使用,甚至造成破坏,尤其是修建在软弱地基土上的建筑物,其沉降量不仅不均匀,而且差异很大,沉降稳定时间很长,容易造成工程事故。

地基变形包括建筑物的沉降量、沉降差、倾斜和局部倾斜等,它们都应小于地基的容许变形值。表 7-15 列出了国家新标准《建筑地基基础设计规范》(GB 50007—2002)规定的建筑物的地基容许变形值。对于表中未包含的建筑物,其地基容许变形值应根据上部结构对地基变形的适应能力和使用上的要求进行确定。

表 7-15　建筑物的地基容许变形值

变形特征	地基土类别	
	中、低压缩性土	高压缩性土
砌体承重结构基础的局部倾斜	0.002	0.003
建筑物相邻柱基的沉降差: (1) 框架结构 (2) 砖石墙填充的边排柱 (3) 当基础不均匀沉降时,不产生附加应力的结构	0.002 1 0.000 71 0.005 1	0.003 1 0.001 1 0.005 1
单层排架结构(柱距为 6 m)柱基的沉降量(mm)	(120)	20
桥式吊车轨面的倾斜(按不调整轨道考虑): 纵向 横向	0.004 0.003	

续表 7-15

变形特征	地基土类别	
	中、低压缩性土	高压缩性土
多层和高层建筑的整体倾斜		
$H_g \leqslant 24$	0.004	
$24 < H_g \leqslant 60$	0.003	
$60 < H_g \leqslant 100$	0.0025	
$H_g > 100$	0.002	
体型简单的高层建筑基础的平均沉降量(mm)	200	
高耸结构基础的倾斜		
$H_g \leqslant 20$	0.008	
$20 < H_g \leqslant 50$	0.006	
$50 < H_g \leqslant 100$	0.005	
$100 < H_g \leqslant 150$	0.004	
$150 < H_g \leqslant 200$	0.003	
$200 < H_g \leqslant 250$	0.002	
高耸结构基础的沉降量(mm)		
$H_g \leqslant 100$	400	
$100 < H_g \leqslant 200$	300	
$200 < H_g \leqslant 250$	200	

2) 地下水的侵蚀性问题

钢筋混凝土是工业与民用建筑常用的工程材料,当钢筋混凝土基础埋置在地下水位以下时,必须考虑地下水对其侵蚀性的问题。地下水大都不具侵蚀性,只有当地下水中某些化学成分(如 HCO_3^-、SO_4^{2-}、Cl^-、CO_2 等)含量过高时,才对钢筋混凝土具有分解性侵蚀、结晶性侵蚀或分解、结晶复合性侵蚀。地下水中某些化学成分与地理环境和工业污染有关。因此,在工业与民用建筑工程勘察时,必须通过环境地质调查,测定地下水的化学成分和含量,评价其对钢筋混凝土的各种侵蚀性,并提出相应的防治措施。

3) 建筑物的合理配置问题

大型的现代工业建筑通常是一个建筑群体,由工业主厂房、车间、办公大楼、职工宿舍及其附属设施建筑物组成。由于各种建筑物功能用途和工艺要求不同,其结构、规模和对地基的要求就不一样。因此,对各种建筑物进行合理配置才能确保整个工业建筑群体的安全稳定、经济合理和正常使用。这是工程地质勘察的主要任务之一。在满足各种建筑物对气候和工艺要求的条件下,工程地质条件是建筑物配置的主要决定性因素。只有通过对场地中地基土物理力学性质的调查研究,选择较好的地基土持力层,再确定选用合适的基础类型和提出合理的埋置深度,才能使各种建筑物的配置科学合理。

持力层的选择标准,主要是从地基土层中,尽量选择岩土工程性质均一、结构致密、强度高、层厚大而分布均匀、含水量不大、变形量小的非新近沉积岩土层,其层面埋深在当地最大冻深之下并位于地下水位以上,为理想的持力层。当上层地基土较厚,且其承载力大于下层地基土的承载力,宜利用上层地基土作持力层。

基础埋置的深度,在满足地基稳定和变形要求的前提下适宜浅埋。除了岩石地基外,基础埋深一般不宜浅于地表以下 0.5 m。基础的埋置深度不宜过大,否则不仅给施工带来不便,而且会提高工程造价。影响基础埋置深度的因素很多,但归纳起来主要有四方面:一是建筑物因素,主要包括拟建建筑物的用途、结构类型、荷载的大小和性质、有无地下室、设备基础和地下管线设施、基础的型式和构造以及原有相邻建筑物的基础埋深;二是地基土体的工程地质和水文地质条件;三是地基土冻融因素,当地基土的温度低于0℃时,土中部分孔隙水将冻结而形成冻土,而温度升高又解冻,因此有些地区要考虑地基土冻胀和融陷的影响;四是场地环境因素,主要考虑气候变化、树木生长和生物活动及场地周边地理环境对基础带来的不良影响。此外,对于位于基岩上的高层建筑,其基础埋置深度还应满足抗滑要求。

最后,按工程地质条件把建筑场地划分为若干区,然后根据建筑物的特点和要求以及各区建筑的适宜性,在全场区进行建筑物的合理配置,完成整个建筑群的总体布置工作。

4) 地基的施工条件问题

在修建工业与民用建筑物基础时,一般都需要进行基坑开挖工作,尤其是高层建筑基础。当基坑在地下水毛细作用影响深度范围以上开挖时,首先遇到的是坑壁应采用多大的开挖坡角才能保持稳定,是否需要支撑和如何支撑等问题;其次是开挖坑底地下水问题。坑底以下有无承压水存在,是否会造成基坑底板隆起或被冲溃的危险;若基坑开挖到地下水位以下时,是否会产生边坡变形,或出现流砂、流土等问题。尤其是当基坑底面位于较深地下水位以下时,需要预测基坑涌水量的大小,以便在基坑开挖时,采用人工降低地下水位,并选择排水方法和排水设备。必要时,还需进行抽水试验,测定基坑地基土的渗透系数等。影响地基施工条件的主要因素是地基中岩土体的结构特征、岩土性质、水文地质条件、基坑开挖深度、开挖方法、施工速度以及坑边卸荷情况等。地基施工条件不仅会影响工程施工期限和建筑物的造价,而且对基础类型的选择起着决定性作用,因此必须予以慎重考虑。

7.3.2 工业与民用建筑勘察的主要内容

1) 勘察的主要内容

房屋建筑与构筑物岩土工程勘察的主要内容包括以下方面:

(1) 水以及不良地质作用等,如:

① 初步查明场地和地基的稳定性、地层结构、持力层和下层的工程特性、土的应力历史和地下断裂构造的位置关系、规模、力学性质、与场地和地基利用的关系、活动性及其与区域和当地地震活动的关系。

② 岩土层的种类、成分、厚度及坡度变化等,对岩土层特别是基础下持力层(天然地基或桩基等人工地基)和下卧层的岩土工程性质,特别是黏性土层的岩土工程性质,宜从应力历史的角度进行解释与研究。

③ 在强震作用下场地与地基岩土内可能产生的不利地震效应,如饱和砂土液化、松软土震陷、斜坡滑坍、采空区地面塌陷等。

④ 潜水和承压水层的分布、水位、水质、各含水层之间的水力联系,获得必要的渗透系数等水文地质计算参数。

⑤ 滑坡或不稳定斜坡的存在,可能的危害程度。

⑥ 岩溶作用的程度及其对地基可靠性的影响。

⑦ 人为的或天然的因素引起的地面沉降、挠折、破裂或塌陷的存在及其危害等。

(2) 提供满足设计、施工所需的岩土参数,确定地基承载力,预测地基变形性状。

(3) 提出地基基础、基坑支护、工程降水和地基处理设计与施工方案的建议。

(4) 提出对建筑物有影响的不良地质作用的防治方案建议。

(5) 对于抗震设防烈度等于或大于6度的场地,进行场地与地基的地震效应评价。

7.3.3 勘察阶段的划分及内容

1) 可行性研究勘察阶段

通过现场踏勘,收集区域地质、地形地貌、地震、矿产资源和文物古迹及当地和邻近地区工程建筑经验。初步查明场地的地层、构造、岩土性质、不良地质现象及水文地质等工程地质条件及其危害程度。若上述工作不能满足要求时,应根据具体情况进行工程地质测绘及必要的勘探与测绘工作,着重研究场地存在的主要工程地质问题,其比例尺一般采用1:25 000~1:10 000。

(1) 选址勘察的主要工作

选择场(厂)址勘察一般采取收集和分析研究有关资料与现场调查研究相结合的方法。在这个基础上,对拟选场地的主要工程地质条件提出评价意见。一般来说,不良地质作用发育的场地,有的不宜选为场(厂)址,有的需耗费巨资方能治理。这些问题在几个场(厂)址方案的比较中和最后确定建设地点时是必须考虑的。

这一阶段的工作重点是对拟建场地的稳定性和适宜性作出评价,其任务要求主要如下:

① 收集区域地质、地形地貌、地震、矿产、当地的工程地质、岩土工程和建筑经验等资料。

② 在充分收集和分析已有资料的基础上,通过踏勘了解场地地层、构造、岩性、不良地质作用及地下水等工程地质条件。

③ 当拟建场地工程地质条件复杂,已有资料不能满足要求时,应根据具体情况进行工程地质测绘及必要的勘探工作。

④ 当有2个或2个以上拟建场地时,应进行比选分析。

(2) 选址中一般应避开的地区或地段

① 不良地质作用发育且对场地稳定性有直接危害或潜在威胁,如有大型滑坡或滑坡群,强烈发育的岩溶、塌陷、泥石流等。

② 地震基本烈度较高,可能存在地震断裂带及地震时可能发生滑坡、山崩、地陷的场地,或有分布广泛、厚度较大、埋藏浅的饱和粉细砂、粉土、淤泥和淤泥质土、冲填土、松软的人工填土场地。

③ 洪水或地下水对建筑场地有严重不良影响。

④ 地下有未开采的有价值的矿藏或未稳定的地下采空区。

2) 初步勘察阶段

初步勘察阶段主要任务是对场地内建筑地段的稳定性作出评价,并为确定建筑物总平面布置、主要建筑物地基基础工程方案及对不良地质作用的防治工程提供资料和建议。

(1) 任务与要求

① 收集拟建工程的有关文件、工程地质和岩土工程资料以及工程场地范围的地形图。

② 初步查明地质构造、地层结构、岩土工程特性、地下水埋藏条件。

③ 查明场地不良地质作用的成因、分布、规模、发展趋势,并对场地的稳定性作出评价。

④ 对抗震设防烈度等于或大于6度的场地,应对场地和地基土的地震效应作出初步评价。

⑤ 季节性冻土地区,应调查场地土的标准冻土深度。

⑥ 初步判定水和土对建筑材料的腐蚀性。

⑦ 高层建筑初步勘察时,应对可能采取的地基基础类型、基坑开挖与支护、工程降水方案进行初步分析评价。

(2) 勘探工作

初步勘察应在收集分析已有资料的基础上,根据需要进行工程地质测绘与调查以及物探,然后进行勘探和测试工作。

① 初步勘察的勘探点、线布置应符合规范要求。

② 勘探点、线间距的确定,见表7-16。

③ 勘探孔深度的确定,见表7-16。

表7-16 初步勘察阶段勘探间距与孔深

岩土工程勘察等级	间 距(m)		孔 深(m)	
	线 距	点 距	一般性勘探孔	控制性勘探孔
一级	50~100	30~50	≥15	≥30
二级	75~150	40~100	8~15	15~30
三级	150~300	75~200	≤8	≤15

3) 详细勘察阶段

详细勘察阶段的主要任务是针对不同建筑物或建筑群要求提供详细的岩土工程资料和设计所需的可靠岩土技术参数;应对建筑地基土作出岩土工程分析评价,并对其基础设计、地基处理、不良地质现象的防治等具体方案作出论证和建议。

详细勘察阶段的勘察要点:查明组成地基土各层岩土的类别、结构、厚度、工程特性等;计算和评价地基的稳定性和承载力;对需要进行沉降计算的建筑物提供地基变形计算参数,预测建筑物的沉降与倾斜;预测地基建筑物在施工和使用过程中可能发生的工程地质问题并提出防治建议。

详细勘察阶段勘探孔间距可根据岩土工程地质勘察等级确定。一般一级采取间距15~35 m,二级采取间距25~45 m,三级采取间距40~65 m。勘探孔深度自基础底面算起,对按承载力计算的地基,勘探孔深度应能控制地基主要受力层。当基础底面宽度 b 小于5 m 且压缩层内无软弱下卧层时,勘探孔深度一般对条形基础为 $3.0 \sim 3.5b$,对单独柱基为 $1.5b$,但应有部分探孔深度不小于5 m。若基础底面宽度大于5 m,勘探点深度按压缩层的计算深度确定,一般应略大于地基压缩层深度。对需要进行变形验算的地基,控制性勘探孔的深度应穿过地基沉降计算深度,并考虑相邻基础的影响,其深度可按表7-17确定。若有大面积地面堆载或存在软弱下卧层,应适当加深勘探孔的深度。

表 7-17 控制性勘探孔深度

基础底面宽度 b(m)	勘探孔深度(m)		
	软土	一般黏性土、粉土及砂土	老堆积土、密实砂土及碎石土
$b \leqslant 5$	$3.5b$	$3.0b \sim 3.5b$	$3.0b$
$5 < b \leqslant 10$	$2.5b \sim 3.5b$	$2.0b \sim 3.0b$	$1.5b \sim 3.0b$
$10 < b \leqslant 20$	$2.0b \sim 2.5b$	$1.5b \sim 2.0b$	$1.0b \sim 1.5b$
$20 < b \leqslant 40$	$1.5b \sim 2.0b$	$1.2b \sim 1.5b$	$0.8b \sim 1.0b$
$b > 40$	$1.3b \sim 1.5b$	$1.0b \sim 1.2b$	$0.6b \sim 0.8b$

注:(1) 表内数据适用于均质地基,当地基为多层土时,可根据表列数值予以调整。
(2) 圆形基础可采用直径 d 代替基础底面宽度 b。

原状土取样和原位测试的勘探点数量应根据建筑物级别、场地面积、地基土特点和设计要求来确定,一般约占勘探点总数的 $1/2 \sim 2/3$。对安全等级为一级的建筑物每幢不应少于 3 个土样,其竖向间距,在地基主要受力层内宜为 $1 \sim 2$ m;对每个场地或每幢安全等级为一级的建筑物,每一主要土层的原状土不应少于 6 个试样;软弱土层应适当多取,对于不厚的夹层,视其对建筑物基础的影响程度而定。当土质不均或结构松散难以采取土试样时,可采用原位测试。

4) 施工勘察阶段

施工勘察不是一个固定勘察阶段,而是在一定的需要下进行的勘察工作,其目的是配合设计、施工单位,解决与施工有关的岩土工程问题,并提供相应的勘察资料。它不仅包括施工阶段的勘察工作,还包括可能在施工完成后进行的勘察工作(如检验地基加固效果等)。

基坑或基槽开挖后,岩土条件与勘察资料不符或发现必须查明的异常情况时,应进行施工勘察;在工程施工或使用期间,当地基土、边坡体、地下水等发生未曾估计到的变化时,应进行监测,并对工程和环境的影响进行分析评价。

对工程地质条件复杂的或有特殊施工要求的重大建筑物地基,当基槽开挖后,地质情况与原勘察资料严重不符而可能影响工程质量时,还应配合设计和施工部门进行补充性的施工阶段地质勘察工作。

施工勘察的主要工作内容有以下几种:

(1) 施工验槽。应检查核对原勘察资料,与设计、施工单位一起研究与处理地基问题。按具体情况,可进行基坑地质素描,划分及实测地层界线,查明人工填土等对地基有较大影响的地层的分布及其均匀性,调查地下水位有无变化等情况,必要时应进行补充勘探测试工作。

(2) 地基处理、加固的勘察。应根据地基处理、加固方法确定勘察内容。

(3) 深基础施工勘察。为深基础施工进行的勘察,要根据不同的施工方法确定勘察内容。

7.4 高层与超高层建筑的主要工程地质问题

高层建筑的界定,世界各国划分的标准是不一致的。德国规定:不分建筑类型,从地面算起,建筑物高度超过 22 m 就称为高层建筑;前苏联规定:10 层以上的住宅为高层住宅;法国规定:8 层以上或高度超过 31 m 的住宅为高层住宅,20 层以上就称为超高层住宅。即使同一国家对高层建筑的界定也不一致。我国新颁布的行业标准《高层建筑混凝土结构技术规程》(JGJ 3—2010)规定:10 层和 10 层以上或房屋高度大于 28 m 的建筑物为高层建筑。

高层与超高层建筑的基础传递荷载大,且一般高层与超高层建筑设有裙楼,因此其地基附加应力分布更趋不均匀。故高层与超高层建筑一般都采用深基础,这又导致地基变形的影响范围和深度加大,对工程地质勘察工作提出更高的要求。

1) 地基承载力问题

高层与超高层建筑地基变形的范围和影响深度大,对地基承载力要求很高,因此需要选择地基承载力要求较高的岩土层作为基础的持力层。地基承载力的评价应同时满足安全、稳定和不超过容许沉降的要求。地基承载力的确定应根据地区经验、采用荷载试验、理论公式计算和其他原位测试方法综合确定。当地基土体承载力不能满足设计要求时,应进行地基处理或选用桩基础,并提出相应的设计参数。在地震烈度较高的地区,高层建筑要选择修建在相对稳定的地段,建筑场地的安全、稳定才能得到可靠的保证。

2) 变形和倾斜问题

高层与超高层建筑的重心高,荷载大,很容易产生整体横向倾斜,因此除了需要提供一般地基变形指标外,还应查明地基土在纵、横两个方向的应力分布和变形特性,以满足地基变形验算的要求。高层与超高层建筑天然地基的均匀性可按照下列标准进行评价:

(1) 当持力层层面坡度大于 10% 时,可视为不均匀地基,此时可采取加深基础埋深的方法,使其超过持力层最低的层面深度;否则,可采用铺设垫层加以调整。

(2) 持力层和第一下卧层在基础宽度方向上,地层厚度的差值小于 $0.05b$(b 为基础宽度)时,可视为均匀地基;当差值大于 $0.05b$ 时,应计算横向倾斜是否满足要求,若不能满足要求,应采取结构或地基处理措施。

3) 基础选型问题

箱形基础、桩基础和桩箱基础是目前高层与超高层建筑基础的主要型式。

(1) 箱形基础

箱形基础主要特点是基础底面积大,埋置深,抗弯刚度大,整体性较好。当地基中土体软弱而不均匀时,选用箱基不仅可使建筑物的不均匀沉降大大减少,而且又可利用箱形空格部分作为地下室。一般高层建筑都设有 1~3 层地下室,有些超高层建筑,地下结构部分多达 6 层。地下室一般用来布置一些人防设施,存放车辆以及储存货物等。同时,它还可利用挖去的土重来补偿一部分上部附加荷载,以减少基底的附加压力,使其沉降量也相应减少。

为了减少采用箱形基础的高层建筑物可能产生的整体倾斜、倾覆或滑动,箱形基础的埋深不宜小于建筑物地面高度的 1/10。在地震基本烈度较高地区还应适当加深,使建筑物的重心适当降低,提高建筑物的整体稳定性。

(2) 桩基础

桩基础包括灌注桩、预制桩、钢管桩和墩基础等。墩基础是指相对短而粗的桩基础。桩基础不仅承载力高,沉降量小而均匀,又能抵抗上拔力、机器震动或机械动力,而且不存在基坑开挖放坡和基坑排水等问题。它适用于上覆软弱土层较厚的地基,或地基上部为季节变化的冻胀性或膨胀性等土层,而其下部适宜深度处有承载力较大的持力层。因此,可根据地基的工程地质特性和施工条件,选择合适的桩基类型。有时虽然上部土层地基强度较高,但考虑到高层与超高层建筑的重要性,对地基不允许有过大的沉降或对不均匀沉降非常敏感等因素,兼顾经济合理性和成熟的施工技术经验也常选用桩基。

当采用桩基,其勘探点的布置应控制持力层层面坡度、厚度及岩土性状,其间距对于端承桩宜为 12~24 m,对于摩擦桩宜为 20~35 m,相邻勘探点的持力层层面坡度不应超过 10%,当层面高差或岩土性质变化较大时钻孔应适当加密;荷载较大或岩土地质条件复杂地基的一柱一桩工程,每个柱桩基础应布置 1 个勘探点。当需要计算沉降时,应取勘探孔总数的 1/3~1/2 作为控制性孔,其深度应达到压缩层计算深度或桩端以下取基础底面宽度的 1.0~1.5 倍,一般性勘探孔深度应进入持力层 3~5 m,大直径桩或墩,其勘探孔深度应达到桩端下桩径的 3 倍。

(3) 桩箱基础

当单独采用上述任一种基础都满足不了高层建筑对地基强度和变形的要求,或不够经济或施工有困难时,则可采用箱基底下再加桩基础的桩箱基础。桩箱基础不仅具有箱形基础可作为地下室等优点,而且也兼有桩基础承载力高、变形沉降小的特性。但施工复杂,造价较高,可根据建筑物的要求和建筑场地的工程地质条件酌情考虑选用。

无论采用何种基础方案,必须结合上部结构和建筑物的特点,分析预估地基在施工过程中和建筑物建成后使用期间的变形,研究在施工和建成后可能引起地基土性质的变化及其产生的后果,并提出预防措施。

4) 深基坑开挖和环境问题

当高层与超高层建筑基础采用箱形基础时,必须进行深基坑开挖。深基坑开挖将引起一系列岩土工程问题。如基坑开挖放坡所形成的深基坑边坡的稳定性和支护问题;基坑卸载回弹对地基的强度和变形的影响问题;地下水水位较高时,人工降低水位可能引起的基坑稳定性问题和地下室的防水等。

高层与超高层建筑往往位于城市繁华地带,在基坑施工过程中,基坑边坡的城市道路、地下管线和其他城市生命线以及周围邻近建筑物的影响问题必须充分考虑,否则破坏后果不堪设想。

5) 抗震设计问题

高层与超高层建筑对抗震设防要求高。在地震烈度大于或等于 6 度的地区,应对场地土类型、建筑场地类型作出判断;在地震烈度大于或等于 7 度的强震地区,应对地层断裂错动、地基土液化、震陷、震动强度、地震影响系数等进行详细分析、论证和判定,并对整个场地的稳定性作出明确的结论。

7.5 高层与超高层建筑的工程地质勘察要点

高层与超高层建筑地质勘察一般是在城市详细规划的基础上进行的,其勘察阶段分为初步勘察和详细勘察两阶段。

1) 初步勘察阶段

初步勘察阶段的任务就是对高层与超高层建筑场地的适宜性和地基稳定性作出明确结论,为确定高层与超高层建筑物的规模、平面造型、地下室层数以及基础类型等提供可靠的地质资料。

首先,收集和利用城市规划中已有的气候(特别是风向和风力)、工程地质和水文地质等资料。着重研究地质环境中的地震以及地基中是否存在软弱土层和其他不稳定因素。在地震烈度较高地区,必须查明地基中可能液化土层埋深及分布情况,并提供有关抗震设计所需的参数。对每一建筑场地的勘探孔数为 3~5 个,孔距不小于 30 m,保证每一幢单独高层或超高层建筑不少于 1 个勘探孔,并应连成纵贯场地而平行地质地形变化最大方向的勘探线,以便作出能说明地质变化规律的工程地质剖面图。

其次,对关键性的软弱土层作少量试验工作,初步确定其工程地质性质。

2) 详细勘察阶段

详细勘察阶段的目的是为高层与超高层建筑基础设计和施工方案提供准确的定量指标和计算参数。

详细勘察阶段需进行大量的钻探和室内试验,并进行大型现场原位测试。

勘探工作以钻探为主,适当布置一些坑槽和浅井。勘探坑孔按网格布置以便能制图。根据新颁布的行业标准《高层建筑岩土工程勘察规程》(JGJ 72—2004)的规定:对勘察等级为甲级的高层建筑应在中心点或电梯井、核心筒部位布设勘探点(勘察等级的划分可查该新规范)。单幢高层或超高层建筑勘探点的数量,对勘察等级为甲级的不应少于 5 个,乙级不应少于 4 个。控制性勘探点的数量不应少于勘探点总数的 1/3 且不少于 2 个。相邻的高层建筑,勘探点可相互共用。箱形基础探孔的间距,一般根据地层的变化和建筑物的具体要求而定,通常为 15~35 m,孔的深度是从箱基底面算起;若遇基岩、硬土或软土时,孔深可适当减小或增大。桩基础探孔的间距,一般根据桩端持力层顶板起伏情况而定。当其起伏不大时,孔距为 12~24 m。否则,应适当加密,甚至按每桩一孔布置。控制孔的深度,自预定桩端深度算起再往下与群桩相当的实体基础宽度的 0.5~2 倍。

高层与超高层建筑对抗震、抗风等有较高要求,因此在室内试验中,除了对地基土进行一定数量的常规物理力学试验外,采用箱形基础时还要做前期固结压力试验以及反复加、卸荷载的固结试验,为估算基底土层回弹提供参数;同时,还要在加载和卸载条件下测定弹性模量以及无侧限抗压强度。在高地震烈度地区,还要做动三轴试验,求得动剪切模量、动阻尼比等,为抗震设计提供动力参数。室内试验中所需原状土样的采取数量,对箱形基础和桩基础的持力层以及摩擦桩所穿过的各土层,每层取原状土样不少于 8 个;对端承桩及爆扩桩的持力层以上各上覆层和箱形基础底面以上各土层以及下卧层等各土层的测试数量可适当减少,每层取原状土样1~2个。

在高层与超高层建筑物基础的关键部位,一般需要进行现场原位试验,如静载荷试验、静力触探、标准贯入试验、波速试验、十字板剪切试验、回弹测试和基底接触反力测试等,以校核室内试验的成果。采用箱形基础时还要测定地基土中地下水位以下至设计箱形基础底面附近各土层的渗透系数。桩基础需做压桩试验,确定其抗压承载力和沉降;做抗拔试验,求得其抗拔力及验证单桩的桩侧摩擦阻力;有时也要做桩的水平承载力试验,了解其水平承载力。必要时,还要做单桩或群桩刚度试验,求其刚度系数及阻尼比。

对具有重大科研意义的高层与超高层建筑,还必须进行基础的沉降、建筑物整体倾斜、水平位移以及裂缝等的现场长期观测。

7.6 道路工程的工程地质勘察

道路是陆地上绵延长度极大的线形构筑物。一般意义上的道路是指公路和铁路。道路结构由3类构筑物所组成:第一类为路基,是道路的主体构筑物,包括路堤和路堑;第二类为桥隧,如桥梁、隧道、涵洞等,是为了使道路跨越河流、山谷、不良地质现象地段和穿越高山峻岭或路线从河、湖、海底下通过;第三类是防护构筑物,如明洞、挡土墙、护坡、排水盲沟等。在不同的道路中,各类构筑物的比例也不同,主要取决于路线所经地区工程地质条件的复杂程度。

1) 道路工程地质勘察的目的和任务

(1) 查明各条路线方案的主要工程地质条件,合理确定路线布设,重点调查对路线方案与路线布设起控制作用的地质问题。

(2) 沿线土质地质调查。根据选定的路线方案和确定的路线位置,对中线两侧一定范围的地带进行详细的工程地质勘察,为路基路面的设计和施工提供可靠资料。

(3) 查明填方地段所用路基填筑材料的变形和强度性质,充分发掘、改造和利用沿线的一切就近材料。

2) 线路的基本类型及其特点

(1) 河谷线

优点是坡度缓,线路顺直,工程简易,施工方便。但在平原河谷选线常遇有洪水冲毁的危害;而丘陵河谷的坡度大,阶地常不连续,河流、泥石流冲刷或淹埋线路,遇支流时需修较大桥梁;山区河谷,弯曲陡峭,不良地质现象发育,桥隧工程量大。

(2) 山脊线

地形平坦,挖方量少,无洪水,桥隧工程量少。但山脊宽度小,不便于工程布置和施工。有时地形不平,地质条件复杂。若山脊全为土体组成,则需外运道渣。

(3) 山坡线

可以选任意线路坡度,路基多采用半填半挖。但线路曲折,土石方量大,桥隧工程多。

(4) 越岭线

能通过巨大山脉,降低坡度和缩短距离。但地形崎岖,展线复杂,不良地质现象发育,要选择适宜的垭口通过。

(5) 跨谷线

需造桥跨过河谷或山谷,其优点是缩短线路和降低坡度。但工程量大,费用高,需选择河面窄、河道顺直、两岸岩体稳定的地方通过。

在选线中,经过技术经济比较,选出最优方案。线路一经选定,对今后的运营可以带来长期而深远的影响,一旦发现问题再改线,即使局部改线,也会造成很大的浪费。因此,选线的任务是繁重的,技术上是复杂的,必须全面而慎重地考虑。

7.6.1 道路工程地质问题

路基是道路的主体构筑物。道路的工程地质问题主要是路基工程地质问题。在平原地区比较简单,路基工程地质问题较少。但在丘陵和山区,尤其是在地形起伏较大的山区修建道路时,往往需要通过高填或深挖才能满足线路最大纵向坡度的要求。因此,路基的主要工程地质问题是路基边坡稳定性问题、路基基底稳定性问题、路基土冻害问题以及天然构筑材料问题等。

1) 路基边坡稳定性问题

边坡都具有一定的坡度和高度,边坡岩土体均处于一定的应力状态,在重力作用、河流的冲刷或工程的影响下,边坡发生不同形式的变形与破坏。其破坏形式主要表现为滑坡和崩塌。路堑边坡不仅可能产生滑坡,而且在一定条件下,还能引起古滑坡复活。当施工开挖使其滑动面临空时,易引起处于休止阶段的古滑坡重新活动,造成滑坡灾害。滑坡对路基的危害程度主要取决于滑坡的性质、规模、滑体中含水情况,以及滑动面的倾斜程度。

2) 路基基底稳定性问题

路基基底稳定性多发生于填方路堤地段,其主要表现形式为滑移、挤出和塌陷。一般路堤和高填路堤对路基基底的要求是要有足够的承载力,它不仅要承受车辆在运营中产生的动荷载,而且还要承受很大的填土压力。基底土的变形性质和变形量的大小主要取决于基底土的物理力学性质、基底面的倾斜程度、软弱夹层或软弱结构面的性质与产状等。当高填路堤通过河漫滩或阶地时,若基底下分布有饱水厚层淤泥,往往使基底产生挤出变形。路基基底若为不良土,应进行路基处理或架桥通过或改线绕避等。

3) 路基土冻害问题

路基土冻害包括冬季路基土体因冻结作用而引起路面冻胀和春季因融化作用使路基翻浆。冻胀和冻融都会使路基土强度发生极大改变而产生破坏,危害道路的安全和正常使用。

路基土冻害具有季节性。冬季,在低气温长期作用下,路基土中水的冻结作用使土体体积增大而产生路基隆起现象;春季,地表冰层融化较早,而下层尚未解冻,融化层的水分难以下渗,致使上层土的含水量增大而软化,强度显著降低。在外荷载作用下,路基出现翻浆现象。翻浆对铁路影响较小,但对公路的危害比较明显。

防止路基土冻害的措施有:铺设毛细割断层,以断绝补给水源;把粉粘粒含量较高的冻胀性土置换为粒粗、分散的砂砾石抗冻胀性土;采用纵横盲沟和竖井,排除地表水,降低地下水位,减少路基土的含水量;提高路基标高;修筑隔热层。

4) 天然构筑材料问题

路基工程需要天然构筑材料的种类较多,包括道砟、土料、片石、砂和碎石等。它不仅在数量上需求量较大,而且要求各种构筑材料产地最好沿线两侧零散分布。在山区、平原和软岩山区,常常找不到强度符合要求的填料、护坡片石和道砟等。因此,寻找符合要求的天然构筑材料有时成为道路选线的关键性问题,常常被迫采用高桥代替高路堤的设计方案,提高了道路的造价。

7.6.2 道路工程地质勘察要点

道路工程地质勘察分为选线勘察阶段、定线勘察阶段、定测勘察阶段。

1) 选线勘察阶段

选线勘察阶段工作任务主要是按照规划指定道路起讫点及所经地区修建道路可能性,选出几个较好的线路方案。主要了解在线路方向垂直的3～5 km宽度内存在多少较严重影响道路稳定安全的工程地质条件。勘察方法是尽量收集和利用拟建路段已有的地理、地形、地貌、地质、地震、水文气象等资料进行分析研究,以调查为主,必要时进行工程地质勘察工作。

2) 定线勘察阶段

定线勘察阶段是在选线方案的基础上,确定一条经济合理、技术可行的线路。一般是在初选路线宽度500 m范围内进行较大比例尺的补充测绘工作。重点查明与选择路线方案和确定路线走向有关的不良工程地质条件,分析评价其对工程稳定、施工条件和安全及营运养护的长期影响,合理选定路线方案。

3) 定测勘察阶段

定测勘察阶段的主要工作任务是在已经确定的线路上,详细查明沿线的地质构造,岩土类别,土的物理力学性质,基岩风化情况,地下水埋深、变化规律和地表水活动情况。分析路基基底的稳定性,提供填方路段土石料的强度指标及变形、填土及路堑边坡坡度允许值;对已确定存在不稳定的斜坡路堤采取的处理方案,对地层可能滑动的岩土界面进行测试并掌握其各种物理力学指标,重点是抗剪、抗滑指标,以满足工程设计的要求。

7.7 桥梁工程的工程地质勘察

桥梁是道路跨越河流、山谷或不良地质现象发育地段等而修建的构筑物。桥梁是道路工程中的重要组成部分,也是道路选线时考虑的重要因素之一,大、中型桥梁的桥位大多是方案比较选线的控制因素。桥梁工程的特点是通过桥台和桥墩把桥梁上的荷载,如桥梁本身自重、车辆和人行荷载传递到地基中去。桥梁工程一般建造在沟谷和江河湖海上,这些地区本身工程地质条件就比较复杂,加之桥台和桥墩的基础需要深挖埋设,因此也造成一些更为复杂的工程地质问题。

按照承载能力极限状态设计时,交通部规范《公路桥涵通用设计规范》(JTG D60—

2004)根据桥涵结构破坏可能产生的后果的严重程度将其划分为 3 个设计等级,见表 7-18 所示。

表 7-18　公路桥涵结构的设计安全等级

设计安全等级	桥涵结构
一级	特大桥、重要大桥
二级	大桥、中桥、重要小桥
三级	小桥、涵洞

表 7-18 中冠以"重要"的大桥和小桥,系指高速公路和一级公路、国防公路及城市附近繁忙公路上的桥梁;特大桥、大桥、中桥、小桥的划分,应按《公路桥涵通用设计规范》(JTG D60—2004)规定的单孔跨径确定,见表 7-19 所示。

表 7-19　公路桥涵结构的设计安全等级

桥涵分类	多孔跨径总长 L(m)	单孔跨径 L_K(m)
特大桥	$1\,000 < L$	$150 < L_K$
大桥	$100 \leqslant L \leqslant 1\,000$	$40 \leqslant L_K \leqslant 150$
中桥	$30 < L < 100$	$20 \leqslant L_K < 40$
小桥	$8 \leqslant L \leqslant 30$	$5 \leqslant L_K < 20$
涵洞	—	$L_K < 5$

注:(1) 单孔跨径系指标准跨径。
(2) 梁式桥、板式桥的多孔跨径总长为多孔标准跨径的总长;拱式桥为两岸桥台内起拱线间的距离;其他形式桥梁为桥面系行车道长度。
(3) 管涵或箱涵不论管径或跨径大小、孔数多少,均称为涵洞。
(4) 标准跨径:梁式桥、板式桥以两相邻桥墩中线之间桥中心线长度或桥墩中线与桥台台背前缘之间中心线长度为准;拱式桥和涵洞以净跨径为准。

7.7.1　桥梁工程地质问题

桥梁的主要工程地质问题集中于桥墩和桥台,包括桥墩和桥台地基稳定性、桥台的偏心受压、桥墩和桥台地基基础的冲刷问题等。

1) 桥墩和桥台的地基稳定性

桥墩和桥台地基稳定性主要取决于桥墩和桥台地基中岩土体的承载力。它是桥梁设计的重要力学参数之一,对选择桥梁的基础和确定桥型起决定性作用,并且影响工程造价。

桥墩和桥台的基底面积虽然不大,但是由于桥梁工程处于地质条件比较复杂地段,不良地质现象严重影响桥基的稳定性。如在溪谷沟底、河流阶地、古河湾及古老洪积扇等处修建桥墩和桥台时,往往遇到强度很低的饱水淤泥和淤泥质软土层,有时也遇到较大的断层破碎带,近期活动的断裂,或基岩面高低不平,风化深槽,软弱夹层,或深埋的古滑坡等地段。这些均能使桥墩台基础产生过大沉降或不均匀下沉,甚至造成整体滑动。

2) 桥台的偏心受压

桥台除了承受垂直压力外,还承受岸坡的侧向主动土压力。在有滑坡的情况下,还受到滑坡的水平推力作用,使桥台基底总是处于偏心荷载状态下。桥台的偏心荷载,由于车辆在桥梁上行驶突然中断而产生,这种作用对桥台的稳定性影响很大。

3) 桥墩和桥台地基基础的冲刷

桥墩和桥台的修建,使原来的河槽过水断面减小,局部增大了河水流速,改变了流态,对其地基基础产生强烈冲刷。有时可把河床中的松散沉积物局部或全部冲走,进而冲刷桥墩和桥台的地基和基础,严重影响其安全。

7.7.2 桥梁的工程地质勘察要点

桥梁工程地质勘察一般包括两项内容:一是对各比较方案进行调查,配合路线,选择地质条件比较好的桥位;二是对选定的桥位进行详细的工程地质勘察,为桥梁及其附属工程的设计和施工提供地质资料。

1) 初步设计勘察阶段

初步设计勘察阶段的目的在于查明桥址各线路方案的工程地质条件,并对建桥适宜性和稳定性有关的工程地质条件作出结论性评价,为选择最优方案、初步论证桥梁基础类型和施工方法提供必要的工程地质资料。此阶段的勘察要点是:

(1) 查明河谷的地质及地貌特征,覆盖岩土层的性质、结构和厚度,基岩的地质构造、性质和埋藏深度。

(2) 确定桥梁基础范围内的基岩类型,获取其强度指标和变形参数。

(3) 阐明桥址区内第四纪沉积物及基岩中含水层状况、水头高以及地下水的侵蚀性,并进行抽水试验,研究岩石的渗透性。

(4) 论述滑坡及岸边冲刷对桥址区内岸坡稳定性的影响,查明河床下岩溶发育情况及区域地震基本烈度等问题。

2) 施工设计勘察阶段

施工设计勘察阶段是为选定的桥址方案提供桥墩和桥台施工设计所需要的工程地质资料。该阶段的勘察要点是:

(1) 探明桥墩和桥台地基的覆盖层及基岩风化层的厚度、岩体的风化与构造破碎程度、软弱夹层情况和地下水状态;测试岩土的物理力学性质,提供地基的基本承载力、桩壁摩阻力、钻孔桩极限摩阻力,为最终确定桥墩和桥台基础埋置深度提供地质依据。

(2) 提供地基附加应力分布线计算深度内各类岩石的强度指标和变形参数,提出地基承载力参考值。

(3) 查明水文地质条件对桥墩和桥台地基基础稳定性的影响。

(4) 查明各种不良工程地质作用对桥梁施工过程和成桥后的不利影响,并提出预防和处理措施的建议。

思考题

1. 工程地质勘察一般分为几个阶段?
2. 简述工业与民用建筑遇到的主要工程地质问题。
3. 简述常用的工程地质勘探手段。
4. 岩土工程勘察应查明的工程地质条件有哪些?
5. 我国现行的岩土工程勘察规范有哪些?在实际工程中如何选用?
6. 岩土工程勘察报告应包括哪些内容?

参考文献

[1] 孔宪立. 工程地质学. 北京：中国建筑工业出版社，1997
[2] 胡厚田. 土木工程地质. 北京：高等教育出版社，2001
[3] 李相然. 工程地质学. 北京：中国电力出版社，2006
[4] 时伟. 工程地质学. 北京：科学出版社，2007
[5] 李治平. 工程地质学. 北京：人民交通出版社，2002
[6] 张咸恭. 专门工程地质学. 北京：地质出版社，1988
[7] 何培玲，张婷. 工程地质. 北京：北京大学出版社，2006
[8] 李隽蓬，谢强. 土木工程地质. 成都：西南交通大学出版社，2001
[9] 常庆瑞，蒋平安，周勇，等. 遥感技术导论. 北京：科学出版社，2004
[10] 夏才初，李永盛. 地下工程测试理论与监测技术. 上海：同济大学出版社，1999
[11] 高层建筑岩土工程勘察规程（JGJ 72—2004）. 北京：中国建筑工业出版社，2004
[12] 公路桥涵通用设计规范（JTG D60—2004）. 北京：人民交通出版社，2004
[13] 建筑地基基础设计规范（GB 50007—2002）. 北京：中国建筑工业出版社，2002
[14] 臧秀平. 工程地质. 北京：高等教育出版社，2004
[15] 岩土工程勘察规范（GB 50021—2001）. 北京：中国建筑工业出版社，2009
[16] 史如平. 土木工程地质学. 南昌：江西高校出版社，1999